土木工程专业研究生系列教材

高等建筑结构试验

吴庆雄　程浩德
黄宛昆　王　渠 _编

中国建筑工业出版社

图书在版编目（CIP）数据

高等建筑结构试验/吴庆雄等编. —北京：中国建筑
工业出版社，2019.9
土木工程专业研究生系列教材
ISBN 978-7-112-23853-8

Ⅰ. ①高…　Ⅱ. ①吴…　Ⅲ. ①建筑结构-结构试
验-研究生-教材　Ⅳ. ①TU317

中国版本图书馆 CIP 数据核字（2019）第 113060 号

　　　　高等建筑结构试验是面向土木工程专业研究生（包括硕士生和博士生）的一
门专业技术课程，全教材共分为 11 章，包括：绪论、结构试验荷载和试验装置、
结构试验测量仪器与数据分析、模型试验设计与相似原理、无损检测方法、建筑
结构无损检测、建筑结构可靠性鉴定、建筑结构拟静力试验、建筑结构拟动力试
验、建筑结构地震模拟振动台试验以及疲劳、抗火、模型风洞等其他试验。
　　　　本书可供土木工程专业研究生教学使用，也可供其他相关技术人员参考。

＊　　＊　　＊

　　责任编辑：李天虹
　　责任校对：李欣慰

土木工程专业研究生系列教材
高等建筑结构试验
吴庆雄　程浩德
黄宛昆　王　渠　编

＊

中国建筑工业出版社出版、发行（北京海淀三里河路 9 号）
各地新华书店、建筑书店经销
霸州市顺浩图文科技发展有限公司制版
北京建筑工业印刷厂印刷

＊

开本：787×1092 毫米　1/16　印张：15¼　字数：371 千字
2019 年 8 月第一版　　2020 年 8 月第二次印刷
定价：**48.00** 元
ISBN 978-7-112-23853-8
（34171）

前　　言

　　《高等建筑结构试验》是面向土木工程专业研究生（包括硕士生和博士生）的一门专业技术课程，其任务是通过理论和实践教学环节，使学生在本科阶段学习的建筑结构试验基本知识的基础上，进一步了解本学科领域部分前沿学科内容，能进行要求更高的建筑结构试验的规划和方案设计，并得到初步的训练和实践，以适应研究生的教学要求，同时可供从事本学科的科研人员、试验人员和有关工程技术人员参考。

　　本教材参考《建筑结构试验》《土木工程结构试验》《土木工程结构试验与检测》等教材的内容编写而成。本次编写增加了一些新内容和比较多的示例，全书共分为11章，其中：第1章绪论；第2章介绍了进行建筑结构试验常用的加载方法和仪器设备；第3章介绍了建筑结构试验常用的测量仪器与数据分析方法；第4章介绍了建筑结构模型试验设计与相似理论；第5章和第6章分别简述了目前常用的无损检测方法和建筑结构无损检测技术；第7章是建筑结构可靠性鉴定的相关内容；第8、9、10章分别介绍了建筑结构拟静力试验、拟动力试验和地震模拟振动台试验的相关内容；第11章简要介绍了其他高等建筑结构试验方法，包括疲劳试验、抗火试验和模型风洞试验。

　　本教材的编写单位为福州大学，其中第1章由福州大学吴庆雄研究员编写，第8和9章由程浩德高级实验师编写，第4、5、6和7章由福州大学黄宛昆实验师编写，第2、3、10和11章由福州大学王渠实验师编写，全书由吴庆雄研究员负责统稿。本教材由福建工程学院韦建刚教授和福州大学袁辉辉副研究员共同主审，他们提出了许多宝贵的修改意见，在此表示衷心感谢。

　　在书稿编写过程中有关单位给予了无私帮助，并提供了许多有价值的资料及图片，特此一并致谢。

　　由于编者的业务水平有限，编写中难免有错漏之处，敬请专家同行和读者批评指正。

编　者

2019 年 5 月

目　　录

第1章　绪论 ··· 1

1.1　概述 ·· 1

1.2　建筑结构试验的目的 ··· 1

1.3　建筑结构试验的对象 ··· 4

1.4　建筑结构试验的分类 ··· 5

1.5　建筑结构试验的发展趋势 ·· 7

本章参考文献 ··· 7

第2章　结构试验荷载和试验装置 ·· 9

2.1　概述 ·· 9

2.2　重力加载法 ··· 9

2.3　液压加载法 ··· 11

2.4　其他加载法 ··· 13

2.5　试验装置 ·· 14

2.6　本章小结 ·· 16

习题与思考题 ·· 17

本章参考文献 ·· 17

第3章　结构试验测量仪器与数据分析 ·· 18

3.1　概述 ·· 18

3.2　测量仪器和测量方法 ·· 18

3.3　数据采集 ·· 35

3.4　数据处理 ·· 37

3.5　本章小结 ·· 43

习题与思考题 ·· 43

本章参考文献 ·· 44

第4章　模型试验设计与相似原理 ··· 45

4.1　概述 ·· 45

4.2　相似理论与相似条件 ·· 46

4.3　相似条件的确定方法 ·· 50

4.4　结构模型设计 ·· 57

4.5　加载设计和量测设计 ·· 60

4.6　本章小结 ·· 61

习题与思考题 ·· 62

本章参考文献 ·· 62

第5章　无损检测方法 ··· 63

5.1 概述 ·· 63

5.2 超声波无损检测 ·· 64

5.3 磁粉无损检测 ··· 77

5.4 渗透无损检测 ··· 80

5.5 本章小结 ·· 83

习题与思考题 ·· 83

本章参考文献 ·· 83

第6章 建筑结构无损检测 ··· 85

6.1 概述 ·· 85

6.2 钢筋混凝土结构无损检测 ·· 85

6.3 钢结构无损检测 ··· 100

6.4 砌体结构无损检测 ·· 102

6.5 桩基无损检测 ·· 109

6.6 本章小结 ·· 117

习题与思考题 ·· 118

本章参考文献 ·· 118

第7章 建筑结构可靠性鉴定 ·· 120

7.1 概述 ·· 120

7.2 可靠性鉴定评级 ··· 121

7.3 可靠性鉴定实例1——钢结构厂房 ·· 131

7.4 可靠性鉴定实例2——钢筋混凝土结构房屋 ·· 133

7.5 可靠性鉴定实例3——砖混结构房屋 ·· 137

7.6 本章小结 ·· 140

习题与思考题 ·· 141

本章参考文献 ·· 141

第8章 建筑结构拟静力试验 ·· 142

8.1 概述 ·· 142

8.2 拟静力试验方法 ··· 142

8.3 拟静力试验数据处理 ·· 145

8.4 拟静力试验实例1——预应力混凝土平面框架的单向拟静力试验 ················· 149

8.5 拟静力试验实例2——框架梁柱节点的单向拟静力试验 ····························· 155

8.6 本章小结 ·· 160

习题与思考题 ·· 160

本章参考文献 ·· 160

第9章 建筑结构拟动力试验 ·· 162

9.1 概述 ·· 162

9.2 拟动力试验方法 ··· 162

9.3 拟动力试验数据处理 ·· 166

9.4 拟动力试验实例1—预应力混凝土平面框架的单向拟动力试验 ··················· 167

9.5 拟动力试验实例 2—砌体结构预应力体系抗震加固系列抗震性能试验 ………… 171
9.6 本章小结 ………………………………………………………………… 178
习题与思考题 ……………………………………………………………… 179
本章参考文献 ……………………………………………………………… 179

第 10 章 建筑结构地震模拟振动台试验 ………………………………… 180
10.1 概述 ……………………………………………………………………… 180
10.2 地震模拟振动台 ………………………………………………………… 181
10.3 动力相似理论 …………………………………………………………… 196
10.4 模型试验与加载 ………………………………………………………… 198
10.5 地震模拟振动台试验实例 ……………………………………………… 200
10.6 本章小结 ………………………………………………………………… 203
习题与思考题 ……………………………………………………………… 204
本章参考文献 ……………………………………………………………… 204

第 11 章 其他试验 ……………………………………………………… 205
11.1 概述 ……………………………………………………………………… 205
11.2 疲劳试验 ………………………………………………………………… 205
11.3 抗火试验 ………………………………………………………………… 217
11.4 风洞试验 ………………………………………………………………… 226
11.5 本章小结 ………………………………………………………………… 236
习题与思考题 ……………………………………………………………… 236
本章参考文献 ……………………………………………………………… 237

第1章 绪 论

1.1 概 述

各种建筑物、构筑物和工程设施都是在一定经济条件的制约下，以工程材料为主体，由各种承重构件（梁、板、柱）互相连接构成的组合体。建筑结构必须在规定的使用期限内安全有效地承受外部及内部的各种作用，以满足结构功能和使用上的要求。

结构试验是一项科学实践性很强的活动，是研究和发展新材料、新体系、新工艺以及探索结构设计新理论的重要手段。同时，也可通过试验对具体结构作出正确的技术结论。从确定工程材料的力学性能，到验证由各种承重结构或构件（梁、板、柱等）的基本计算方法和近年来发展的大量建筑结构体系的计算理论，都离不开试验研究。特别是混凝土结构、钢结构等设计规范所采用的计算理论大都以试验研究的直接结果作为基础的。近年来，计算机技术的快速发展，建筑结构的设计方法和设计理论发生了根本性的变化，许多需要精确分析的复杂的结构问题，均可以借助计算机完成分析计算。然而，由于实际工程结构的复杂性和结构在整个生命周期中可能遇到的各种风险，建筑结构试验仍然是解决建筑工程领域科研和设计中出现新问题时不可缺少的手段。

由此可见，建筑结构试验的任务就是针对各种建筑结构物或建筑试验，利用各种试验方法和试验技术，量测在荷载或其他因素作用下，与结构性能有关的各种响应，判断结构的实际工作性能和承载能力，并用以检验和发展计算理论。

建筑结构试验是土木工程专业一门实践性较强的课程，其任务是通过介绍结构试验的测试技术和试验方法，使学生获得专业所必需的试验基本技能，具备解决一般工程实践过程中所遇到的结构试验和检验的能力。本书希望通过对目前常用的建筑结构试验方法、试验装置、测试仪器设备和各种建筑结构试验示例的介绍，使读者对建筑结构试验技术有一个基本的了解，进而获得今后从事建筑结构科研、设计或施工等工作时解决问题的基本能力。

1.2 建筑结构试验的目的

建筑结构试验在建筑结构的科研、设计及施工等各方面都起着重要的作用，根据试验目的和侧重点的不同，可以将试验分成三大类：基础性试验、生产性试验和科研性试验。

1.2.1 基础性试验

基础性试验是针对建筑结构最基本的结构性能进行的试验，主要用于模拟建筑结构或构件承受静荷载作用下的工作情况，试验时可以观测和研究结构或构件的承载力、刚度、抗裂性能等基本性能和破坏机理。建筑工程结构是由许多基本构件组成的，通过基础性试验可以了解这些构件在各种基本作用力下的荷载与变形的关系，荷载与裂缝的关系等。例如为了配合混凝土结构和钢结构试验进行的混凝土和钢材材料性能试验、教学演示需要进行的集中荷载下矩形截面适筋梁、少筋梁和超筋梁的正截面受弯破坏试验和斜截面受剪破坏试验等，如图1-1和图1-2所示。

图1-1　混凝土材性试验

图1-2　矩形截面适筋梁受弯破坏试验

1.2.2　生产性试验

生产性试验具有直接的生产目的，它以实际建筑物或结构构件为试验鉴定的对象，通过试验检测是否符合规范或设计要求，并做出正确的技术结论。这类试验一般是针对具体产品或具体建筑物所要解决的问题而不是寻求普遍规律，试验主要在工程现场或在构件制作现场进行。

生产性试验通常用来解决以下几种情况：

1）针对新建建筑的设计和施工质量进行的检测

对于新建建筑，除了在设计、施工阶段进行必要的试验研究外，通常在建筑竣工后，对建筑的主要质量指标进行测试，例如建筑各部分的尺寸、混凝土质量、钢材的焊接质量、检验荷载作用下建筑的最大挠度或挠曲线、最不利断面上的应力等；根据测得的这些基本数据，考察实际建筑结构的施工质量和性能，判明结构的实际承载力和工作状态，为即将投入使用的建筑的使用提供依据。

2）针对已建结构，为了判断和估计结构的剩余寿命而进行的可靠性检验

既有建筑随着建造年份和使用时间的增加，结构物会逐渐出现不同程度的老化现象，有的已经到了老龄期、退化期和更换期，严重的更是已经进入危险期。为了保证既有建筑的安全使用，防止出现建筑物破坏、倒塌等严重事故，尽可能安全地延长结构寿命。通过对既有建筑的检测和鉴定，可以按照规程评定结构所属的安全等级，进而推断其可靠性和剩余寿命。可靠性检验大多数采用非破损检测的试验方法。

3）构件产品质量检验

预制场或现场成批生产的钢筋混凝土预制构件，在构件出厂或现场安装之前，必须根据科学抽样试验的原则，按照预制构件质量检验评定标准和试验规程，通过少量的抽样检验，推断成批产品的质量，以保证其产品的质量水平。对存在施工缺陷的预制构件，通过探伤、荷载试验等技术手段判明缺陷对结构受力性能的影响，以确定后期处置措施。

4）既有建筑改建或扩建后，为了判断具体结构实际承载能力而进行的试验

既有建筑的扩建加层，例如为了提高车间起重能力或提升建筑抗震烈度设防等级而进行的加固等，在单凭理论计算不能得到分析结论的情况下，经常需要通过试验以确定这些结构的潜在能力。这在缺乏既有结构的设计计算与图纸资料，或在要求改变结构工作条件的情况下更有必要。

对于遭受地震、火灾、爆炸等原因而受损的结构，或者在使用过程中发现有严重缺陷（施工质量事故、结构过度变形和严重开裂等）的危险性建筑，往往需要进行详细的检验。例如选择破坏较为严重的楼板和次梁进行荷载试验，从而判断楼面结构在受灾破坏情况下的承载能力。

1.2.3 科研性试验

科研性试验主要是解决科研和生产中有探索性、开创性的问题，试验的针对性较强，试验对象一般为室内模型结构，需要利用专门的加载设备和数据测试系统，对受力模型的力学性能指标做连续量测和全面分析研究，从而找出其变化规律。

科研性试验主要达到以下目的：

1）验证新的结构分析理论、设计计算方法

在建筑结构设计过程中，为便于计算和推广应用，需要对结构或构件的荷载作用计算图式和本构关系做一些具有科学概念的简化和假定，这些简化假设的正确性及适用性需要通过试验研究加以验证。例如，为研究钢管混凝土剪力墙的抗震性能（如图 1-3 所示），进行了一系列的拟静力试验（滞回性能试验），重点考察不同参变量对此类构件刚度、强度、延性和耗能能力的影响。为研究哑铃式钢管混凝土构件抗扭性能（如图 1-4 所示），进行了一系列的扭转实验，重点考察不同参变量（混凝土强度、长细比、钢管厚度等）对此类构件抗扭性能的影响。

图 1-3　钢管混凝土剪力墙拟静力试验　　　　图 1-4　哑铃式钢管混凝土构件抗扭性能试验

2）为发展和推广新结构、新材料与新工艺提供实践经验

随着科技的不断进步，新结构、新材料与新工艺不断涌现，而当一种新的结构形式、新的建筑结构材料或新的施工工艺刚提出来时，往往缺少设计和施工方面的经验。为了积累这方面的实际经验，常常借助于试验。例如，如图 1-5 所示，2011 年金门大学与福州大学合作进行了套管式摩擦阻尼器试验项目。该项目以简谐波为主，搭配不同的扭力值与

扰动频率及振幅,进行了一系列加载试验。对不同扭力值(3 种)、扰动频率(5 种)、扰动振幅(5 种)及摩擦材料(3 种),进行了共计 225 组的测试,以探讨不同材料的摩擦系数、耐磨性及滞回消能特性。

　　3)为制定新的设计规范提供依据

　　随着设计理论的提高和设计观念的改变,例如从按容许应力设计到按极限承载力设计,从确定性设计到按概率设计,设计规范也需要作相应的修改,而新规范的修改依据常常来自相应的结构试验。事实上,现行各种规范采用的结构计算理论,几乎全部是以试验研究结果为依据和基础的。

图 1-5　套管式摩擦阻尼器试验

1.3　建筑结构试验的对象

　　根据建筑结构试验对象的不同,将建筑结构试验分为原型试验和模型试验。

1.3.1　原型试验

　　原型试验的对象一般就是实际结构或构件。原型试验一般直接为生产服务,但也有部分以科研为目的。原型试验是以实际结构为测试对象,试验结果真实地反映了实际结构的工作状态。对于评价实际结构的质量、检验设计理论都比较直接可靠。特别是质量鉴定性试验,只能通过在实际结构上进行原型试验实现。但是,原型试验存在所需费用高、试验周期长、现场测试条件差等问题。

1.3.2　模型试验

　　当进行建筑结构的原型试验在物质上或技术上存在某些困难时,往往采用模型试验的办法来解决。特别是科研性试验,则更需要借助模型进行试验。模型是仿照真实结构,按照一定比例关系复制成的真实结构的试验代表物,它具有实际结构的全部或部分特征,但其尺寸比原型结构小得多。

　　根据试验目的的不同,可以将模型分成两类。一类是以解决生产实践中的问题为主的模型试验,这类试验的模型的设计制作要严格按照相似理论,使模型与原型之间满足几何相似、力学相似和材料相似的关系,以便模型能反映原型的特性,模型试验的结果可以直接返回到原型结构上去。这种模型试验常用于解决一些目前尚难以用分析的办法解决的实际工程问题。

　　还有一类模型试验主要用来验证计算理论或计算方法。这类试验的模型与原型之间不必满足严格的相似条件，一般只要求满足几何相似和边界条件。将这种模型的试验结果与理论计算的结果对比校核，可用于研究结构的性能，验证设计假定与计算方法的正确性，并确认这些结果所证实的一般规律与计算理论可以推广到实际结构中去。

1.4　建筑结构试验的分类

1.4.1　静力试验和动力试验

1）静力试验

　　绝大部分建筑结构工作时所受的荷载主要是静力荷载，静力加载试验是结构试验中最常见的试验类型。静力试验是了解建筑结构特性的重要手段，可以用来直接解决结构的静力问题；就算是在进行结构动力试验（如疲劳试验）时，一般也会先进行静力试验以测定结构有关的特性参数。静力试验一般可以通过重力或其他类型的加载设备来实现。静力试验的加载过程一般是从零开始逐步递增，直到预定的荷载为止。

　　静力试验的最大优点是加载设备相对来说比较简单，荷载可以逐步施加，还可以停下来仔细观测结构变形的发展，给人们以最明确和清晰的破坏概念。如图1-6所示，通过静力试验测试劲性骨架组合柱的极限承载能力。

(a)　　　　　　　　　　(b)　　　　　　　　(c)

图1-6　劲性骨架组合柱受压试验
(a) 加载装置；(b) 轴压加载；(c) 偏压加载

2）动力试验

　　对于在实际工作中承受动力作用的结构或构件，为了了解结构在动力荷载作用下的工作性能，一般要进行动力试验，主要包括结构动力特性试验和结构动力反应试验。

　　（1）结构动力特性试验

　　结构动力特性试验是指结构受动力荷载激励时，在结构自由振动或强迫振动条件下，测量结构自身所固有的动力性能的试验。试验可采用人工激振法或环境激振法，测量结构的自振频率、阻尼系数和结构振型等主要模态参数。

　　（2）结构动力反应试验

结构动力反应试验是指结构在动力荷载作用下，对结构或其特定部位的动力性能参数和动态反应进行测试的试验。如利用风洞设备对结构模型进行抗风性能试验；可在模爆器内模拟爆炸冲击波对结果模型做抗爆试验等。

1.4.2　短期荷载试验和长期荷载试验

结构受到静力荷载的作用实际是一个长期过程，但是在试验中一般采用短期荷载试验进行加载，即荷载从零开始施加到最后结构破坏或者某一阶段进行卸荷的时间只有几十分钟、几个小时或几天。

为了研究结构在长期荷载作用下性能的试验，如混凝土徐变、预应力结构中的钢筋松弛、钢结构的锈蚀等，这类试验也称为持久试验。长期荷载试验将进行几个月或者几年的时间，通过试验获得结构参数随时间的关系。

1.4.3　室内试验和现场试验

室内试验由于可以获得良好的工作条件，可以应用精密和灵敏的仪器设备进行试验，具有较高的准确度。有时，甚至可以创造出一个适宜的工作环境，以减少或消除各种不利因素对试验的影响，所以适宜进行研究性试验。

现场试验的环境相对较为恶劣，不宜使用高精度的仪器设备观测。但是在解决生产性问题时，具有无可替代的优势。

1.4.4　无损检测

无损检测是在不破坏整体结构或构件的使用性能的情况下，检测结构或构件的材料力学性能、缺陷损伤和耐久性等参数，以对结构或构件的性能和质量状况作出定性和定量评定。

无损检测的一个重要特点是对比性或相关性，即必须在预先对具有被测结构同条件的试样进行检测，然后对试样进行破坏试验，建立非破损或微破损试验结果与破坏试验结果的对比或相关关系，才有可能对检测结果做出较为准确的判断。尽管这样，无损检测毕竟是间接测定，受诸多不确定因素影响，所测结果仍未必十分可靠。因此，采用多种方法检测和综合比较，以提高检测结果的可靠性，是行之有效的办法。

目前，常用的无损检测方法有测试混凝土结构强度的回弹法、超声回弹综合法和钻芯法，检测混凝土缺陷的超声波法，混凝土内部钢筋位置测定和锈蚀测试，测试钢结构强度的表面硬度法，检测钢结构焊缝缺陷的超声波法、磁粉与射线探伤法等，如图1-7所示。无损检测的相关技术与方法将在本书的5、6章进行更加详细的介绍。

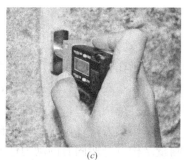

图 1-7　无损检测试验

(a) 回弹测试；(b) 碳化层深度测量；(c) 砂浆强度测试

1.5 建筑结构试验的发展趋势

1.5.1 先进的大型和超大型试验设备

随着科技的不断进步，大型和超大型的综合模拟试验系统、电液伺服加载系统、风洞试验系统、地震模拟振动台等的功能越来越强大，试验加载的能力也不断增强。工程人员和科研人员能够通过试验更准确地掌握结构性能，改善结构防灾、抗灾的能力，进一步发展结构设计理论。

1.5.2 结构远程协同试验技术

随着结构试验的大型化和复杂化，需要更为精确、准确地模拟复杂工作条件，此时单个实验室的资源往往无法满足此类结构试验的要求。由于现场条件的限制，希望充分发挥有限的试验资源，把各地的大型结构实验室的资源都利用起来进行相应的实验室模型协同试验，实现资源共享。随着互联网技术的不断发展，使得远程通信和远程控制在结构试验中的应用价值越发凸显，将结构试验方法和概率提高到一个新水平。互联网技术将分散在不同实验室的设备资源整合协同，形成一个规模庞大的网络化结构实验室。

1.5.3 先进的试验测试技术

试验测试技术的发展主要体现在传感器和数据采集方面。传感器是检测信号的工具，随着新材料、新技术的不断涌现，新型智能、高灵敏度的检测传感器不断出现，使得试验测试技术向更广阔的领域快速发展。另一方面，数据采集技术发展更为迅速，随着计算机存储技术和互联网技术的快速发展，长时间、大容量、无线远程快速的数据存储已变为现实。

建筑结构试验技术的形成与发展，与建筑结构实践经验的积累和试验仪器设备及量测技术的发展具有极其密切的联系。建筑结构试验将广泛应用于生产实践的各个环节，对建筑科学的发展产生巨大的促进和推动作用。

本章参考文献

[1] 周明华. 土木工程结构试验与检测 [M]. 南京：东南大学出版社，2013.

[2] 周明华. 土木工程结构试验与检测（第四版）[M]. 南京：东南大学出版社，2017.

[3] 张建仁，田仲初. 土木工程试验 [M]. 北京：人民交通出版社，2012.

[4] 王柏生. 结构试验与检测 [M]. 杭州：浙江大学出版社，2007.

[5] 宋彧. 建筑结构试验与检测（第二版）[M]. 北京：人民交通出版社，2014.

[6] 宋彧，廖欢，徐培蓁. 建筑结构试验与检测 [M]. 北京：人民交通出版社，2014.

[7] 宋彧，段敬民. 建筑结构试验与检测 [M]. 北京：人民交通出版社，2005.

[8] 宋彧. 建筑结构试验（第三版）[M]. 重庆：重庆大学出版社，2012.

[9] 林维正. 土木工程质量无损检测技术 [M]. 北京：中国电力出版社，2008.

[10] 马永欣，郑山锁. 结构试验 [M]. 北京：科学出版社，2015.

[11] 张望喜. 结构试验 [M]. 北京：武汉大学出版社，2016.

[12] 易伟建，张望喜. 建筑结构试验 [M]. 北京：中国建筑工业出版社，2005.

[13] 易伟建，张望喜. 建筑结构试验（第四版）[M]. 北京：中国建筑工业出版社，2016.

[14] 朱尔玉. 工程结构试验 [M]. 北京：北京交通大学出版社，2016.

[15] 刘明. 土木工程结构试验与检测 [M]. 北京：高等教育出版社，2008.

[16] 姚谦峰. 土木工程结构试验（第二版）[M]. 北京：中国建筑工业出版社，2008.

[17] 姚谦峰，陈平. 土木工程结构试验 [M]. 北京：中国建筑工业出版社，2001.

[18] 熊仲明，王社良. 土木工程结构试验 [M]. 北京：中国建筑工业出版社，2015.

[19] 熊仲明. 土木工程结构试验 [M]. 北京：中国建筑工业出版社，2006.

[20] 徐奋强. 建筑工程结构试验与检测 [M]. 北京：中国建筑工业出版社，2017．

[21] 湖南大学等编. 建筑结构试验（第二版）[M]. 北京：中国建筑工业出版社，1991.

[22] 湖南大学编. 建筑结构试验 [M]. 北京：中国建筑工业出版社，1982.

[23] 刘明. 新世纪土木工程系列教材 土木工程结构试验与检测 [M]. 北京：高等教育出版社，2016.

[24] 刘明. 土木工程结构试验与检测 [M]. 北京：高等教育出版社，2008.

[25] 姚振纲. 建筑结构试验 [M]. 上海：同济大学出版社，2010.

[26] 姚振纲，刘祖华. 建筑结构试验 [M]. 上海：同济大学出版社，1996.

[27] 胡铁明. 建筑结构试验（第二版）[M]. 中国质检出版社，2017.

[28] 张曙光，建筑结构试验 [M]. 北京：中国电力出版社，2005.

[29] 蔡中民等. 混凝土结构试验与检测技术 [M]. 北京：机械工业出版社，2005.

[30] 马永欣，郑山锁. 结构试验 [M]. 北京：科学出版社，2001.

[31] 王立峰，卢成江. 土木工程结构试验与检测技术 [M]. 北京：科学出版社，2010.

[32] 杨英武. 结构试验检测与鉴定 [M]. 杭州：浙江大学出版社，2013.

[33] 王柏生. 结构试验与检测 [M]. 杭州：浙江大学出版社，2007.

[34] 李忠献. 工程结构试验理论与技术 [M]. 天津：天津大学出版社，2004.

[35] 王天稳. 土木工程结构试验 [M]. 武汉：武汉大学出版社，2014.

[36] 张曙光. 土木工程结构试验 [M]. 武汉：武汉理工大学出版社，2014.

[37] 朱尔玉. 工程结构试验 [M]. 北京：北京交通大学出版社，2016.

[38] 赵菊梅，李国庆. 土木工程结构试验与检测 [M]. 西南交通大学出版社，2015.

[39] 王社良. 土木工程结构试验 [M]. 重庆：重庆大学出版社，2014.

[40] 周安，扈惠敏. 土木工程结构试验与检测 [M]. 武汉：武汉大学出版社，2013.

[41] 胡忠君，贾贞. 建筑结构试验与检测加固 [M]. 武汉：武汉理工大学出版社，2017.

[42] 胡忠君，郑毅. 建筑结构试验与检测加固 [M]. 武汉：武汉工业大学出版社，2013.

[43] 王天稳. 土木工程结构试验（第三版）[M]. 武汉：武汉理工大学出版社，2013.

[44] 吴晓枫. 建筑结构试验与检测 [M]. 北京：化学工业出版社，2011.

[45] 杨德建，马芹永. 建筑结构试验 [M]. 武汉：武汉理工大学出版社，2010.

[46] 杨艳敏. 建筑结构试验 [M]. 北京：化学工业出版社，2010.

[47] 杨艳敏. 土木工程结构试验 [M]. 武汉：武汉大学出版社，2014.

[48] K. S. Virdi, F. K. Faras, J. L. Clarke, et. al. Structural Assessment：The Role of Large and Full-Scale Testing [M]. Boca Raton：CRC Press, 1998.

[49] 赵宪忠，李秋云. 土木工程结构试验量测技术研究进展与现状 [J]. 西安建筑科技大学学报（自然科学版），2017, 49（01）：48-55.

第 2 章 结构试验荷载和试验装置

2.1 概　述

荷载又称为作用，可分为直接作用和间接作用。直接作用包括结构自重、建筑物屋面的活荷载、机械设备的振动荷载、地震等荷载等；间接作用包括温度变化、混凝土收缩、沉降等。在对结构或构件进行试验时，一般通过一定的设备与仪器，以最接近真实的手段（如重力加载、液压加载等）再现各种荷载对结构的作用。正确地选择试验所用的加载方法和加载设备，对顺利地完成试验工作和保证试验质量，有着重要的影响。为此，在选择试验加载方法和加载设备时，应满足下列要求：

1）试验荷载的作用，应符合实际荷载作用的传递方式，能使被试验结构、构件再现其实际工作状态的边界条件，使截面产生的内力与实际情况等效。

2）产生的荷载值应当明确，且满足试验准确度的要求。除模拟动力作用之外，荷载值应能保持相对稳定，不会随时间、环境条件的改变和结构的变形而变化。

3）加载设备本身应有足够的承载力和刚度，并有足够的储备，保证使用安全可靠。

4）加载设备不应参与结构工作，改变结构的受力状态或使结构产生次应力。

5）加载方法和加载设备应能做到方便调节和分级加（卸）载，易于控制加（卸）载速率。分级值应能满足精度要求。

6）尽量采用先进技术，满足自动化的要求，减轻劳动强度，方便加载，提高试验效率和质量。

2.2 重力加载法

重力加载是利用物体重力产生稳定的荷载加于结构上。在实验室中可以利用的重物有标准铸铁砝码、混凝土立方试块、水等；在现场加载可以采用就地取材，如砂、石、砖块等或钢锭、铸铁、废构件等。重物可以直接加于试验结构或构件上，也可以通过杠杆间接加载。

2.2.1 直接加载法

重物直接放在结构表面上形成均布荷载，如图 2-1 所示；或置于荷载盘上，通过吊盘形成集中荷载，如图 2-2 所示。这类试验一般采用分级加载，具有设备简单、取材方便、荷载恒定及加载形式灵活等优点。但是，荷载量不能很大，操作笨重而费工。同时，砂石等材料容易起拱，对结构产生卸载作用；且容重随着大气湿度的变化而变化，在长期试验过程中应注意荷载值不易恒定的问题。

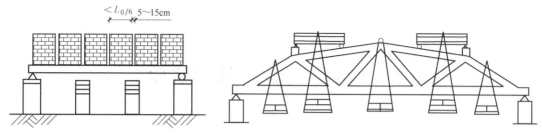

图 2-1　用重物在板上加均布荷载　　　　　图 2-2　重物作集中荷载试验

此外，利用水作为重力加载用的荷载，也是一个简单方便且经济的方案。水可以盛在水桶内用吊杆作用与结构上，作为集中荷载；也可以采用特殊的盛水装置作为均布荷载直接加于结构表面，特别适用于大面积的平板结构，例如楼面、平屋面等，加载图示如图2-3所示。

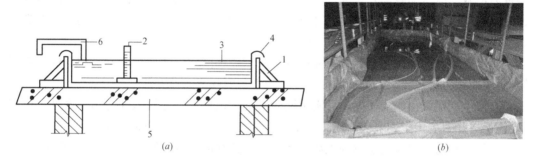

图 2-3　用水作均布荷载的装置

(a) 装置图示；(b) 现场照片

1—侧向支撑；2—标尺；3—水；4—防水胶布或塑料布；5—试件；6—水管

2.2.2　间接加载法

当需要将重物转换为集中荷载进行试验时，可以利用杠杆原理将所加重物荷载进一步放大，这种加载方法就是间接加载法，又称杠杆加载法，其原理如图2-4所示。这种加载

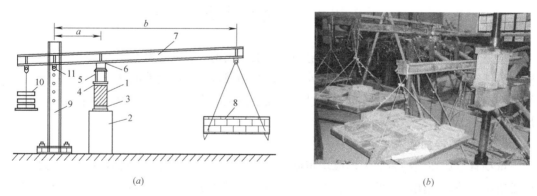

图 2-4　杠杆法加载

(a) 装置图示；(b) 现场照片

1—试件；2—支墩；3—支座；4—分配梁支座；5—分配梁；6—支点；

7—杠杆；8—重物；9—拉杆；10—平衡重物；11—插销

方法要求杠杆有足够的刚度，杠杆比一般不宜超过5。

根据试验需要，当荷载不大时，可以用单梁式或组合式杠杆；荷载较大时，则可采用桁架式杠杆，如图2-5所示。

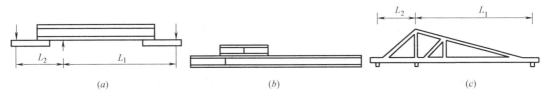

图2-5　杠杆构造简图
(*a*) 单梁式；(*b*) 组合式；(*c*) 桁架式

2.3　液压加载法

液压加载是结构试验中最常用的一种方法，它能产生较大的荷载，操作方便、加载速度快，特别是对于点数多、吨位大的大型结构荷载试验。主要加载装置包括液压加载器、大型结构试验机、电液伺服加载系统。

2.3.1　液压加载器

液压加载器中最常见的设备是液压千斤顶，它通过油压产生较大的荷载，试验操作安全方便，具有出力大、加载效率高、便于荷载分级等特点。液压千斤顶按出力方向可划分为单作用式和双作用式两种。单作用式液压千斤顶通过一条油路施加单向、单点加载，结构简单，易实现多点同步加载，常用于建筑物迁移等实际工程。双作用式液压千斤顶则有两个工作缸和两条油路，千斤顶行程范围内通过油缸交替供油和回油施加拉、压作用，可用于结构抗震试验中的低周反复荷载试验。

若多组液压千斤顶同时加载，则需要用到同步液压加载设备。同步液压加载设备由同步液压千斤顶、高压油泵、控制台、分油器、反力架、测力传感器等组成，解决了简单液压加载设备存在的荷载稳定性差、效率低、加载控制难、多点加载不同步等问题，且设备简单、购置费低、容易实现加载分级和加载控制等。简单的同步液压加载设备如图2-6所示。

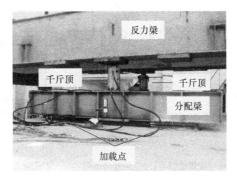

图2-6　同步液压千斤顶

2.3.2　结构试验机

室内结构试验常用到的结构试验机是一种系统较完备的液压加载设备。其加载系统、荷载机构、控制系统采用一体化设计，系统整体性好。典型的结构试验机有长柱试验机、万能材料试验机和结构疲劳试验机等。

长柱试验机主要用于柱、墙板、砌体、节点与梁的受压、受弯等试验，其构造由液压操纵台、大吨位的液压加载器和试验机架三部分组成。图2-7为福州大学所拥有的10000kN长柱试验机。

万能试验机是集拉伸、压缩、弯曲、剪切等功能于一体的材料试验机，主要用于金属和非金属材料的力学性能试验。图 2-8 为福州大学所拥有的 2000kN 万能试验机。

图 2-7　长柱试验机

图 2-8　万能试验机

疲劳试验机用于进行测定金属、合金材料及其构件在室温状态下的拉伸、压缩或拉压交变负荷的疲劳特性、疲劳寿命、预制裂纹及裂纹扩展试验。高频疲劳试验机在配备相应试验夹具后，可进行正弦载荷下的三点弯曲试验、四点弯曲试验、薄板材拉伸试验、厚板材拉伸试验等疲劳试验。

2.3.3　电液伺服加载系统

由于电液伺服控制是集电气、液压、计算机为一体的组合控制系统，既具备了电气控制操作简便、精度高及响应速度快的优点，又有液压控制高稳定性和大功率输出的特点，还能与计算机进行通信从而实现各种复杂控制算法设计及强大的数据储存及处理能力。因此，电液伺服加载系统广泛用于抗震试验、疲劳试验、静力试验、拟静力试验和拟动力试验中。电液伺服加载的工作原理是通过实测荷载或位移信号，将其反馈到比较器，与控制系统的设定值进行比较；其差值作为加载控制调整的信号，并将其发送给电液伺服阀，以达到加载控制的目的，如图 2-9 所示。

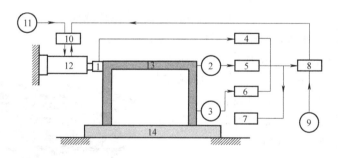

图 2-9　电液伺服液压系统工作原理

1—荷载传感器；2—位移传感器；3—应变传感器；4—荷载调制；5—位移调制；6—应变调制；7—记录显示；
8—伺服控制；9—指令；10—电液伺服阀；11—液压源；12—液压加压装置；13—测试结构；14—试验台座

电液伺服加载系统主要由电液伺服作动器、控制系统和液压油源三大部分组成，如图 2-10 所示。电液伺服作动器是电液伺服加载系统的动作执行者，由刚度很大的支承机构和加载装置组成。控制系统由液压控制器、电参量信号控制器、图显系统和计算机四部分组成。其中，液压控制器决定油源的启动和关闭；电参量信号控制器主要控制荷载、位移和应变等参量的转换，还具有极限保护以免开环失控等功能；图显系统主要对试件的各阶

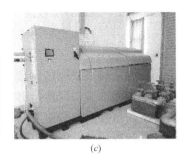

(a)   (b)   (c)

图 2-10　电液伺服加载系统

（a）电液伺服作动器；（b）控制系统；（c）液压油源

段受力与变形的变化规律进行实时直观显示；计算机主要对电信号控制器和图显系统进行实时控制。液压油源为整个试验系统提供液压动力。电液伺服作动器这种高精度加载设备，对相应的液压油源有很高的技术要求。

以福州大学为例，目前该校 MTS 电液伺服（疲劳）加载系统拥有行程±250mm 的各类作动器 9 个，其中 2500kN 作动器 2 个（压力 2595kN；拉力 1775kN）、1000kN 作动器 2 个、500kN 作动器 4 个和 250kN 作动器 1 个。MTS Flex Test 100 控制器现有 8 站台 12 通道；闭环控制速率：6kHz；数采频率 0～122kHz，连续可调；控制器程序生成频率：0.001～600Hz，且连续可调；多种控制模式，载荷控制、位移控制、应变控制、任意物理量控制等，独有的函数量控制模式，多模式之间可实时平滑切换；MTS 505 系列超静音液压动力源全负荷工作时一米处噪声仅 72dB；流量：600LPM；工作压力 21MPa；500 加仑油箱。

2.3.4　地震模拟振动台

地震模拟振动台是进行结构抗震试验的一种先进试验设备，主要由台面及支承导向系统、激振系统、液压源系统和控制系统组成。可以再现地震波的作用，模拟地震对结构的影响。是目前研究结构抗震直接、最有效的试验方法。目前，福州大学地震模拟振动台阵系统包括三个地震模拟振动台，其中中间为固定的 4m×4m 水平双向地震模拟振动台，两边为 2.5m×2.5m 可移动的水平双向地震模拟振动台各一个，本书第 10 章将进行详细介绍。

2.4　其他加载法

2.4.1　机械力加载法

机械力加载法就是利用简单的机械机具（绞车、卷扬机、吊链、花篮螺栓、螺旋千斤顶及弹簧等）对结构或构件进行加载，具有加载设备简单、索具加载时易改变方向的优点，但是能施加的荷载值较小。

绞车、卷扬机、吊链和花篮螺栓主要是配合钢丝或绳索对结构施加拉力，还可与滑轮组联合使用，改变作用力的方向和拉力大小。螺旋千斤顶是利用齿轮及螺杆式涡轮杆机构传动原理，当手摇手柄时，就带动螺旋杆顶升，对结构施加顶推压力。弹簧加载法常用于构件的持久荷载试验。

2.4.2　惯性力加载法

惯性力加载法是利用物体质量在运动时产生的惯性力对结构施加动力荷载，也可以利用弹药筒或小火箭在炸药爆炸时产生的反冲力对结构进行加载。主要包括冲击加载法、离心力加载法和直线位移惯性力加载法。

冲击力加载法荷载作用时间极其短促，在冲击力的作用下被加载结构产生自由振动，具体有初位移法和初速度法两种。初位移法是对结构或构件施加荷载，使其产生变形，然后突然卸掉荷载，使结构或构件产生自由振动的方法；初速度法是使加载重物提高势能水平，然后释放加载重物，势能转变为动能，加载重物以一定速度冲击试验对象，从而使试验对象获得冲击荷载。

离心力加载法是根据旋转质量产生的离心力对结构施加简谐振动荷载。其特点是具有周期性，作用力的大小和频率按一定规律变化。

直线位移惯性力加载法常用于电液伺服加载系统中，通过作动器带动质量块作水平直线往返运动，在低频条件下性能较好，可产生较大的激振力。

2.4.3　气压加载法

气压加载法具有加（卸）载方便、压力稳定，尤其适合于施加均布荷载，但是受载面无法观测，具体包括正压加载法和负压加载法两种。正压加载法就是利用压缩空气产生的压力对结构施加荷载；负压加载法是利用抽真空产生负压对结构施加荷载。

2.5　试　验　装　置

2.5.1　台座

试验台座是结构实验室内永久性的固定设备，用于平衡施加在试验对象上的荷载产生的反力，其基本要求为：

1）具有足够的强度和整体刚度。

2）动力试验台座还应有质量和耐疲劳强度。

3）静力台座和动力台座同时存在时，两者应分离设置。

目前，国内外常用的试验台座按结构构造不同可分为以下几种形式：

1）槽式试验台座

槽式试验台座是沿着台座纵向全长布置多条槽轨，槽轨一般采用型钢制成的纵向框架式结构，埋置在台座的混凝土内，槽钢翼缘和腹板内的空腔常灌注混凝土或设置加劲肋，以提高轨道的刚度，如图 2-11 所示。槽轨用于锚固加载支架，平衡试验结构上荷载作用产生的反力。试验加载时，立柱承受向上的拉力，槽轨和台座的混凝土部分必须连接良好，不至于被拔出。

2）地脚螺栓式试验台座

地脚螺栓式试验台座是在台面上每隔一定的间距设置一个地脚螺栓，螺栓下端锚固于混凝土内，顶端伸到台座表面的地槽内，如图 2-12 所示。该台座的最大缺点是受损后修理困难，同时反力架和试件的位置受到螺栓位置的限制。

3）箱式试验台座

箱式试验台座采用箱形结构，刚度极大，在箱形结构顶板上沿纵横两个方向每隔一定距离预留竖向贯通的螺栓孔洞，台座加载位置可沿台座纵向任意变动，如图 2-13 所示。

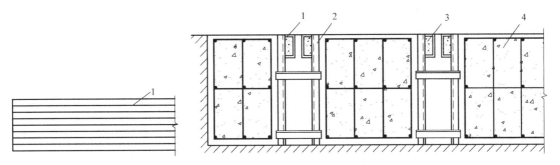

图 2-11 槽式试验台座

1—槽轨；2—型钢骨架；3—高强混凝土；4—普通混凝土

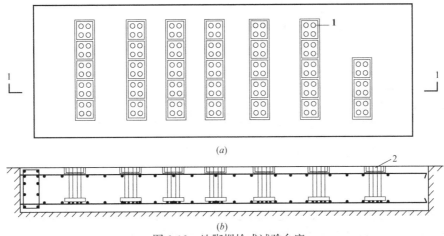

(a)

(b)

图 2-12 地脚螺栓式试验台座

(a) 平面图；(b) 1-1 截面

1—地脚螺栓；2—台座地槽

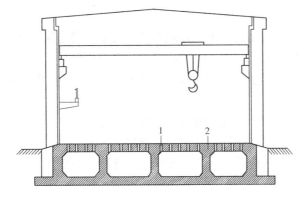

图 2-13 箱式试验台座

1—混凝土台座；2—螺栓孔

2.5.2 反力墙与反力架

1) 反力墙

反力墙常采用混凝土墙或预应力混凝土墙，属于固定式的，在墙体立面上沿水平和垂直方向每隔一定距离设置螺栓孔洞，以便试验时在不同位置固定水平加载器，进行各类静力试验和动力试验，常见的墙体有一字形和 L 形。

2）反力架

反力架一般采用钢结构制作，属于可移动式，有竖向反力架和横向反力架之分。竖向反力架包括立柱和横梁，立柱与台座相连，横梁直接承受竖向加载时产生的反力，对横梁的强度和刚度要进行专门设计，并留有足够富余。横向反力架对强度和刚度要求更高，通常采用剪力墙作为横向反力架更有效，在墙体上按一定间隔布置锚孔，以满足不同位置上施加横向力的需要。由于受到刚度限制，反力架能够提供的反力远小于反力墙。

2.5.3 分配梁与支座

1）分配梁

分配梁可将一个集中力分解成若干力，刚度应足够大，采用单跨简支形式，配置不宜超过两层，以免发生失稳，如图 2-14 所示。

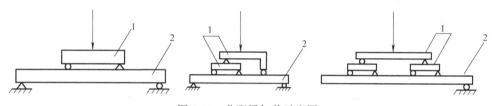

图 2-14 分配梁加载示意图
1—分配梁；2—试验对象

2）支座

支座是结构试验中的支承、传递荷载的装置。按作用方式不同可分为滚动铰支座、固定铰支座、球铰支座和刀口支座。铰支座一般用钢材制作，基本要求是：

（1）必须保证结构在支座处能自由转动；

（2）必须保证结构在支座处力的传递。

3）支墩

支墩可以采用钢材、钢筋混凝土、砖或石块，支墩本身必须具有足够的承载能力，保证在试验过程中不发生变形，以免影响试验结果，带来试验误差。具体要求是：

（1）支墩和地基总变形量不宜超过试件挠度的 1/10。试验使用两个以上支墩时，各支墩应具有相同的刚度。

（2）单向简支试件的两个铰支座的高差应符合设计要求，其偏差不宜大于试件跨度的 1/50。双向板在两个跨度方向的高差和偏差应满足上述要求。

（3）连续梁各中间支墩应采用可调式支墩，按支墩反力的大小调节支墩高度。

2.6 本 章 小 结

本章系统地介绍了建筑结构试验中常用的加载方法，主要包括重力加载法、液压加载法、机械力加载法、惯性力加载法、气压加载法等，其中重力加载法和液压加载法是最为常规的方法；其次，介绍了建筑结构试验中常见的试验装置，包括台座、反力墙与反力架、分配梁和支座等。在试验方案设计阶段，除了需要详细计算试验所需的加载能力外，还应该清楚地了解加载设备和加载条件，选用合适的试验设备，保证在安全的前提下顺利完成试验。

习题与思考题

1. 重物加载方法的作用方式是什么？
2. 液压加载装置有几种类型、液压加载的特点及适用范围是什么？
3. 简述常用的试验台座及其特点。
4. 简要叙述电液伺服加载系统的基本原理。

本章参考文献

[1] 宋彧. 建筑结构试验与检测（第二版）[M]. 北京：人民交通出版社，2014.
[2] 马永欣，郑山锁. 结构试验 [M]. 北京：科学出版社，2015.
[3] 张望喜. 结构试验 [M]. 武汉：武汉大学出版社，2016.
[4] 易伟建，张望喜. 建筑结构试验（第四版）[M]. 北京：中国建筑工业出版社，2016.
[5] 朱尔玉. 工程结构试验 [M]. 北京：北京交通大学出版社，2016.
[6] 刘明. 土木工程结构试验与检测 [M]. 北京：高等教育出版社，2008.
[7] 朱尔玉，冯东，朱晓伟，等. 工程结构试验 [M]. 北京：清华大学出版社，2016.
[8] 贾民平，张洪亭. 测试技术（第二版）[M]. 北京：高等教育出版社，2009.
[9] Alan S. Morris，RezaLangari. Measurement and Instrumentation：Theory and Application（2nd edition）[M]. Elsevier Inc，2016.
[10] 中华人民共和国国家标准. GB/T 50152—2012 混凝土结构试验方法标准 [S]. 北京：中国建筑工业出版社，2012.
[11] 赵望达. 土木工程测试技术 [M]. 北京：机械工业出版社，2014.
[12] 程晓波，陈福，陈以一，等. 结构试验全方位通用加载系统研制与应用 [J]. 建筑钢结构进展，2014，16（02）：49-57.

第3章 结构试验测量仪器与数据分析

3.1 概 述

建筑结构试验中，试验对象处在一个系统中，既有系统输入（如力、位移、温度等），也有系统输出（如应变、变形、裂缝、自振频率、振型、加速度等）。建筑结构试验的目的不仅要了解结构性能的外观状态，还要准确地对输出参量进行测量。只有准确、可靠地采集到这些数据，才能定量地对试验对象的性能做出正确评价。随着科学技术水平的不断提高，建筑结构试验的测试设备也从简单的仪表发展到以计算机和互联网为平台的数据自动采集、处理系统，种类繁多，原理各异。

测量就是将被测量的信息按一定规律变换成为电信号或其他形式的信息输出的过程，以满足信息的传输、处理、存储、显示、记录和控制等要求。建筑结构模型试验对测量仪器和测量方法的主要性能要求如下：

1）高灵敏度、线性、抗干扰的稳定性、容易调节；

2）高精度、高可靠性、无迟滞性、工作寿命长；

3）高响应速率、可重复性、抗老化、抗环境影响（如：热、振动、酸、碱、空气、水、尘埃）的能力强；

4）选择性强、安全性高、互换性好、低成本；

5）宽测量范围、小尺寸、重量轻和高强度、宽工作温度范围。

3.2 测量仪器和测量方法

3.2.1 应变测量

试验对象在外力作用下会产生应力，了解其应力分布规律，尤其是危险截面的应力分布和应力极值，是评定结构工作状态、建立计算理论和方法的重要依据。因此，应力测量在结构试验测量中占有极其重要的地位。但是，目前还没有较好的方法直接测定结构或构件的截面应力，通常的方法是先测量应变，然后通过本构关系间接测定应力。应变测量的方法和仪器众多，主要分为电测法和机测法两类。目前较为成熟的应变测试设备有电阻应变仪、光纤传感器、钢弦检测仪和机械式应变仪等。

1）电阻应变仪

（1）电阻应变仪的基本原理

金属体都有一定的电阻，电阻值因金属的种类而异。当加有外力时，金属若变细变长，则阻值增加；若变粗变短，则阻值减小。如果发生应变的物体上安装有金属电阻，当物体伸缩时，金属体也按某一比例发生伸缩，因而电阻值产生相应的变化。在建筑结构测量领域，电阻式应变仪应用极为广泛。

结构测试中，将金属丝电阻应变片粘贴在被测对象表面，用来测量该处表面的变形。金属丝电阻值与长度和截面积的关系为：

$$R = \rho \frac{L}{A} \tag{3-1}$$

式中：R——金属丝原始电阻值；

ρ——金属丝的电阻率；

L——金属丝长度；

A——金属丝截面面积。

当被测对象发生变形时，与其一同发生变形的金属丝电阻也发生改变。对式（3-1）进行微分，可得到电阻变化与金属丝的电阻率、长度和截面面积变化之间的关系式如下：

$$\frac{\mathrm{d}R}{R} = \frac{\mathrm{d}\rho}{\rho} + \frac{\mathrm{d}L}{L} - \frac{\mathrm{d}A}{RA} \tag{3-2}$$

式（3-2）中，右侧各项均可写为与金属丝应变 ε 相关的表达式，即：

$$\frac{\mathrm{d}L}{L} = \varepsilon \tag{3-3}$$

$$\frac{\mathrm{d}A}{A} = -2\mu \frac{\mathrm{d}L}{L} = -2\mu\varepsilon \tag{3-4}$$

$$\frac{\mathrm{d}\rho}{\rho} = \lambda E\varepsilon \tag{3-5}$$

式中：μ——金属丝材料的泊松比；

λ、E——分别为金属丝的压阻系数和弹性模量。

将上述各表达式代入式（3-2），则有：

$$\frac{\mathrm{d}R}{R} = (1 + 2\mu + \lambda E)\varepsilon = K\varepsilon \tag{3-6}$$

式中：K——与金属材料有关的系数，表示单位应变引起的相应电阻变化。灵敏系数越大，单位应变引起的电阻变化越大，其值一般在 1.9～2.3 之间，在使用时应使应变片的灵敏系数与应变仪的灵敏系数设置相协调。

（2）电阻应变片分类和技术指标

电阻应变片由表面覆盖层、电阻丝层和基底层叠合在一起组成。覆盖层起着保护、绝缘的作用；电阻丝是应变片中最重要的部分，通常呈栅形排列，称为敏感栅，并固定在基层上；基层采用与被测材料黏合性好同时又具有绝缘性的材料制成。常用的电阻应变计有箔式电阻应变计、丝绕式电阻应变计、短接式电阻应变计、半导体电阻应变计和焊接电阻应变计等。优点是稳定性和温度特性好，但是灵敏度系数小。

几何尺寸：指电阻应变片敏感栅区域的尺寸，由于敏感栅内的电阻变化反映了区域内的平均应变，故应变片的选择需要考虑其尺寸大小。对于应力变化梯度较大的应力检测，应变片的尺寸不能过大，而当检测对象是混凝土时，因为集料尺寸效应，只能采用大标距尺寸的应变片。

标称电阻值：室温下应变片未参与工作时的电阻值，常有 60Ω、120Ω、200Ω、320Ω、350Ω、500Ω、1000Ω 等，以 120Ω 最常见。电阻值越大，相应允许的工作电压越高，信号强度也越高，选用时，应考虑与应变仪配合。

绝缘电阻：指衡量敏感栅与被测对象之间的绝缘程度，其值越大越好，一般应大于$10^{10}\,\Omega$。绝缘程度下降或不稳定会导致零漂，严重影响测量的精确度。

允许电流：指通过敏感栅的最大上限电流，电流过大可能影响应变片工作状态。允许电流的大小除了与应变片本身（敏感栅结构、基底层绝缘性）有关以外，还与粘结材料和其他环境因素有关。对于静态测量，一般允许电流为25mA；对于动态测量，一般允许电流为75～100mA。

温度适用范围：主要取决于胶合剂的性质。

（3）桥路的基本原理

桥路的基本原理就是利用惠斯顿电桥，实现对电阻值微小变化的放大和检测。电桥由AB、BC、CD和AD构成了4个桥臂，在各桥臂上分别接入4个电阻R_1、R_2、R_3和R_4，并在A和C接入内部电源，输入电压为U，B和D作为输出端，输出电压为U_{BD}，如图3-1所示，由电工学原理可知，输出电压U_{BD}的计算式为：

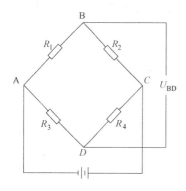

图3-1 惠斯登电桥

$$U_{BD}=\frac{R_1R_3-R_2R_4}{(R_1+R_3)(R_2+R_4)}U \tag{3-7}$$

当式（3-7）中电阻满足$R_1R_3=R_2R_4$时，则电桥的输出电压为零，这种状态称为电桥的平衡状态（$U_{BD}=0$）。

若电桥电阻发生变化，电桥从平衡状态进入不平衡状态，电阻R_1、R_2、R_3和R_4分别发生ΔR_1、ΔR_2、ΔR_3和ΔR_4的变化，则输出电压U_{BD}：

$$U_{BD}=\left[\frac{R_2R_4}{(R_1+R_2)(R_3+R_4)}\left(\frac{\Delta R_1}{R_1}-\frac{\Delta R_2}{R_2}+\frac{\Delta R_3}{R_3}-\frac{\Delta R_4}{R_4}\right)\right]U \tag{3-8}$$

当采用相同的应变片时

$$U_{BD}=\frac{1}{4}KU(\varepsilon_1-\varepsilon_2+\varepsilon_3-\varepsilon_4) \tag{3-9}$$

根据桥臂上实际投入工作的应变片数量不同，测量方式主要有全桥电路、半桥电路和1/4桥电路，如图3-2所示。全桥电路中全部接工作应变片，工作片互为温度补偿片，主

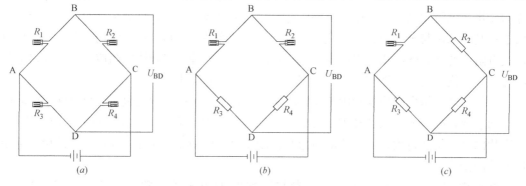

图3-2 标准电路

（a）全桥电路；（b）半桥电路；（c）1/4桥电路

要用于传感器，一般应变测量电路中应用不多；半桥电路中有两路接入工作应变片，另两路为温度补偿片，在测量电路中广泛使用；1/4 桥电路中仅有一路接入工作应变片，但是由于没有温度补偿，要求环境温度变化不宜过大。

（4）温度补偿

开展结构试验时，粘贴在试件上的应变片处在温度场中，若温度发生改变，温度产生变形和变形差，会引起电阻应变片阻值发生变化，此现象称为温度效应。温度效应引起的应变是非受力引起的，因此必须将其消除，消除的方法称为温度补偿。常用的温度补偿方法有温度补偿片法和工作片互补法两种。

温度补偿片法是指 R_1 作为工作片，R_2 单独粘结在与试验对象材料相同的块体上，试验时不受力，只感受温度。由于工作片与补偿片处于同一温度场，温度改变产生的应变相同，又由于工作片与补偿片接在桥臂的相邻位置，两个应变片产生的温度应变相互抵消，不会产生输出电压，从而消除温度效应，如图 3-3 所示。

工作片互补法是指当测试对象上存在应变大小相同、符号相反的成对测点时，可以将应变符号相反的两个测点应变片分别接在相邻的桥臂上，温度产生的应变相互抵消，如图 3-4 所示。

在实际建筑结构试验中，往往是多点测量，为了节约应变片，常使用公共温度补偿片，这种桥路称为半桥公共补偿，如图 3-5 所示。

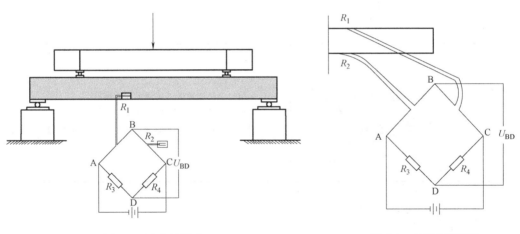

图 3-3　温度补偿法　　　　　　　　　　　图 3-4　工作片互补法

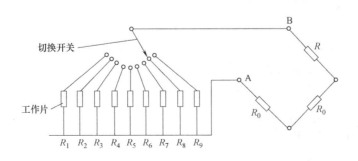

图 3-5　公共温度补偿片

（5）应变片的粘贴

应变片粘结技术见表 3-1。应变片粘贴用到的材料及工具有：应变片、万用表、丙酮、棉球、502 胶水、电烙铁、焊锡、松香、镊子、砂纸、导线、胶布、硅胶、凡士林、石蜡和环氧树脂，有时还用到纱布条。

应变片粘结技术 表 3-1

编号	内　容	粘贴工艺及要点
1	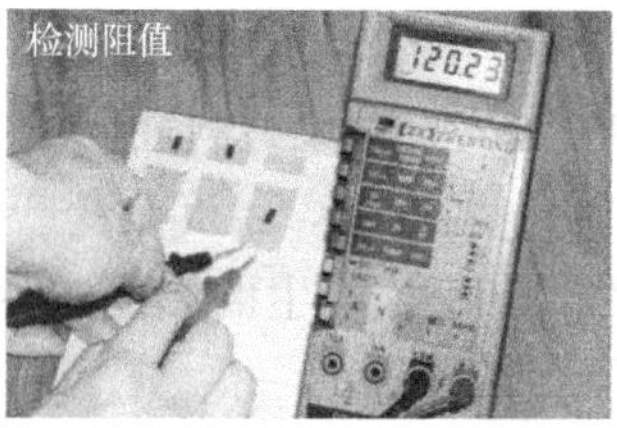 检测阻值	(1)检查应变片质量,如是否出现气泡、霉点或者断裂 (2)用万用表检查阻值是否满足要求
2	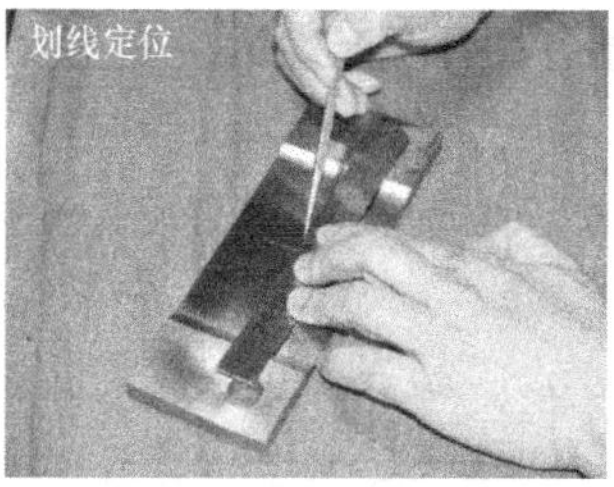 划线定位	(1)在选定贴应变片的位置画出十字线 (2)画线深度应该适中
3	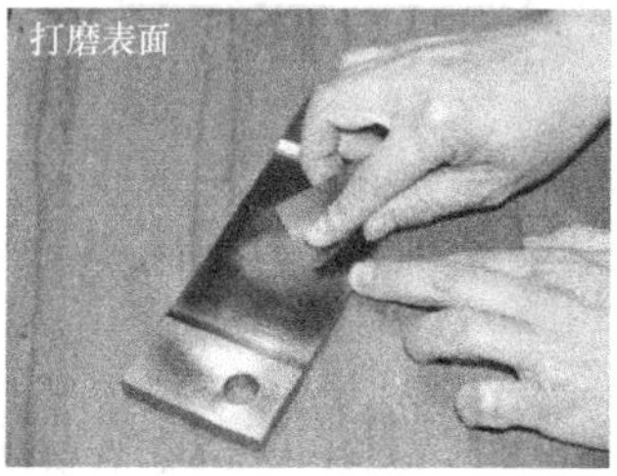 打磨表面	(1)先用打磨机或粗砂纸将测点局部磨平 (2)用细砂纸精磨,打磨出 45°交叉斜纹 (3)用环氧树脂胶(0.1mm)找平,待干燥后,用砂纸再次打磨
4	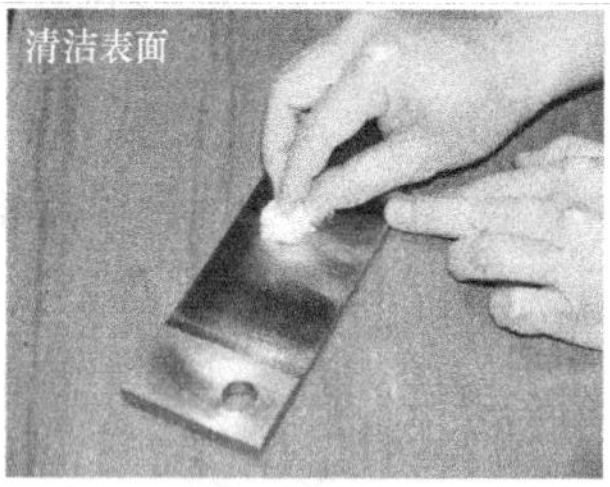 清洁表面	(1)用棉纱或脱脂棉花沾丙酮清洁结构表面 (2)洗净后,不可再用手触摸测点
5	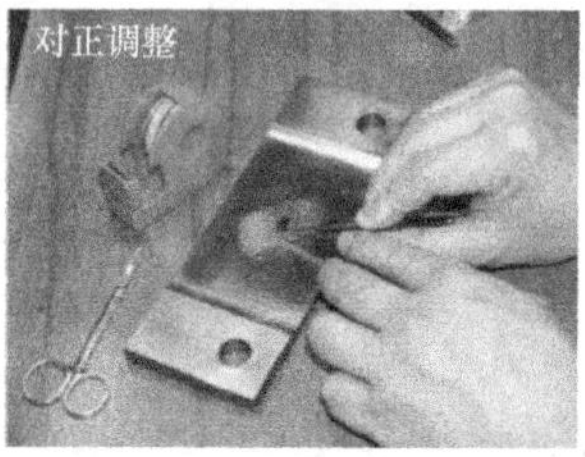 对正调整	(1)用透明胶带将应变片与构件临时固定 (2)移动胶带位置使应变片到达正确定位

编号	内　容	粘贴工艺及要点
6	点滴涂胶	(1)在应变片反面涂上一滴胶水,胶水的用量不宜过多 (2)放应变片在测点上,方向对正
7	粘贴施压	(1)将塑料薄膜盖在应变片上,用拇指挤压出多余的胶水和气泡 (2)用手按压 1min,待胶水固化,轻轻揭去塑料薄膜,若室温较低可适当延长时间
8	粘贴接件	(1)将应变片引线拉起至根部 (2)在紧邻应变片的下方用胶水粘结端子
9	热风固化	(1)可用电风吹热处理,加速胶水固化 (2)用万用表测量应变片的绝缘电阻,一般应大于 20MΩ
10	焊接引线	(1)将引线焊接在端子上并剪去多余引线,焊点光滑牢固 (2)引线需形成弧线与接线片相连
11	焊接导线	(1)将导线焊接在端子上,并固定好导线 (2)用万用表再次检查是否短路或者断路

23

编号	内 容	粘贴工艺及要点
12	密封防护	（1）在应变片周围涂上硅胶、凡士林或者石蜡（防潮），环氧树脂（防水） （2）对于预埋在混凝土内的钢筋应变片，还应用纱布条粘环氧树脂缠绕，固化形成保护层

2）光纤传感器

光纤传感器是 20 世纪 70 年代中期发展起来的一门新技术，它是伴随着光纤及光通信技术的发展而逐步形成的。1989 年美国布朗大学的 Mendez 教授率先提出了将光纤传感技术应用于钢筋混凝土结构的检测中，并阐述了这一研究领域在实际应用中的一些基本构想。光纤传感器的基本原理是以光导纤维作为光传播的物理介质，通过光导纤维的几何参数（如尺寸、形状）和光学参数（如折射率、模式）等的改变感知外部信号。因此，与一般应变测量设备相比，光纤传感器具有不受电磁干扰；体积小、重量轻、耗能少；可挠曲、根据实际需要可做成各种形状；灵敏度高；耐高温、高压，耐腐蚀、电绝缘、防爆性好；易与微机连接、便于遥测等优点。

光纤传感器由光源、敏感元件（光纤或非光纤的）、光探测器、信号处理系统以及光纤等组成，常用于温度、压力、应变、位移、速度、加速度等各种物理量的测量。主要分为功能型传感器和非功能型传感器：功能型传感器利用光纤本身的某种敏感特性或功能制成的传感器；非功能型传感器则将光纤当作传输光的介质，用以传输其他敏感元件所产生的光信号。

随着光纤传感器技术的发展，在土木工程领域光纤传感器得到了广泛的应用，用来测量混凝土结构变形及内部应力，检测大型结构、桥梁健康状况等，其中最主要的都是将光纤传感器作为一种新型的应变传感器使用。光纤传感器可以粘贴在结构物表面用于测量，同时也可以通过预埋实现结构物内部物理量的测量。利用预先埋入的光纤传感器，可以对混凝土结构损伤过程中内部应变进行测量，再根据荷载-应变关系曲线斜率，可确定结构内部损伤的形成和扩展方式。通过混凝土实验表明，光纤测试的载荷-应变曲线比应变片测试的线性度高。

3）钢弦检测仪

振弦式应变测量传感器的研究起源于 20 世纪 30 年代，其工作原理如图 3-6 所示，钢弦在一定的张力作用下具有固定的自振频率，当张力发生变化时其自振频率也会随之发生改变。当结构产生应变时，安装在其上的振弦式传感器内的钢弦张力发生变化，导致其自振频率发生变化。通过测试钢弦振动频率的变化值，能够计算得出测点的应力变化值。钢弦振动频率 f 与其张紧力 T 的关系为：

$$f = \frac{1}{2l}\sqrt{\frac{T}{m}} \tag{3-10}$$

式中：l、m——分别为钢弦长度和钢弦单位长度的质量。

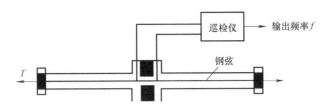

图 3-6　钢弦传感器原理

振弦式应变测量传感器的优点是具有较强的抗干扰能力，在进行远距离输送时信号失真非常小，测量值不受导线电阻变化、温度变化的影响，传感器结构相对简单、制作与安装过程比较方便。但是，由于工艺和材料原因，振弦式传感器不可避免会产生钢弦松弛，从而引起测量误差。钢弦松弛主要体现在两个方面：一是钢弦锚固端产生的松弛，二是钢弦自身材料特性导致的松弛。

4）机械式应变仪

机械式应变测量已经有很长的历史，其主要利用百分表或千分表测量变形前后测试标距内的距离变化，从而得到构件测试标距内的平均应变。具有标距大、携带方便、操作简单、可直接读数和可重复使用等优点，但需要人工读数、费时费力、精度差。设两点之间的距离为 l（称为标距），被测问题发生变形后，两点之间有相对位移 Δl，则在标距内的平均应变 ε 为：

$$\varepsilon = \Delta l / l \tag{3-11}$$

手持式应变仪是最常见的机械式应变仪，如图 3-7 所示，常用于现场测量实际结构的应变，标距一般为 50～250mm，操作步骤是：

（1）根据试验要求确定标距，在标距两端粘结两个脚标（每边各一个）；

（2）变形前后，分别用手持式应变仪测读；

（3）得出变形前后的变形差，计算得到平均应变。

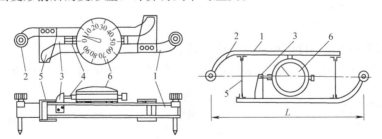

图 3-7　手持式应变仪

1—刚性骨架；2—插销；3 骨架外凸缘；4—千分表插杆；5—薄钢片；6—千分表

5）其他应变测试设备和方法

随着科学技术的不断进步，工程技术人员又发明了许多其他方法和技术用于更好地对结构应变进行测试，其中光测法广泛应用于结构模型的室内试验。

光测法主要包括光弹性法、云纹法、散斑法等。在建筑结构试验中，又以光弹法应用的最为广泛。光弹基本原理是将具有双折射特性的透明材料制成的模型放在偏振光场中并进行观察，模型上显现出与应力相关的条纹图案，由观测资料、应力-光学定律、弹性力学基本方程及数学运算，可以确定模型表面及内部各点的应力大小和方向，最后根据相似原理转换成原型应力。包括透射光弹法（光弹模型或某些材料的应力分析）、光弹贴片法（实际构件的应力分析）、全息光弹（将全息照相和光弹性法相结合）和动光弹（振动、爆炸、裂纹扩展和冲击下的应力测量）等，具有直观确定局部应力，可以了解表面应力和内部的应力分布的优点，但是工艺复杂、准备工作程序多；主要应用于静态应力测试与分析且限于弹性范围。

传统的应变测试方法通常需要将应变传感器固定在测试对象的表面或内部，但是这在某些场合下（例如高耸、大跨度结构）往往难以实现，这时可以采用高速相机进行应变测试。高速相机法应变测试，是利用高速相机拍摄被测物体表面的标识点（不少于两个），得到一系列数字图像，计算标识点的实际位置信息；利用应变计算式对位置信息进行处理，最终计算得到应变测量结果。在计算标识点位置信息的过程中，通常利用边界侦测或模板匹配的方法对标志点的边界进行判别，并识读其形心位置。其原理如图3-8所示。

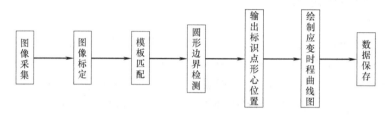

图 3-8 非接触式动应变测定技术框图

3.2.2 变形（位移）测量

变形（位移）是建筑结构状态受外部作用最直接的反应，也是结构试验最基本的检测量之一。变形（位移）有静态和动态之分，针对静态变形主要测量位移、转角等；针对动态位移主要测量振动位移、速度或加速度等。测试方法根据是否接触被测物体，可以分为接触式和非接触式两种。

1）接触式位移测量

（1）机械式位移传感器

百分表和千分表是构件试验和模型试验最常用的位移测量仪表，如图3-9所示。百分表指示的表盘划分了100个刻度，表盘指针每一个刻度的变化相当于联杆沿杆的方向移动

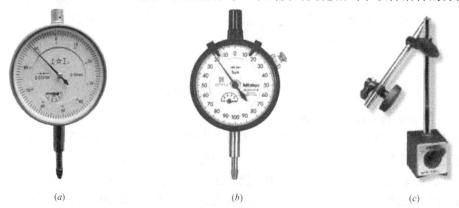

(a)　　　　　　　　　(b)　　　　　　　　　(c)

图 3-9 百分表、千分表及表座
(a) 百分表；(b) 千分表；(c) 磁力表座

0.01mm，即精度为0.01mm；指针行走一圈即等于联杆发生了1cm的位移，小表盘代表了指针行走的圈数，即百分表的量程，最大可达5cm。千分表精度为0.001mm，相应量程较百分表小。使用时需要用磁力表座将表固定在指定位置。

（2）应变位移传感器

采用电阻传感元件可以制成多种位移测量仪表，较实用的有梁式位移计和滑线式位移计等。梁式位移计内部为一块弹性好、强度高的悬臂铜弹簧片，通过弹簧把测杆的滑动转变为固定在表壳上的悬臂小梁的弯曲变形，再将其转变成应变输出，量程一般为30～150mm，精度可达0.01mm，如图3-10所示；滑线式位移计通过可变电阻把测杆的滑动转变成两个相邻桥臂的电阻变化，与应变仪接成惠斯登电桥，把位移转换为电压输出，如图3-11所示。

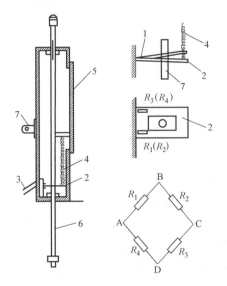

图3-10　梁式位移计构造与测量原理
1—电阻应变片；2—梁式弹簧片；3—导线；4—弹簧；5—位移计外壳；6—接触杆；7—同定座

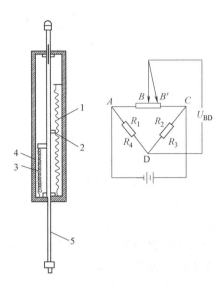

图3-11　滑线式位移计构造与测量原理
1—滑线电阻；2—触点；3—弹簧；4—位移计外壳；5—接触杆

（3）差动式位移传感器

差动式位移传感器是把测杆的滑动变成滑动铁芯和线圈之间的相对位移，并转换成电压输出，由铁芯、衔铁、初级线圈、次级线圈组成，是目前应用广泛位移传感器之一。初级线圈、次级线圈分布在线圈骨架上，线圈内部有一个可自由移动的杆状衔铁。当衔铁处于中间位置时，两个次级线圈产生的感应电动势相等，这样输出电压为0；当衔铁在线圈内部移动并偏离中心位置时，两个线圈产生的感应电动势不等，有电压输出，其电压大小取决于位移量的大小。为了提高传感器的灵敏度、改善传感器的线性度、增大传感器的线性范围，设计时将两个线圈反串相接、两个次级线圈的电压极性相反。

（4）拉线式位移传感器

拉线式位移传感器是把机械运动转换成可以计量、记录或传送的电信号，可拉伸的不锈钢绳绕在一个有螺纹的轮毂上，此轮毂与一个精密旋转感应器连接在一起。操作时，拉线式位移传感器安装在固定位置上，拉线缚在移动物体上。运动发生时，一个内部弹簧保证拉绳的张紧度不变，拉绳伸展和收缩带动螺纹的轮毂带动精密旋转感应器旋转，输出一个与拉绳移动距离成比例的电信号，测量输出信号可以得出运动物体的位移，试验现场如图 3-12 所示。

图 3-12　拉线式位移传感器在地震模拟振动台试验的应用

2）非接触式位移测量设备

（1）激光位移传感器

激光位移传感器主要利用激光良好的方向性来实现结构变形测量。当进行结构变形测试时，将激光器安装在测试构件上。随着构件的变形，固定在构件上的激光器可通过激光光斑位置变化精确测量被测物体的位置、位移等变化。它由激光器、激光检测器和测量电路组成，按照测量原理，激光位移传感器原理分为激光三角测量法和激光回波分析法，激光三角测量法一般适用于高精度、短距离的测量，而激光回波分析法则用于远距离测量。激光位移传感器的优点是：精确、动态地对各种物体距离进行测量（不需反射镜）；可见光容易对准被测物体；响应速度高，可调性好；测量精度高，功耗稳定，耗电量小，性能稳定；输出串口丰富，多种选择等。

（2）光学测量设备

目前用于测量变形或位移的光学测量设备主要包括测量定位的全站仪和水准测量的水准仪等。水准式挠度测量主要借助水准仪进行测量。水准仪由望远镜、水准器及基座三部分组成，主要作用是提供一条水平视线，并能照准水准尺进行读数，特别适合建筑结构的挠度测量，在中小跨径建筑现场检测中经常使用，配合测微器装置和精密水准尺，可以实现 0.1mm 的测量精度。新型的数字精密水准仪，测量精度更高，配合专用条形编码因瓦尺，精度可达到 0.1mm。进行转站测量时，每公里往返测精度可达 0.2mm，适用于一、二等水准测量。建立在某一测站上的全站仪可以对观测点的空间坐标进行测定，通过变形前后的坐标差异确定测点的位移大小。仪器的测量精度包括测距和测角精度，最新的高精度全站仪测距精度可达 1mm±1.5ppm，测角精度可达 0.5″。为了减少对中误差，提高检测信号强度，采用固定棱镜测量是保证测量精度的最好方式。但对一些跨度大、建筑高度大的建筑现场检测，采用免棱镜或反射片的模式更为便利，可参考有关测量误差分析，对测量精度作出估计。随着测量技术的发展，针对以往人工操作逐点对中测量的方式，测量效率低的境况，现在已发展出高精度智能型全站仪，俗称"测量机器人"，具有预学习、全向寻、自动记录等功能，配合固定棱镜，预先对各固定测点进行预扫描学习，即可以自动定时测量建筑的变形状态，实现建筑健康状态在线监测。

（3）全球定位系统

全球卫星定位系统是一种结合卫星及通信发展的技术，利用导航卫星进行测时和测距，应用范围十分广泛，具有定位效率高、测量范围广等传统测量设备所不具备的优势，可以应用于建立范围从数千米至上千千米的控制网或变形监控网，实现精度达毫米级的定位。目前全球已实际运营或已起步的全球定位系统包括美国的 GPS、俄罗斯的 GLO-NASS、我国的北斗卫星导航系统和欧洲的"伽利略"系统等，主要应用于大跨度建筑施工放样、线形控制和结构变形监测等方面。

（4）高速相机法

采用高速相机进行位移测量，其原理主要是通过高速相机对目标点位置进行拍摄，直接得到或通过对连续动态的视频进行分割，可以得到一段关于目标位置随时间变化的离散数字图像。对数字图像进行必要的计算机处理，进行分析计算可以得到被测目标的空间位置和形态等测量结果，并保存为数字文件。其原理如图 3-13 所示。

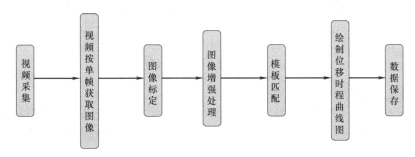

图 3-13　高速照相机法位移测量原理

3.2.3　速度（加速度）测量

1）电容式和电感式传感器

电容式传感器是以各种类型的电容器作为传感元件，将被测物理量或机械量转换成为电容量变化的一种转换装置，实际上就是一个具有可变参数的电容器。具有温度稳定性好、结构简单、动态响应好、可以非接触测量且灵敏度高等优点。

电感式传感器是利用线圈自感或互感系数的变化来实现非电量电测的一种装置，具有结构简单、灵敏度高、输出功率大、输出阻抗小、抗干扰能力强及测量精度高等一系列优点。

2）磁电传感器

磁电式传感器是把被测量的物理量转换为感应电动势的一种传感器。根据法拉第电磁感应定律，磁通变化率与磁场强度、磁阻、线圈运动速度有关，改变其中一个因素，都会改变线圈的感应电动势。

$$E = Blv \tag{3-12}$$

式中：E——感应电动势；

　　　B——线圈所在磁场的磁感应强度；

　　　l——线圈导线的平均长度；

　　　v——线圈以垂直于磁力线方向、相对于磁场的速度。

因此，当磁场和线圈确定后，电势信号仅与两者之间的相对速度有关，从而可制成速度传感器。如果在测量电路中布置积分电路或微分电路，还可以用来测量动位移量或加速度量。正因如此，磁电传感器只适合动态测量场合。

磁铁与线圈的相互运动，可以是线圈运动，称为动圈式结构（如图3-14所示），具体分为线速度型和角速度型；也可以是线圈与磁铁彼此不作相对运动，由运动着的物体（导磁）改变磁路的磁阻，而引起磁力线增强或减弱，使线圈产生感应电动势，称为磁阻式结构。

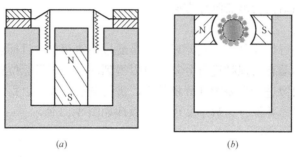

图 3-14　动圈式磁电传感器
(a) 线速度型；(b) 角速度型

3）压电式传感器

压电式传感器是一种可逆型换能器，是一种利用压电效应将机械能转变为电能的传感器，具有频带宽、灵敏度高、信噪比高、结构简单、工作可靠和重量轻等优点。

（1）压电效应与压电材料

压电效应可分为正压电效应和逆压电效应。正压电效应是指：当晶体受到某固定方向外力的作用时，内部就产生电极化现象，同时在某两个表面上产生符号相反的电荷；当外力撤去后，晶体又恢复到不带电的状态；当外力作用方向改变时，电荷的极性也随之改变；晶体受力所产生的电荷量与外力的大小成正比。逆压电效应是指对晶体施加交变电场引起晶体机械变形的现象，又称电致伸缩效应。压电式传感器大多是利用正压电效应制成的。

明显呈现压电效应的敏感功能材料叫压电材料。常见的压电材料分为三类：单晶压电晶体（如石英、酒石酸钾钠等）、多晶压电陶瓷（如钛酸钡、锆钛酸铅、铌镁酸铅等）和高分子材料（如聚偏二氟乙烯）。

（2）压电传感器的应用

压电传感器属于力敏感元件，因此特别适合测量与力有关的物理量，如压力、加速度等。压电式测力传感器是利用压电元件直接实现力-电转换的传感器，在拉、压场合，通常较多采用双片或多片石英晶体作为压电元件。其刚度大，测量范围宽，线性及稳定性高，动态特性好。当采用大时间常数的电荷放大器时，可测量准静态力。按测力状态分，有单向、双向和三向传感器，它们在结构上基本一样，单向压电式测力传感器如图3-15所示。对于动态测量，由于存在外力以不断变化的方式作用于压电传感器，传感器的电荷得到补充，从而能提供测量电路一定的电流，故压电传感器适合动态测量，常用来制成加速度传感器。这类加速度传感器具有固有频率高、频率响应范围广（高频10kHz级以上，配合电荷放大器，大质量压电加速度传感器低频最小可达 10^{-1} Hz-级）、体积小、重量轻等特点，图 3-16 为压电式加速度传感器的构造图。

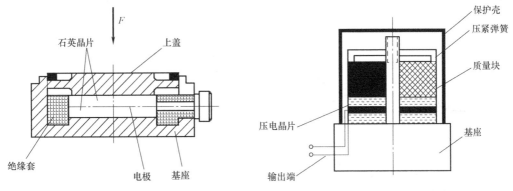

图 3-15　单向压电式测力传感器　　　　图 3-16　压电式加速度传感器

4）热电式传感器

热电式传感器是将温度变化转换为电量变化的装置，它是利用某些材料或元件的性能随温度变化的特性来进行测量的。两种不同材料的导体（或半导体）组成一个闭合回路，当两接点温度 T 和 T_0 不同时，则在该回路中就会产生电动势的现象，称之为热电效应。热电偶是利用热电效应制成的温度传感器，在建筑结构试验中，常利用热电偶测量两点温差及温度场中多点的平均温度。

3.2.4　转角和曲率测量

1）转角测量

建筑结构试验中，结构的节点、截面或支座都有可能发生转动，对转动角度进行测量的仪器很多，如水准管式倾角仪、水准式倾角传感器等。其工作原理是以重力作用线为参考，以感受元件相对重力线的某一状态为初值，当传感器随结构一起发生角位移后，其感受元件相对于重力线的状态也随之改变，把这个相应的变化量用各种方法转换成表盘读数或各种电量，如水准管式倾角仪，用一长水准管作为感受元件，与微调螺丝和度盘配合，测量角位移，如图 3-17 所示；水准式角度传感器用液体摆来感受角位移，液面的倾斜将引起电极 A、B 之间和 B、C 之间电阻发生相应改变，把 A、B、C 接入测量桥路，就可以得到与角位移对应的电压输出，如图 3-18 所示。

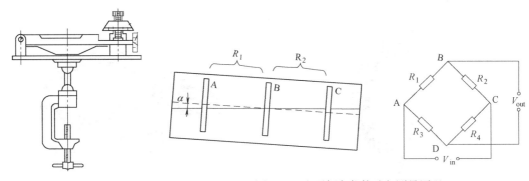

图 3-17　水准管式倾角仪　　　　图 3-18　电子倾角仪构造与测量原理

2）曲率测量

构件变形后曲率的确定，可以利用位移传感器（或百分表）先测出构件表面某一点及邻近两点的挠度差，然后根据杆件变形曲线的形式，近似计算测区构件的曲率。如图3-19所示。

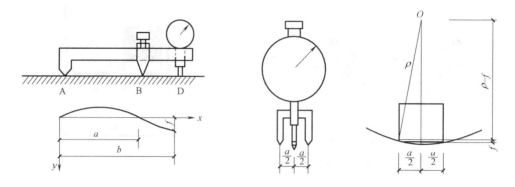

图 3-19　用百分表测量曲率图示

3.2.5　力的测量

建筑结构试验中，加载控制需要用到测力设备来测量结构（构件）的作用力（荷载）、支座反力等，主要分为机械式和电测式两种，两种设备的原理都是用一弹性元件去感受力或压力，这个弹性元件即发生与外力或压力呈相对应关系的变形，用机械装置把这些变形按规律进行放大和显示的即为机械式传感器，用电阻应变计把这些变形转变为电阻变化然后再进行测量的即为电测式传感器。

1）机械式

机械式测力环采用特种钢材料制成，在环的直径轴线上配置千分表，通过圆环轴线上的相对位移与力的线性关系测量力的大小，如图3-20所示，其特点是测量数据可靠、稳定，精度高，属于永久性计量设备。测力环种类较多，按照显示方式有表盘式和数字式测力环，按照构造方式有直接测量式和杠杆放大式测力环；其量程范围通常在10～5000kN。

2）电测式

电测式的核心部件是一个厚壁筒，在筒壁上贴有应变片，按全桥电路接入电阻应变仪电桥，将筒壁在外力作用下的受力变形转化为电量变化。为了防止应变片发生损坏，筒壁外设有保护罩，如图3-21所示。

图 3-20　机械式测力环

图 3-21　应变式测力计

3.2.6 裂缝测量

在建筑结构试验中，裂缝的产生与扩展、裂缝的位置与分布以及裂缝的长度与宽度是反映结构安全的重要指标，裂缝测量对确认开裂荷载、研究结构的破坏过程和抗裂性能具有重要的价值。裂缝测量的主要内容有两项：

（1）开裂，即裂缝发生的时刻和位置；

（2）度量，即裂缝的宽度、长度和深度。

1）裂缝发生的时刻和位置

目前，发现开裂的简单方法是借助放大镜用肉眼观测。为了便于观察，试验前可将结构或构件表面刷一层白色石灰浆或涂料。为记录和描述裂缝发生的部位，可以在试验对象表面绘制方形格栅，如图 3-22 所示。

图 3-22　钢筋混凝土梁裂缝观测

还可以用细电线、应变计或导电漆膜来测量开裂，在测区连续布置细电线、应变计或导电漆膜；当某处开裂时，该处跨裂缝的细电线就会断裂、应变计读数发生突变或导电漆膜出现火花直至烧断，由此现象可以确定开裂，图 3-23 所示为在焊缝周围粘贴细电线确认开裂时刻的典型实例。

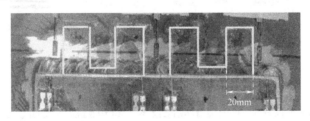

图 3-23　焊缝开裂观测

此外，如果需要监测某些材料或构件内部的裂纹扩展过程，可以采用声发射技术，其基本原理是将发射探头埋入试件内部或粘贴在试件表面，运用仪器接收来自试验对象内部的声发射信号，反演裂纹的扩展过程。

2）裂缝的长度和宽度

对于裂缝宽度的观察方法主要有裂缝宽度显微镜法、塞尺法或裂缝宽度对比卡法、裂缝宽度观测仪法、裂缝检测试剂法等。

（1）裂缝宽度显微镜法：用具有一定放大倍数的显微镜直接肉眼观测，观测精度为0.02～0.05mm，需要人工近距离调节焦距并读数和记录，如图3-24所示，此方法需要另外配置光源，测试速度较慢。

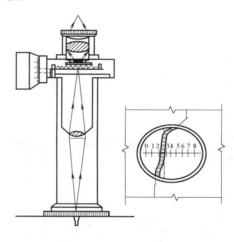

图3-24　读数显微镜

（2）塞尺法或裂缝宽度对比卡法：适用于粗略测量，测试精度低，如图3-25所示。

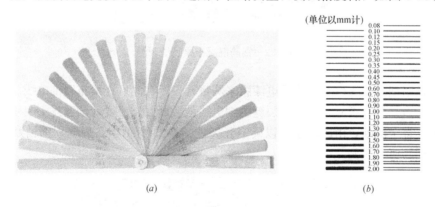

（a）　　　　　　　　　　　（b）

图3-25　塞尺和裂缝宽度比对卡
（a）塞尺；（b）裂缝宽度比对卡

（3）裂缝宽度观测仪法：采用电子成像技术，将被测物体表面裂缝原貌实时显示在屏幕上，分为裂缝宽度人工判读和自动判读两种，最高测试精度可达0.01mm，测试效率高，便于长时间观测，图像可储存，便于查看，如图3-26所示。

（4）裂缝检测试剂法：该方法主要应用于钢结构裂缝检测，主要包括清洁剂、对比剂、显影剂三种组成。使用时，首先用特制清洁剂去除裂缝周围的油脂及其他杂质；其次，喷涂对比剂，等待5～15分钟时间；再次，用清水或特制清洁剂清除喷涂表面的对比剂，之后让表面干燥；最后，距离喷涂表面10～15cm喷涂很薄一层显影剂；1～2分钟后缺陷部分将显示为红色，如图3-27所示。

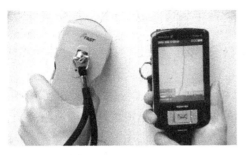

图 3-26 裂缝宽度观测仪

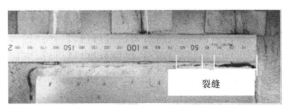

图 3-27 裂缝检测试剂法

3.3 数 据 采 集

3.3.1 数据采集系统的组成

数据采集是结构试验的重要步骤，是结构试验成功的必要条件之一。只有采集到可靠的数据，才能通过数据处理得到正确的试验结果，达到试验预期目的。在实际试验时，数据采集方法应该根据试验目的和要求以及仪器的实际条件来确定，应该按照"以最经济的代价来获取最多最有用数据"的原则来确定。通常，数据采集系统的硬件由三个部分组成：传感器部分、数据采集仪部分和计算机（控制器）部分组成。

传感器部分包括前面所提到的各种电测传感器，将感受的各种物理变量，如力、线位移、角位移、应变和温度等，转变为电信号。一般情况，传感器输出的电信号可以直接输入数据采集仪，如果某些传感器输出信号不能满足数据采集仪的输入要求，则还需要加上放大器等。放大器是通过各种电路对来自传感器较弱的电信号进行放大处理的设备，也便于信号的远距离传输。依据传感器输出的微弱电压、电流或电荷信号种类的不同，放大器电路设计成相应的电路，如磁电式传感器需要配套电压放大器，压电传感器一般配套电荷放大器；为提高通用性，有的放大器设计了适合不同信号的输入端口，适合多种信号的输入。放大器还可起到抑制噪声、提高信噪比的作用。

数据采集仪部分的作用是对所有的传感器通道进行扫描，把扫描得到的电信号通过A/D转换成数字量，再根据传感器特性对数据进行传感器系数换算，然后将数据传送给计算机或者打印输出、存入磁盘等，主要包括：①与各种传感器相对应的接线模块和多路开关，其作用是与传感器连接，并对各个传感器进行扫描采集；②A/D转换器，对扫描得到的模拟量进行A/D转换，转换成数字量；③主机，其作用是按照事先设置的指令或计算机发给的指令来控制整个数据采集仪，进行数据采集；④储存器，可以存放指令、数据等；⑤其他辅助部件。

计算机部分的主要作用是作为整个数据采集系统的控制器，控制整个数据采集过程，主要包括主机、显示器、存储器、打印机、绘图仪和键盘等。此外，试验结束后，计算机还可用于数据处理。

3.3.2 数据采集系统的分类

数据采集系统可以对大量数据进行快速采集、处理、判断、报警、直读、绘图、存储、试验控制和人机对话等，还可以进行自动化数据采集和试验控制，它的采样速度可高达每秒几万个数据或更多。目前国内外的数据采集系统种类繁多，按其系统组成的模式大致可分为以下几种：

（1）大型专用系统：将采集、分析和处理功能融为一体，具有专门化、多功能和高档次的特点；

（2）分散式系统：由智能化前端机、主控计算机或微机系统、数据通信及接口等组成，其特点是前端可靠近测点，消除了长导线引起的误差，并且稳定性好、传输距离长、通道多；

（3）小型专用系统：以单片机为核心，小型、便携、用途单一、操作方便、价格低，适用于现场试验时候的测量；

（4）组合式系统：以数据采集仪和微型计算机为中心，按试验要求进行配置组合成的系统，适用性广，价格便宜，使用较为广泛。

3.3.3 数据采集过程

数据采集过程的原始数据是反映试验结构或试件状态的物理量，如力、温度、线位移、角位移和应变等。这些物理量通过传感器，被转换为电信号；通过数据采集仪的扫描采集，进入数据采集仪；再通过 A/D 转换，将模拟信号转换为数字信号；通过系数换算，变成代表原始物理量的数值；然后，把这些数据打印输出、存入磁盘，或暂时存在数据采集仪的内存；通过连接采集仪和计算机的接口，存在数据采集仪内存的数据进入计算机；计算机再对这些数据进行计算处理，如把位移换算成挠度、把力换算成应力等；计算机把这些数据存入文件、打印输出，并可以选择其中部分数据显示在屏幕上，如荷载位移曲线、应力应变曲线等。典型的数据采集过程如图 3-28 所示。

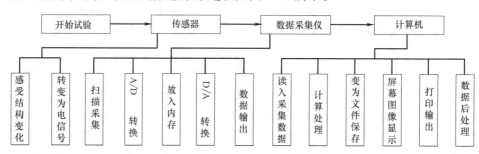

图 3-28　数据采集流程图示

3.3.4 数据采集系统的发展趋势

随着计算机网络技术、多媒体技术、分布式技术等的迅猛发展，现代测试设备逐渐体现出如下特点：

（1）利用计算机硬件资源，将传统设备的数据采集、处理、显示、存储等功能融合在一起，极大地拓展了设备的适用性。

（2）利用现代丰富的软件资源，将原有硬件处理方案变为软件模块，增加了测试系统的灵活性，利用软件的图形用户界面，也使得软件化模块具有良好的人机界面，形成所谓虚拟仪器设备。

（3）利用网络技术和接口技术，将各种传感信息进入网络，使信息的采集更方便且不受距离的影响，并构成自动测试系统，实现网络化和智能化的建筑结构实时监测。

3.4 数据处理

实际测量得到的试验数据往往由于仪器参数、测量误差、环境温度等因素的影响，导致数据中含有很多干扰信息。试验数据处理是对数据的一种加工操作，从大量的、可能杂乱无章的、难以理解的数据中抽取有价值、有意义的数据成分，通过整理换算、统计分析和归纳演绎，得到代表结构性能的公式、图像、表格、数学模型和数值等，这就是数据处理。数据处理的内容和步骤包括：①数据的整理和换算；②数据的统计分析；③数据的误差分析；④数据的表达。

3.4.1 数据的整理和换算

采集得到的数据有时杂乱无章，不同仪器得到的数据位数长短不一；应该根据试验要求和测量精度，按照国家标准《数值修约规则与极限数值的表示和判定》GB/T 8170 进行修约，把试验数据修约成规定有效位数的数值。数据修约按照以下的规则进行：

（1）拟舍弃数字的最左一位数字小于 5 时，则舍去，即保留的各位数字不变。如 15.1349 修约到一位小数得到 15.1；

（2）拟舍弃数字的最左一位数字大于等于 5，但其后跟有并非全部为 0 的数字，则进 1，即保留的末尾数字加 1。如 17.65 和 17.505 修约为两位有效位数，均为 18；

（3）拟舍弃数字的最左一位数字为 5，且其后无数字或皆为 0 时，若所保留的末尾数字为奇数则进 1，为偶数则舍弃。如 43500 和 44500 修约为两位有效位数，均为 44×10^3；

（4）负数修约时，先将它的绝对值按上述规则修约，然后在修约值前面加上负号。如 -0.04655 和 -0.04552 修约到 0.001，结果分别为 -0.047 和 -0.046；

（5）拟修约数值应在确定修约位数后一次修约获得结果，不得多次按上述规则连续修约。如 16.4546 修约到 1，正确的答案为 16.4546→16，而非 16.4546→16.455→16.46 → 16.5→17。

采集得到的数据有时需要经过换算才能得到所求的物理量，如应变换算为应力、位移换算为转角、挠度等。在原始记录数据整理过程中，应特别注意读数及读数值的反常情况，如仪表指示值与理论计算值相差很大，甚至出现正负号颠倒的情况，这时应对出现这些现象的规律性进行分析，判断原因所在。一般可能的原因有两个方面，一方面是由于结构本身发生裂缝、节点松动、支座沉降或局部应力达到屈服而引起数据突变；另一方面也可能是测试仪表安装不当所造成。

3.4.2 数据的统计分析

数据处理时，统计分析是一个常用的方法，可以用统计分析从很多数据中找到一个或若干个代表值，也可以通过统计分析对试验的误差进行分析。

1）平均值

平均值包括算术平均值、几何平均值和加权平均值，分别按照下列公式计算：

算术平均值：

$$\overline{x} = \frac{1}{n} \sum_{i=1}^{n} x_i \tag{3-13}$$

式中：x_i——一组试验值中第 i 个试验值，$i=1, 2, 3, \cdots n$。

算术平均值是最常见的一种平均值，是在最小二乘法意义下所求真值的最佳近似。

几何平均值：

$$\overline{x}_a = \sqrt[n]{x_1 \cdot x_2 \cdots x_{n-1} \cdot x_n} \tag{3-14a}$$

$$\lg \overline{x} = \frac{1}{n}\sum_{i=1}^{n} \lg x_i \tag{3-14b}$$

当对一组试验值取常用对数所得图形的分布曲线更加对称时，常采用这种方法。

加权平均值：

$$\overline{x}_w = \frac{w_1 x_1 + w_2 x_2 + \cdots + w_n x_n}{w_1 + w_2 + \cdots + w_n} \tag{3-15}$$

式中：w_i——第 i 个试验值 x_i 代表的权重。在计算用不同方法或不同条件观测同一物理量的均值时，可以对不同可靠程度的数据给予不同的权重。

2）标准差

标准差反映了一组试验值在平均值附近的分散和偏离程度，标准差越大表示分散和偏离程度越大，反之越小。其对一组试验值中的较大偏差反映比较敏感。

对一组试验值 x_1，x_2，x_3，$\cdots$，x_n，当它们的可靠程度一致时，其标准差 σ 为：

$$\sigma = \sqrt{\frac{1}{n-1}\sum_{i=1}^{n}(x_i - \overline{x})^2} \tag{3-16}$$

当可靠程度不一致时，其标准差 σ 为：

$$\sigma = \sqrt{\frac{1}{(n-1)\sum_{i=1}^{n} w_i}\sum_{i=1}^{n} w_i(x_i - \overline{x}_w)^2} \tag{3-17}$$

3）变异系数

变异系数 c_v 通常用来衡量数据的相对偏差程度，它的定义为：

$$c_v = \frac{\sigma}{x} \tag{3-18a}$$

$$c_v = \frac{\sigma_w}{x_w} \tag{3-18b}$$

式中，$\overline{x}$ 和 $\overline{x}_w$ 为平均值，σ 和 σ_w 为标准差。

4）随机变量和概率分布

结构试验的误差及结构材料等许多试验数据都是随机变量，随机变量既有分散性和不确定性，又有规律性。对于随机变量，可以应用概率的方法进行研究，即对随机变量进行大量的测量，对其进行统计分析，从中演绎归纳出随机变量的统计规律及概率分布。

为了对试验结构（随机变量）进行统计分析，得到它的分布函数，需要进行大量测量，得到频率分布图估算概率分布，一般步骤为：

（1）按观测次序记录数据；

（2）按由小到大的顺序将数据重新排列；

（3）划分区间，将数据分组；

（4）计算各区间数据出现的次数、频率和累计频率；

（5）绘制频率直方图及累积频率图。

可将频率分布近似作为概率分布（概率是当测定次数趋于无穷大的各组频率），由此推断试验结果服从何种概率分布。正态分布是最常用的用于描述随机变量的概率分布函数，其他常用的概率分布包括二项分布、均布分布、瑞利分布、x^2 分布、t 分布、F 分布等。

3.4.3 数据的误差分析

在结构试验中，必须对一些物理量进行测量。被测对象的值是客观存在的，称为真值，每次测量所得的值称为实测值（测量值），真值和测量值的差值称为测量误差，简称为误差。由于测量原理的局限性或近似性、测量方法的不完善、测量仪器的精度限制、测量环境的不理想以及测量者的试验技能等诸多因素的影响，只能做到试验数据测量相对准确。随着理论和技术的不断完善，测量技术的不断提高，数据测量的误差被控制得越来越小，但是绝对不可能使误差降为零。因此，对于一个测量结果，不仅应该给出被测对象的量值和单位，而且还必须对量值的可靠性作出评价，一个没有误差评定的测量结果是没有价值的。

1）误差分类

根据误差产生的原因和性质，可以将误差分为系统误差、随机误差和过失误差三类。它们对测量结果的影响不同，误差处理方法也不同。

（1）系统误差

在同样条件下，对同一物理量进行多次测量，其误差的大小和符号保持不变或随着测量条件的变化而有规律地变化，这类误差称为系统误差。系统误差的特征是具有确定性，它的来源主要有以下几个方面：

① 理论或条件因素：由于测量所依据的理论本身的近似性或试验条件不能达到理论公式所规定的要求而引起误差。

② 仪器因素：由于仪器本身的固有缺陷或没有按规定条件调整到位而引起误差。如，仪器标尺的刻度不准确、零点没有调准，等臂天平的臂长不等、砝码不准，或仪器没有放水平，偏心、定向不准等。

③ 环境因素：在测量过程中，由于环境条件的变化所造成的误差。如测量过程中温度和湿度的变化等。

④ 人为因素：由于测量人员的主观因素和操作技术而引起误差。主观因素是测量人员一些特有的习惯造成的，如使用停表计时，有的人总是操之过急，有的人则反应迟缓；操作技术引起的误差是由于操作不当造成的，如仪器安装不当、仪器未调校等。

对于一次实际的测量工作，系统误差的规律及其产生原因，可能知道，也可能不知道。已被确切掌握其大小和符号的系统误差称为可定系统误差；对于大小和符号不能确切掌握的系统误差称为未定系统误差。前者一般可以在测量过程中采取措施予以消除，或在测量结果中进行修正。而后者一般难以作出修正，只能估计其取值范围。

（2）随机误差

在相同条件下，多次测量同一物理量时，即使已经精心排除了系统误差的影响，也会发现每次测量结果都不一样。测量误差时大时小、时正时负，完全是随机的。在测量次数少时，显得毫无规律，但是当测量次数足够多时，可以发现误差的大小以及正负都服从某种统计规律，这种误差称为随机误差。随机误差具有不确定性，它是由测量过程中一些随机的或不确定的因素引起的。例如，灵敏度和仪器稳定性有限，试验环境中的温度、湿度、气流变化，电源电压起伏，微小振动以及杂散电磁场等都会导致随机误差。随机误差在测量中无法避免，具有以下几个特点：

① 在一定量测条件下，误差的绝对值不会超过一定的界限。

② 绝对值小的误差比绝对值大的误差出现的次数要多，近似于 0 的误差次数最多。

③ 绝对值相等的正误差和负误差出现的概率相等。

④ 误差的算术平均值随着测量次数的增加而趋于 0。

精密度反映随机误差大小的程度。它是对测量结果的重复性的评价。精密度高是指测量的重复性好，各次测量值的分布密集，随机误差小。对随机误差进行统计分析，或增加测量次数，找出其统计特征值，就可以在数据处理中对测量结果进行修正。

（3）过失误差

过失误差是由于试验者操作不当或粗心大意造成的，例如看错刻度、读错数字、记错单位或计算错误等。过失误差又称粗大误差。含有过失误差的测量结果称为"坏值"，被判定为坏值的测量结果应剔除不用。试验中的过失误差不属于正常测量的范畴，应该严格避免。

2）误差处理

（1）系统误差处理

在实际试验中，系统误差、随机误差和过失误差同时存在，试验误差是这三种误差的组合。通过对误差进行检验，尽可能地消除系统误差，剔除过失误差，使试验数据反映事实。在静态数据测量中，系统误差一般难于发现，并且不能通过多次测量来消除。人们通过长期实践和理论研究，总结出一些发现系统误差的方法，常用的有以下几种：

① 试验比对法。对同一待测量可以采用不同的试验方法，使用不同的试验仪器，以及由不同的测量人员进行测量。这种方法特别适用于检查固定的系统误差，该误差不能通过同一条件下的多次测量得到，只有采用不同方法或测量工具，才可以发现系统误差的存在。

② 数据分析法。这种方法特别适用于变化的系统误差，因为随机误差是遵从统计分布规律的，所以若测量结果不服从统计规律，则说明存在变化的系统误差。比如按照规律测量列的先后次序，把偏差（残差）列表或作图，如果存在变化的系统误差，数据前后偏差的大小是递增或递减的，偏差的数值和符号有规律地交替变化等。

知道了系统误差的来源，也就可以找到减小或消除系统误差提供了依据。首先，要分析试验所依据的理论和试验方法是否有不完善的地方、检查理论公式所要求的条件是否得到了满足、量具和仪器是否存在缺陷、试验环境能否使仪器正常工作以及试验人员的心理和技术素质是否存在造成系统误差的因素等可能造成系统误差的因素；其次，改进测量方法，比如：多次测量交换测量条件、异号取平均值等。

（2）随机误差处理

数据测量中，随机误差是不可避免的，也不可能消除。但是，可以根据随机误差的理论来估算其大小。通常认为随机误差服从正态分布，它的分布密度函数为：

$$y = \frac{1}{\sqrt{2\pi}\sigma} e^{-\frac{(x_i - x)^2}{2\sigma^2}} \tag{3-19}$$

正态分布有两个参数，即期望（均数）μ和标准差σ。μ是正态分布的位置参数，描述正态分布的集中趋势位置。概率规律为取与μ邻近的值的概率大，而取离μ越远的值的概率越小。σ描述正态分布的离散程度，σ越大，数据分布越分散，曲线越扁平；σ越小，数据分布越集中，曲线越瘦高。

3）异常数据的舍弃

在测量中，有时会遇到个别测量值的误差较大，并且难以对其合理解释，这些个别数据就是异常数据，可以根据《计数抽样检验程序》GB 2828、《数据的统计处理和解释 正态样本离群值的判断和处理》GB 4883等规范把它从试验数据中剔除，通常包括过失误差。常用的方法包括3σ法、拉布斯法、狄克逊法、偏度-峰度法、拉依达法、奈尔法等。

3.4.4 数据的表达

把试验数据按一定的规律、方法来表达，以对数据进行分析，表示试验结果，如表格、图像和函数等，可以比文字描述更加直观、清楚。

1）表格

表格按其内容和格式可分为汇总表格和关系表格两类，汇总表格把试验中主要内容或试验中的某些重要数据汇集于一表之中，表中的行与行、列与列之间一般没有必然的关系，如表3-2所示；关系表格是把相互有关的数据按一定的格式列于表中，表中列与列、行与行之间都有一定的关系，使得有一定关系的若干变量更加清楚地表示出之间的关系，如表3-3所示。

材料性能表　　　　　　　　　　　　　表3-2

材料	弹性模量（$\times 10^5$MPa）	屈服强度（MPa）	极限强度（MPa）	泊松比
柱肢钢管	2.06	345	423	0.28
缀管钢管	2.06	374	472	0.29
混凝土 C40	0.325	—	43.6	
混凝土 C50	0.345	—	59.4	
混凝土 C60	0.360	—	66.5	—

骨架曲线特征值列表　　　　　　　　　　表3-3

试件编号	P_y(kN)	δ_y(mm)	P_{max}(kN)	P_u(kN)	δ_u(mm)	μ_u
S1-C50-L50-V25	40.4	25.3	52.7	44.8	99.0	3.91
S2-C40-L50-V25	38.9	25.2	51.1	43.4	97.3	3.87
S3-C60-L50-V25	41.0	25.6	54.0	45.9	100.9	3.94
S4-C50-L25-V25	36.2	25.3	47.1	40.1	96.6	3.81
S5-C50-L65-V25	41.1	24.8	54.0	45.9	100.9	4.07
S6-C50-L50-V20	44.1	24.5	57.2	48.6	100.1	4.09
S7-C50-L50-V31	37.4	26.4	49.8	42.4	94.9	3.60

注：P_y、δ_y分别为屈服荷载及其对应的位移；P_{max}为峰值荷载；P_u、δ_u分别为极限荷载及其对应的位移；μ_u为位移延性系数，$\mu_u = \delta_u / \delta_y$。

2）图像

试验数据还可以用图像来表达，图像表达有曲线图、直方图、形态图和馅饼图等，最常用的是曲线图和形态图。

（1）曲线图

曲线图又称折线图，是利用曲线的升、降变化来表示被研究现象发展变化趋势的一种图形；曲线可以显示变化过程或分布范围的转折点、最高点、最低点及周期变化规律；对于定性分布和整体规律分析来说，曲线图是最为合适的。图 3-29 和图 3-30 分别是某构件的荷载-位移曲线和荷载-应变曲线，这类曲线直观地表现了构件的整体受力性能；图 3-31 和图 3-32 是构件的滞回曲线和骨架曲线，这也是建筑结构模型抗震性能试验中常见的曲线类型。

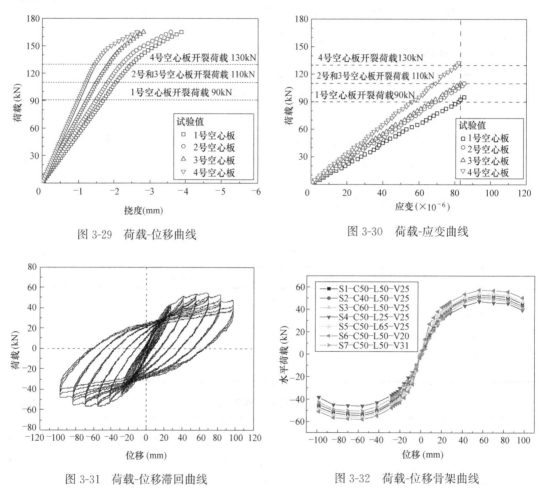

图 3-29　荷载-位移曲线　　　　　　　　　图 3-30　荷载-应变曲线

图 3-31　荷载-位移滞回曲线　　　　　　　图 3-32　荷载-位移骨架曲线

（2）形态图

结构试验中难以用数值表示的部分常用形态图的形式表达，如结构裂缝、变形、破坏、失稳等，主要有照片和手工画图两种形式。照片最为直观但是有时不能突出重点，手工画图则克服了这个缺点。图 3-33 是某构件破坏形态，照片直观地表现出结构的损伤情况和破坏形式。

3）函数

试验数据还可以用函数方式来表达。对于试验数据中存在的特定关系，可以用函数更精确、完善地表达出来。为建立试验数据的函数关系，需要确定函数的形式和求出函数表

构件断裂

图 3-33　某构件破坏图示

达式中的系数两个步骤。

由试验数据建立函数，首先要确定函数的形式，函数的形式应能反映各个变量之间的关系，常用的函数形式有一元一次方程、一元二次方程、双曲线、幂函数、指数函数、对数函数等。确定函数形式后，应通过数学方法求出其系数，所有的系数使得函数与试验结果尽可能相符。常用的数学方法有回归分析和系统识别。

3.5　本章小结

建筑结构试验所用到的仪器设备，涵盖从加载激励装置到传感元件及采集、显示、处理设备等整套试验测量系统，各组成部分单个器件乃至整个系统都应该满足相应的技术指标。本章主要针对建筑结构试验方面涉及的试验测量仪器设备，从应变测量、变形（位移）测量、速度（加速度）测量、转角和曲率测量、转角和曲率测量、力的测量和裂缝测量等各个方向详细介绍了不同的测量手段、基本原理、构造和应用范围。其次，详细介绍了数据采集的方法，包括数据采集系统的组成、数据采集系统的分类和数据采集的过程。最后，还介绍了数据整理、换算和误差的处理方法。

习题与思考题

1. 电阻应变片的主要技术指标有哪些？
2. 应变测量桥路有哪几种？
3. 桥路输出应变的表达式。
4. 正确使用应变片的方法。
5. 常用的位移传感器。
6. 裂缝观测的主要内容与方法。
7. 挠度观测的主要方法。
8. 数据处理分析的一般步骤。
9. 误差处理方法有哪些？

本章参考文献

[1] 韩国强. 数值分析 [M]. 广州：华南理工大学出版社，2005.

[2] 贾沛璋. 误差分析与数据处理 [M]. 北京：国防工业出版社，1992.

[3] 钱政，王中宇，刘桂礼. 测试误差分析与数据处理 [M]. 北京：北京航空航天大学出版社，2008.

[4] 章关永. 建筑结构试验 [M]. 2版. 北京：人民交通出版社，2010.

[5] D'Enza AI，Palumbo F. Dynamic Data Analysis of Evolving Association Patterns，Classification and Data Mining [M]. Springer Berlin HcideUieig，2013.

[6] 宏志. 光纤光栅传感器的理论和技术研究 [D]. 中国科学院西安光学精密机械研究所，2001.

[7] 王惠文，江先进，赵长明，等. 光纤传感技术与应用 [M]. 北京：国防工业出版社，2001.

[8] 阳洋，李秋胜，刘刚. 建筑与桥梁结构监测技术规范应用与分析 [M]. 北京：中国建筑工业出版社，2016.

[9] 蔡湘琪. 土木工程试验仪器实用与维护 [M]. 成都：西南交通大学出版社，2014.

[10] 黄宛昆，吴庆雄，陈宝春. 斜拉索动位移实时测定方法研究和系统开发 [J]. 福州大学学报（自然科学版），2018，46（03）：403-409.

[11] 黄宛昆，吴庆雄，陈宝春. 考虑减振阻尼器的斜拉索索力测定方法 [J]. 广西大学学报（自然科学版），2018，43（01）：416-424.

第4章 模型试验设计与相似原理

4.1 概　　述

4.1.1 模型试验的特点

建筑工程结构的力学行为有时很难仅通过计算就分析清楚,再加上实际工程结构由于荷载、重量和尺寸等原因,很难进行原型试验,因此往往需要借助模型试验这种手段开展研究。

模型试验是相对于原型试验而言的,其采用的试验模型是原型结构的代表物,具有原型结构的全部或部分重要特征,两者之间满足一定的相似关系,并可据此将模型试验所获得的数据结果推演到原型结构上去。对于建筑结构或构件,试验模型可以是足尺的,也可以是缩尺的。事实上,限于试验规模、场地条件、设备能力与研究经费等,除了一些尺寸规模不大的局部构件可以进行足尺模型试验外,其余大多采用缩尺模型进行试验。

作为结构受力行为的重要研究方法,模型试验具有以下特点:

(1) 经济性好。相比原型结构,试验模型的尺寸可以小至原型的 $1/2\sim1/50$,甚至更小,不但能节省材料、节约场地,还可降低对设备与设施的能力要求。

(2) 针对性强。在设计结构模型与制定试验方案时,可根据试验目的,有选择性地突出反映结构受力行为的主要因素,忽略其次要因素。

(3) 数据准确。由于模型试验多在室内进行,可有效控制试验的开展和降低干扰因素的影响,保证试验结果的准确性。

(4) 适应性强。对于科研类试验,可以通过大量重复性试验获取充足的试验数据信息,深入研究新型结构的受力性能,发展新的结构设计计算理论;对于验证性试验,可以观察模型结构不同受力阶段的响应,以此来预测原型结构的受力行为。

(5) 结果直观。对于受力复杂的结构,当前的计算分析方法仍存在一定的局限性,而通过模型试验可获取直观结果,从而验证计算方法的适应性和计算参数取值的合理性。

4.1.2 模型试验的分类

建筑结构模型试验可从以下几个不同的角度进行分类:

1) 基于试验目的

可分为验证性试验和研究性试验。验证性试验有明确的工程背景,主要研究建筑结构或构件在施工及运营过程中的结构行为;研究性试验多用于研究和发展新的结构设计理论,研究和探讨新结构、新材料、新工艺在建筑工程中的应用。

2) 基于试验施加的荷载特性

可分为静力模型试验和动力模型试验。静力模型试验主要研究结构在静荷载作用下的变形形态和关键区域的应力分布,研究结构不同阶段的工作性能,分析结构的强度、刚度和稳定性问题,验证理论分析方法的可靠性;动力模型试验研究结构在动态激励下的固有特性、动力响应以及关键部位的抗疲劳性能等。静力试验的模型设计过程中必须考虑几何、物理、边界条件这三方面的相似。动力试验模型的模型设计中除了满足前者的相似条件外还要满足动力相关的相似条件。

3）基于试验所模拟的结构范围

可分为整体模型试验和局部模型试验。整体模型试验多用于研究建筑结构整体的力学行为或对建筑结构施工过程的模拟。局部模型试验主要研究关键部位的最不利受力状态。

4）基于试验所达到的受力阶段

可分成弹性模型试验和强度模型试验。弹性模型试验主要研究原型结构在弹性阶段的受力行为；强度模型试验是为了预测原型结构的极限强度及其在各级荷载作用下直到破坏荷载甚至极限变形时的性能，如研究钢筋混凝土结构非弹性阶段受力性能。

4.1.3 模型试验的规划

一般而言，一个完整的模型试验通常包括试验规划、试验准备、加载试验和试验资料整理分析与总结四个环节。其中，试验规划是关系到试验能否顺利完成的首要环节。该阶段的主要任务是反复研究试验目的，充分了解试验的具体任务和要求，搜集有关资料，包括前人已进行的试验工作、试验方法、试验结果和存在的问题，在此基础上确定试验研究的主要参量和试件组数，并根据实验室的设备能力确定试件的大致尺寸、量测项目和量测要求，最后提出试验方案。

试验方案是指导整个试验的技术文件，通常包括以下内容：

（1）试验目的。应写明试验的具体要求，即通过本项试验预期得到哪些结果、规律，以及为达到这些目的应进行的试验内容，列出相应的量测项目。

（2）试件设计、制作要求。依据试验目的的要求，初步列出试件的形状与尺寸、试件数量等。在确定施工详图的过程中，应考虑支座、吊装、运输、加载和量测的要求，并在试件中设置相应的预埋件。此外还应根据要求提出对试件原材料、制作工艺、制作精度和养护条件等方面的具体要求。

（3）加载方案和测点布置。提出构件加载时的详细加载方案，包括加载装置和加载点的布置。同时还应给出详细的仪器仪表布置方式，包括安装位置、测点编号。在进行测点布置时，应考虑试验构件的应力分布和最大变形等，作为仪器选择的依据。

（4）经费预算和消耗性材料的用量，试验设备和仪器清单。

（5）试验进度安排和组织分工。

（6）安全措施。包括人身安全和仪器的安全两部分内容。

（7）其他试验内容，如混凝土、钢筋等材料的力学性能试验安排等。

在制定试验方案时，一定要对试验目的和试验方法进行充分的研究，对试验对象和试验流程进行理论分析和计算。切忌盲目地提出试验设备、仪器的要求，甚至未经计算分析而心中无底地进行试验加载。

4.2 相似理论与相似条件

4.2.1 相似理论基础

相似理论是研究自然界和工程领域中两种现象之间相似的原理、相似现象的性质以及将一个现象的研究结果推演到其相似现象中去的基本方法。1686 年牛顿在他的著作《Principia》第 1 册中提出了关于相似现象的学说，而以相似理论为基础的模型研究方法诞生于 19 世纪中期。

对于缩尺模型试验，相似理论是模型试验的根本保证，是模型与原型相似的基础。只有遵循相似理论进行模型设计才能使原型和模型在几何关系、材料参数、加载方式、边界条件等方面相似，才能确保模型试验的数据可以应用到原型结构上，因此根据相似理论进行模型设计至关重要。

相似理论由以下三个相似定理组成：

1）第一相似定理

1848 年，法国科学院院士贝特朗（J. Bertrand）利用相似变换的方法建立了相似第一定理：两个相似的物理现象，单值条件相同，其相似准数的数值也相同。单值条件是指决定于一个物理现象的特性并使它从一群现象中区分出来的那些条件（几何要素、物理参数、边界条件、初始条件等），确保试验结果在一定的条件下是唯一的。

相似第一定理明确了两个相似现象在时间、空间上的相互关系，确定了相似现象的性质，以下以牛顿第二定律为例说明这些性质。

对于实际的质量运动系统，有：

$$F_p = m_p a_p \tag{4-1}$$

对于模拟的质量运动系统，也有：

$$F_m = m_m a_m \tag{4-2}$$

因为这两个运动系统相似，故它们各自对应的物理量成比例：

$$F_m = S_F F_P, \quad m_m = S_m m_p, \quad a_m = S_a a_p \tag{4-3}$$

式中：S_F、S_m、S_a——分别为两个运动系统中对应的物理量（力、质量、加速度）的相似常数。

将式（4-3）代入式（4-2）得：

$$\frac{S_F}{S_m S_a} F_P = m_p a_p \tag{4-4}$$

比较式（4-4）和式（4-1），显然，仅当：

$$\frac{S_F}{S_m S_a} = 1 \tag{4-5}$$

式（4-4）才能与式（4-1）一致。

由此产生了相似现象的判别条件，$\frac{S_F}{S_m S_a}$ 被称为相似指标或相似条件。式（4-5）表明，两个现象若相似，则它们的相似指标（相似条件）等于 1。可见各物理量的相似常数受相似指标约束，不能都任意选取。

将式（4-3）代入式（4-5），还可得到：

$$\frac{F_P}{m_p a_p} = \frac{F_m}{m_m a_m} \tag{4-6}$$

式（4-6）的等号左右均为无量纲比值，对于所有的力学相似现象，这个比值都是相同的，称为相似准数，通常用 π 表示，也称为 π 数。本例中

$$\pi = \frac{F_P}{m_p a_p} = \frac{F_m}{m_m a_m} = \frac{F}{ma} = 常量 \tag{4-7}$$

相似准数 π 这个无量纲组合表达了相似系统中各物理量的相互关系，又称为"模型律"，利用它可将模型试验中的结果推演到原型结构中去。

相似准数与相似常数的概念不同。相似常数是指在两个相似现象中，两个相对应的物理量始终保持的比例关系，但对于与它们相似的第三个现象，它可能是不同的比例常数；而相似准数则在所有互相相似的现象中始终保持不变。

2）第二相似定理

1915 年，白金汉（E. Buckingham）提出了相似第二定理：对于由 n 个物理量的函数关系来表示的某现象，当这些物理量中含有 k 种基本量纲时，则可得到 $n-k$ 个独立的相似准数 π_i（$i=1$，$2\cdots n-k$），即描述现象的函数关系也可由 $n-k$ 个独立相似准数的组合来表达。

$$q(x_1, x_2, x_3 \cdots x_n) = g(\pi_1, \pi_2, \pi_3 \cdots \pi_{n-k}) = 0 \tag{4-8}$$

由此，相似第二定理也称为 π 定理，它为模型设计提供了可靠的理论保证，是量纲分析的基础，可指导试验人员按相似准数间关系所给定的形式处理模型试验数据，并将试验结果应用到原型结构中去。

3）第三相似定理

相似第三定理：凡具有同一特性的现象，当单值条件彼此相似，且由单值条件的物理量所组成的相似准数在数值上相等时，这些现象必定相似。

相似第三定理明确了现象相似的充要条件，完善了相似理论，使其成为一套科学的模型试验指导方法。

4.2.2 模型相似条件

1）几何相似

试验模型与原型的几何相似，就是指试验模型和原型结构之间所有对应部分的尺寸成比例，其比例常数称为长度相似常数，即：

$$S_l = \frac{l_m}{l_p} = \frac{b_m}{b_p} = \frac{h_m}{h_p} \tag{4-9}$$

式中，下标 m 和 p 分别表示试验模型和原型结构，下同。

以一片长、宽、高分别为 l、b、h 的矩形截面梁为例，面积相似常数、截面模量相似常数和惯性矩相似常数分别为：

$$S_A = \frac{A_m}{A_p} = \frac{h_m b_m}{h_p b_p} = S_l^2 \tag{4-10}$$

$$S_W = \frac{W_m}{W_p} = \frac{b_m h_m^2/6}{b_p h_p^2/6} = S_l^3 \tag{4-11}$$

$$S_I = \frac{I_m}{I_p} = \frac{b_m h_m^2/12}{b_p h_p^2/12} = S_l^4 \tag{4-12}$$

根据变形体系的位移、长度和应变之间的关系，位移的相似常数为：

$$S_x = \frac{x_m}{x_p} = \frac{\varepsilon_m l_m}{\varepsilon_p l_p} = S_\varepsilon S_l \tag{4-13}$$

式中：S_ε——应变相似常数。

2）质量相似

在研究振动等动力问题时，要求结构的质量分布相似，即试验模型与原型结构对应部分的质量成比例。质量相似常数为：

$$S_m = \frac{m_m}{m_p} \tag{4-14}$$

对于具有分布质量的部分，模型和原型的质量密度相似常数为：

$$S_\rho = \frac{\rho_m}{\rho_p} = \frac{m_m V_p}{V_m m_p} = \frac{S_m}{S_V} = \frac{S_m}{S_l^3} \tag{4-15}$$

3）荷载相似

荷载相似要求模型和原型结构在对应点所受到的荷载方向一致，荷载大小成比例。

集中荷载相似常数为：

$$S_p = \frac{P_m}{P_p} = \frac{\sigma_m A_m}{\sigma_p A_p} = S_\sigma S_l^2 \tag{4-16}$$

线荷载相似常数为：

$$S_\omega = S_\sigma S_l \tag{4-17}$$

面荷载相似常数为：

$$S_q = S_\sigma \tag{4-18}$$

弯矩或扭矩的相似常数为：

$$S_M = S_\sigma S_l^3 \tag{4-19}$$

式中：S_σ——应力相似常数。

当考虑重量对结构的影响时，要求模型和原型的重量分布相似，其相似常数用 S_{mg} 表示：

$$S_{mg} = \frac{m_m g_m}{m_p g_p} = S_m S_g = S_p S_l^3 \tag{4-20}$$

通常重力加速度的相似常数 $S_g = 1$。模型设计中，常限于材料力学特性要求而不能同时满足 S_g 的要求，此时需要在模型上附加质量块（也称为配重）以满足 S_{mg} 的要求。

4）物理相似

物理相似要求模型与原型的各相应点的应力-应变关系、刚度-变形关系相似。

弹性模量相似常数：

$$S_E = \frac{E_m}{E_p} \tag{4-21}$$

剪切模量相似常数：

$$S_G = \frac{G_m}{G_p} \tag{4-22}$$

泊松比相似常数：

$$S_v = \frac{v_m}{v_p} \tag{4-23}$$

正应力相似常数：

$$S_\sigma = \frac{\sigma_m}{\sigma_p} = \frac{E_m \varepsilon_m}{E_p \varepsilon_p} = S_E S_\varepsilon \tag{4-24}$$

剪应力相似常数：

$$S_\tau = \frac{\tau_p}{\tau_m} = \frac{G_p \gamma_m}{G_p \gamma_m} = S_G S_\gamma \tag{4-25}$$

式中：S_ε——正应变相似常数；

$\quad\quad S_\gamma$——剪应变相似常数。

由刚度和位移（变形）的关系可得到刚度相似常数：

$$S_K = \frac{K_m}{K_p} = \frac{P_m x_p}{x_m P_p} = \frac{S_p}{S_x} = \frac{S_\sigma S_l^2}{S_l} = S_\sigma S_l \tag{4-26}$$

式中：K_m——模型的刚度；

$\quad\quad K_p$——原型的刚度。

上述模型试验的相似常数中，S_ε 和 S_v 一般取 1。

5）时间相似

在进行动力试验过程中，要求试验模型和原型结构的位移、速度、加速度在对应的时刻成比例，与其对应的时间间隔也成比例。时间相似常数表示为：

$$S_t = \frac{t_m}{t_p} \tag{4-27}$$

6）边界条件相似

边界相似要求试验模型和原型结构在与外界接触的区域内的各种条件保持相似，即要求支承条件相似、约束情况相似、边界受力情况相似。模型的支承和结束条件可以通过采用与原型结构相同的条件来满足。

7）初始条件相似

在建筑结构的动力分析过程中，为了保证试验模型和原型结构的动力反应相似，还要保证初始时刻结构运动的参数相似，包括初始状态下结构的初始几何位置、质点的位移、速度和加速度等。

4.3 相似条件的确定方法

若模型与原型的结构、物理过程相似，则它们中各物理量的相似常数之间必须满足等于 1 的组合关系式，即二者的相似条件。若满足此条件，模型试验的结果就能够对应到原型结构。因此，相似条件的确定是模型设计的关键。

确定相似条件的方法有方程分析法和量纲分析法。方程分析法用于物理现象的规律已知，并可以用明确的数学方程表示的情况；量纲分析法则用于物理现象的规律未知，不能用明确的数学方程表示的情况。

4.3.1 方程分析法

根据相似理论，当所研究的物理过程中各物理量之间的函数关系相当清楚，对试验结果和试验条件之间的关系有明确的数学方程式时，可运用方程分析法确定相似条件。

下面通过两个常见的例子来说明方程分析法的确定过程。

【例 4-1】 对于在结构试验中常见的四点弯曲试验梁，如图 4-1 所示，假定只考虑在弹性范围内工作，且忽略收缩、徐变等因素对材料和结构性能的影响。下面用方程分析法来确定试验梁的相似条件。

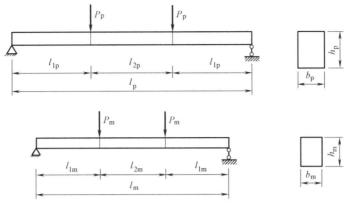

图 4-1　相似的四点弯矩试验梁

解：

1）方法一

对于原型结构，由材料力学可知，l_{2p} 区段的弯矩为：

$$M_P = P_P l_{1p} \tag{4-28}$$

l_{2p} 区段截面下缘的正应力为：

$$\sigma_p = \frac{M_P}{W_P} = \frac{6P_P l_{1p}}{b_p h_p^2} \tag{4-29}$$

跨中截面处的挠度：

$$f_p = \frac{P_P l_{1p}}{24 E_P I_P}(3l_p^2 - 4l_{1p}^2) \tag{4-30}$$

若要求模型和原型相似，则首先应满足几何相似条件：

$$S_l = \frac{l_m}{l_p} = \frac{l_{1m}}{l_{1p}} = \frac{l_{2m}}{l_{2p}} = \frac{b_m}{b_p} = \frac{h_m}{h_p} \tag{4-31}$$

同时，还应做到材料的弹性模量相似：

$$S_E = \frac{E_m}{E_p} \tag{4-32}$$

且作用于结构的荷载也应相似：

$$S_P = \frac{P_m}{P_p} \tag{4-33}$$

当模型梁上 l_{2m} 区段的应力和跨中挠度与原型结构对应相似时，则应力和挠度的相似常数分别为：

$$S_\sigma = \frac{\sigma_m}{\sigma_p}, \quad S_f = \frac{f_m}{f_p} \tag{4-34}$$

将式（4-30）～式（4-34）代入式（4-28）、式（4-29）则可得：

$$\sigma_m = \frac{S_\sigma S_l^2}{S_P} \frac{6P_m l_{1m}}{W_m} \tag{4-35}$$

$$f_m = \frac{S_f S_E S_l}{S_P} \frac{P_m l_{1m}}{24 E_m I_m}(3l_{1m}^2 - 4l_{1m}^2) \tag{4-36}$$

由式（4-35）、式（4-36）可见，仅当：

$$\frac{S_\sigma S_l^2}{S_P} = 1 \tag{4-37}$$

$$\frac{S_f S_E S_l}{S_P} = 1 \tag{4-38}$$

才能得到模型与原型一致的应力和挠度表达式:

$$\sigma_m = \frac{M_m}{W_m} = \frac{6P_m l_{1m}}{b_m h_m^2} \tag{4-39}$$

$$f_m = \frac{P_m l_{1m}}{24 E_m I_m}(3l_{1m}^2 - 4l_{1m}^2) \tag{4-40}$$

即,只有式(4-37)、式(4-38)成立时,模型才能和原型相似。因此,式(4-37)、式(4-38)是模型和原型应该满足的相似条件。这时就可以按相似条件从模型试验所获得的数据推算原型结构的相应结果。即:

$$\sigma_p = \frac{\sigma_m}{S_\sigma} = \sigma_m \frac{S_l^2}{S_P} \tag{4-41}$$

$$f_p = f_m = \frac{f_m}{S_f} = f_m \frac{S_E S_l}{S_P} \tag{4-42}$$

2)方法二

对于该四点弯曲试验梁,l_2 区段截面下缘的正应力为:

$$\sigma = \frac{M}{W} = \frac{Pl_1}{W} \tag{4-43}$$

跨中截面处的挠度为:

$$f = \frac{M}{W} = \frac{Pl_1}{24EI}(3l^2 - 4l_1^2) \tag{4-44}$$

将式(4-43)、式(4-44)写成无量纲形式:

$$\frac{Pl_1}{\sigma W} = 1, \quad \frac{Pl_1(3l^2 - 4l_1^2)}{24EIf} = 1 \tag{4-45}$$

考虑到 l_1 与 l 量纲相同,则模型与原型的相似准数为:

$$\pi_1 = \frac{Pl}{\sigma W}, \quad \pi_2 = \frac{Pl^3}{EIf} \tag{4-46}$$

根据相似第三定理,模型与原型的相似准数相等,有:

$$\pi_1 = \frac{P_p l_p}{\sigma_p W_p} = \frac{P_m l_m}{\sigma_m W_m}, \quad \pi_2 = \frac{P_p l_p^3}{E_p I_p f_p} = \frac{P_m l_m^3}{E_m I_m f_m} \tag{4-47}$$

引入各物理量的相似常数,由式(4-47)可得:

$$\frac{S_P S_l}{S_\sigma S_W} = 1, \quad \frac{S_P S_l^3}{S_f S_E S_I} = 1 \tag{4-48}$$

将式(4-31)代入式(4-48),得到同样的相似条件:

$$\frac{S_\sigma S_l^2}{S_P} = 1, \quad \frac{S_f S_E S_l}{S_P} = 1 \tag{4-49}$$

【例 4-2】 对于图 4-2 所示的"弹簧—质量—阻尼"组成的单自由度系统,下面用方程分析法来确定相似条件。

解：

分析图 4-2，可写出系统原型的动力平衡微分方程为：

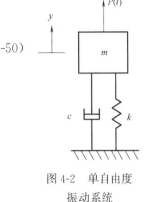

图 4-2　单自由度
振动系统

$$m_p \frac{d^2 y_p}{dt_p^2} + c_p \frac{dy_p}{dt_p} + k_p y_p = P_P(t_p) \tag{4-50}$$

式中：m_p——质量；

　　　c_p——阻尼系数；

　　　k_p——弹簧常数；

　$P_P(t_p)$——作用力；

　　　y_p——位移；

　　　t_p——时间。

对于模型，有动力平衡方程：

$$m_m \frac{d^2 y_m}{dt_m^2} + c_m \frac{dy_m}{dt_m} + k_m y_m = P_m(t_m) \tag{4-51}$$

系统物理量的相似常数为：

$$S_m = \frac{m_m}{m_p}, \ S_c = \frac{c_m}{c_p}, \ S_k = \frac{k_m}{k_p}, \ S_p = \frac{P_m}{P_p}, \ S_y = \frac{y_m}{y_p}, \ S_t = \frac{t_m}{t_p} \tag{4-52}$$

将式（4-52）代入式（4-51）替换掉模型的参数，有：

$$\frac{S_m S_y}{S_t^2 S_p} m_p \frac{d^2 y_p}{dt_p^2} + \frac{S_c S_y}{S_t S_p} c_p \frac{dy_p}{dt_p} + \frac{S_k S_y}{S_p} k_p y_p = P_P(t_p) \tag{4-53}$$

显然，只有：

$$\frac{S_m S_y}{S_t^2 S_p} = 1, \ \frac{S_c S_y}{S_t S_p} = 1, \ \frac{S_k S_y}{S_p} = 1 \tag{4-54}$$

式（4-52）才能与式（4-51）相同。式（4-54）即为相似条件。

4.3.2　量纲分析法

当所研究的物理过程中各物理现象的规律未知，物理量之间的关系不能用明确的数学方程式来表达时，方程分析法便不能用来求取相似条件，此时可以运用量纲分析法来建立相似条件，因为量纲分析法只需要知道影响试验过程测试值的物理量和这些物理量的量纲。

量纲分析法的理论基础是相似第二定理，它是根据量纲和谐原理，寻求物理过程中各物理量之间的关系而建立相似准数的方法。

1）量纲系统

自然现象的变化遵循一定的规律，各物理量之间总是存在着符合这些规律的某种关系，由此人们常选择少数几个最简单的、相互独立的物理量量纲作为基本量纲，这几个物理量即为基本量。其余物理量的量纲可以表示为基本量量纲的组合，称为导出量。

在量纲分析中，有两个基本量纲系统：绝对系统和质量系统。绝对系统的基本量纲为长度［L］、时间［T］和力［F］，质量系统的基本量纲是长度［L］、时间［T］和质量［M］。对于诸如应变、角度这种无量纲的量则用［1］表示。

量纲就是被测物理量的种类，同一类型的物理量具有相同的量纲，它实质上是广义的量度单位，代表了物理量的基本属性，如：长度、距离、位移，裂缝宽度、高度等具有相同的量纲［L］；应力、弹性模量面力的量纲均为［FL^{-2}］。表 4-1 列出了基于两个量纲系统的常用物理量及物理常数的量纲。

常用物理量及物理常数的量纲

物理量	质量系统	绝对系统	物理量	质量系统	绝对系统
长度	$[L]$	$[L]$	面积二次矩	$[L^4]$	$[L^4]$
时间	$[T]$	$[T]$	质量惯性矩	$[ML^2]$	$[FLT^2]$
质量	$[M]$	$[FL^{-1}T^2]$	表面张力	$[MT^{-2}]$	$[FL^{-1}]$
力	$[MLT^{-2}]$	$[F]$	应变	$[1]$	$[1]$
温度	$[\theta]$	$[\theta]$	比重	$[ML^{-2}L^{-2}]$	$[FL^{-3}]$
速度	$[LT^{-1}]$	$[LT^{-1}]$	密度	$[ML^{-3}]$	$[FL^{-4}T^2]$
加速度	$[LT^{-2}]$	$[LT^{-2}]$	弹性模量	$[ML^{-1}T^{-2}]$	$[FL^{-2}]$
角度	$[1]$	$[1]$	泊松比	$[1]$	$[1]$
角速度	$[T^{-1}]$	$[T^{-1}]$	动力黏度	$[ML^{-1}T^{-1}]$	$[FL^{-2}T]$
角加速度	$[T^{-2}]$	$[T^{-2}]$	运动黏度	$[L^2T^{-1}]$	$[L^2T^{-1}]$
压强、应力	$[ML^{-1}T^{-2}]$	$[FL^{-2}]$	线膨胀系数	$[\theta^{-1}]$	$[\theta^{-1}]$
力矩	$[ML^2T^{-2}]$	$[FL]$	导热率	$[MLT^{-3}\theta^{-1}]$	$[FT^{-1}\theta^{-1}]$
能量、热能	$[ML^2T^{-2}]$	$[FL]$	比热	$[L^2T^{-2}\theta^{-1}]$	$[L^2T^{-2}\theta^{-1}]$
冲力	$[MLT^{-1}]$	$[FT]$	热容量	$[ML^{-1}T^{-2}\theta^{-1}]$	$[FL^{-2}\theta^{-1}]$
功率	$[ML^2T^{-3}]$	$[FLT^{-1}]$	导热系数	$[MT^{-3}\theta^{-1}]$	$[FL^{-1}T^{-1}\theta^{-1}]$

2）量纲分析方法的流程

量纲分析法建立相似条件的主要过程如下：

（1）确定研究问题的主要影响因素 x_1，x_2，$x_3 \cdots x_{n-1}$，x_n 及相应的量纲和基本量纲个数 k。将问题用这些物理量的函数形式表示：

$$q(x_1, x_2, x_3 \cdots x_{n-1}, x_n) = 0 \tag{4-55}$$

（2）根据 π 定理，将式（4-55）改写成 π 函数方程：

$$g(\pi_1, \pi_2, \pi_3 \cdots \pi_{n-k}) = 0, (i = 1, 2 \cdots n-k) \tag{4-56}$$

式中，π 数的一般形式为：

$$\pi = x_1^{a_1} x_2^{a_2} x_3^{a_3} \cdots x_n^{a_n} \tag{4-57}$$

（3）引入各物理量的量纲，将式（4-55）变成量纲表达式：

$$[1] = [x_1^{a_1} x_2^{a_2} x_3^{a_3} \cdots x_n^{a_n}] \tag{4-58}$$

或将任意一个量的量纲表示为其余量的量纲组合：

$$[x_i] = [x_1^{a_1} x_2^{a_2} x_3^{a_3} \cdots x_n^{a_n}], (i = 1, 2 \cdots n-k) \tag{4-59}$$

（4）根据量纲和谐原理，即量纲表达式中各个物理量对应于每个基本量纲的幂数之和等于零。列出基本量纲指数关系的联立方程。

（5）求解所列出的联立方程，因未知数个数多于方程数，故该联立方程为不定方程组，可通过确定部分未知数，求得相似准数 π。

（6）根据相似第三定理，相似现象相应的 π 数相等，代入相似常数，并结合物理量之间关系的基本判断确定各相似条件。

【例 4-3】 用量纲分析法确定例 4-1 的相似条件。

解：

（1）确定影响因素及基本量纲个数

根据材料力学知识，受横向荷载作用的梁的正应力 σ 和跨中挠度 f 是截面抗弯模量 W、荷载 P、梁跨度 l、弹性模量 E 和截面惯性矩 I 的函数。用函数形式表示为：

$$q=(\sigma,f,P,l,E,W,I) \tag{4-60}$$

因所涉及的物理量个数 $n=7$，基本量纲个数 $k=2$，故独立的 π 数（$n-k$）$=5$。

（2）根据 π 定理，将式（4-60）改写成 π 函数方程：

$$g(\pi_1,\pi_2,\pi_3,\pi_4,\pi_5)=0 \tag{4-61}$$

式中：

$$\pi=\sigma^{a_1}f^{a_2}P^{a_3}l^{a_4}E^{a_5}W^{a_6}I^{a_7} \tag{4-62}$$

（3）引入各物理量的量纲，将式（4-60）变成量纲表达式。取绝对系统，本系统的基本量纲为长度 $[L]$ 和力 $[F]$，得量纲表达式：

$$[1]=[\sigma^{a_1}f^{a_2}P^{a_3}l^{a_4}E^{a_5}W^{a_6}I^{a_7}] \tag{4-63}$$

$$[1]=[(FL^{-2})^{a_1}L^{a_2}F^{a_3}L^{a_4}(FL^{-2})^{a_5}L^{3a_6}L^{4a_7}] \tag{4-64}$$

（4）根据量纲和谐原理，式（4-64）中各个物理量对应于每个基本量纲的幂数之和应等于零。

关于 $[L]$：

$$-2a_1+a_2+a_4-2a_5+3a_6+4a_7=0 \tag{4-65}$$

关于 $[F]$：

$$a_1+a_3+a_5=0 \tag{4-66}$$

获得解答，一般可将量纲相对简单者的指数用先确定的未知数表示，在本例先确定 a_1、a_2、a_5、a_6、a_7，得：

$$a_3=-a_1-a_5 \tag{4-67}$$

$$a_4=2a_1-a_2+2a_5-3a_6-4a_7 \tag{4-68}$$

将式（4-67）、式（4-68）代回式（4-62），得：

$$\pi=\sigma^{a_1}f^{a_2}P^{-a_1-a_5}l^{2a_1-a_2+2a_5-3a_6-4a_7}E^{a_5}W^{a_6}I^{a_7} \tag{4-69}$$

进一步得到

$$\pi=\left(\frac{\sigma l^2}{P}\right)^{a_1}\left(\frac{f}{l}\right)^{a_2}\left(\frac{El^2}{P}\right)^{a_5}\left(\frac{W}{l^3}\right)^{a_6}\left(\frac{I}{l^4}\right)^{a_7} \tag{4-70}$$

通过分别确定 5 组未知数，可得式（4-61）中的 5 个独立的 π 数：

$$a_1=1,a_2=a_5=a_6=a_7=0,\pi_1=\frac{\sigma l^2}{P} \tag{4-71}$$

$$a_2=1,a_1=a_5=a_6=a_7=0,\pi_2=\frac{f}{l} \tag{4-72}$$

$$a_5=1,a_1=a_2=a_6=a_7=0,\pi_3=\frac{El^2}{P} \tag{4-73}$$

$$a_6=1,a_1=a_2=a_5=a_7=0,\pi_4=\frac{W}{l^3} \tag{4-74}$$

$$a_7=1,a_1=a_2=a_5=a_7=0,\pi_5=\frac{I}{l^4} \tag{4-75}$$

（f）由相似第三定理，相似现象相应的 π 数相等，有：

$$\frac{\sigma_m l_m^2}{P_m}=\frac{\sigma_p l_p^2}{P_p}, \quad \frac{f_m}{l_m}=\frac{f_p}{l_p}, \quad \frac{E_m l_m^2}{P_m}=\frac{E_p l_p^2}{P_p}, \quad \frac{W_m}{l_m^3}=\frac{W_p}{l_p^3}, \quad \frac{I_m}{l_m^4}=\frac{I_p}{l_p^4} \tag{4-76}$$

代入相似常数，再结合跨中挠度 f 与荷载 P、弹性模量 E 之间的基本关系，得出与方程分析法同样的相似条件：

$$\frac{S_\sigma S_l^2}{S_P}=1, \quad \frac{S_f S_E S_l}{S_P}=1 \tag{4-77}$$

【例 4-4】 用量纲分析法确定例 4-2 的相似条件。

解：

（1）确定影响因素及基本量纲个数

"弹簧—质量—阻尼"单自由度系统的相关物理量有质量 m、阻尼系数 c、弹簧常数 k、外加力 $P(t)$、位移 y、时间 t。振动系统用函数形式表示为：

$$q(m,c,k,P,y,t)=0 \tag{4-78}$$

因所涉及的物理量个数 $n=6$，基本量纲个数 $k=3$，故独立的 π 数 $(n-k)=3$。

（2）根据 π 定理，将式（4-78）改写成 π 函数方程：

$$g(\pi_1,\pi_2,\pi_3)=0 \tag{4-79}$$

式中：

$$\pi=m^{a_1}c^{a_2}k^{a_3}P^{a_4}y^{a_5}t^{a_6} \tag{4-80}$$

（3）引入各物理量的量纲，将式（4-78）变成量纲表达式。取绝对系统，本过程的基本量纲为长度 $[L]$、力 $[F]$ 和时间 $[T]$，得量纲表达式：

$$[1]=[m^{a_1}c^{a_2}k^{a_3}P^{a_4}y^{a_5}t^{a_6}] \tag{4-81}$$

$$[1]=[((FL^{-1}T^2)^{a_1}(FL^{-1}T)^{a_2}(FL^{-1})^{a_3}F^{a_4}L^{a_5}T^{a_6})] \tag{4-82}$$

式中，质量量纲为 $[FL^{-1}T^2]$，阻尼系数量纲为 $[FL^{-1}T]$，弹簧常数量纲为 $[FL^{-1}]$。

（4）根据量纲和谐原理，式（4-82）中各个物理量对应于每个基本量纲的幂数之和应等于零。关于 $[L]$：

$$-a_1-a_2-a_3+a_5=0 \tag{4-83}$$

关于 $[F]$：

$$a_1+a_2+a_3+a_4=0 \tag{4-84}$$

关于 $[T]$：

$$2a_1+a_2+a_6=0 \tag{4-85}$$

（5）联立求解式（4-83）～式（4-85）组成的不定方程组，对于 6 个未知数，需先确定 3 个才能获得解答，本例先确定 a_1、a_2、a_3，得：

$$a_4=-a_1-a_2-a_3 \tag{4-86}$$

$$a_5=a_1+a_2+a_3 \tag{4-87}$$

$$a_6=-2a_1-a_2 \tag{4-88}$$

将式（4-86）～式（4-88）代回式（4-76）得：

$$\pi=m^{a_1}c^{a_2}k^{a_3}P^{-a_1-a_2-a_3}y^{a_1+a_2+a_3}t^{-2a_1-a_2} \tag{4-89}$$

进一步得到：
$$\pi=\left(\frac{my}{Pt^2}\right)^{a_1}\left(\frac{cy}{Pt}\right)^{a_2}\left(\frac{kl}{P}\right)^{a_3} \tag{4-90}$$

通过分别确定 3 组未知数，可得式（4-79）中 3 个独立的 π 数：
$$a_1=1，a_2=a_3=0，\pi_1=\frac{my}{Pt^2} \tag{4-91}$$

$$a_2=1，a_1=a_3=0，\pi_2=\frac{cy}{Pt} \tag{4-92}$$

$$a_3=1，a_1=a_2=0，\pi_3=\frac{kl}{P} \tag{4-93}$$

（6）由相似第三定理，相似现象相应的 π 数相等，有
$$\frac{m_m y_m}{P_m t_m^2}=\frac{m_p y_p}{P_p t_p^2}，\frac{c_m y_m}{P_m t_m}=\frac{c_p y_p}{P_p t_p}，\frac{k_m l_m}{P_m}=\frac{k_p l_p}{P_p} \tag{4-94}$$

代入相似常数，得出与方程分析法同样的相似条件：
$$\frac{S_m S_y}{S_t^2 S_p}=1，\frac{S_c S_y}{S_t S_p}=1，\frac{S_k S_y}{S_p}=1 \tag{4-95}$$

3）量纲分析法的注意事项

（1）分析物理过程，正确认定对问题有影响的物理参数并分清其主次。切记：遗漏任一主要因素都将导致错误的结果；引入与问题无关的物理参数，将因为得到多余的判据，给模型设计带来困难。

（2）具体的物理过程中，独立 π 数的个数是一定的，但 π 数的取法有着任意性，正确的选取离不开研究者的专业知识和对问题的合理分析。

（3）参与物理过程的物理量多，可以组成的 π 数就多，全部满足与之相应的相似条件将带来模型设计的极大困难，因为有些相似条件是不可能达到也没必要达到的。

（4）受技术和经济条件的影响，模型和实物难以完全相似时，可在对问题有较充分认识的基础上，简化和减少一些次要的相似要求，采用不完全相似的模型。

（5）由量纲分析法求得的只是相似的必要条件，缺少区别于同类物理现象的单值条件。

（6）当参与物理过程的各物理参数之间有明确的数学表达式时，量纲分析法不如方程分析法求得的结果可靠。

4.4 结构模型设计

4.4.1 试件材料

适用于制作模型的材料有很多，除了最常用的金属材料、混凝土材料之外，木材、石材、纤维增强材料、有机玻璃、石膏等均可应用于建筑结构的模型试验，具体选择可以出于试验目的和现场要求。但是，试件材料的选择对于试验结构的影响和能否顺利完成模型试验有着重要的意义，需要慎重考虑试件材料的选择。

1）金属材料

常用的金属材料有钢材和铝合金等，其特点是金属材料的力学特性与弹性理论的基本假定最为吻合。钢材和铝合金的泊松比约为 0.30，比较接近于混凝土材料。钢材和铜可

以焊接，易于加工，但铝合金材料一般采用铆接。由于金属材料的弹性模量较混凝土更高，因此在具体试验时需要采用等强度的方法，通过减小模型的截面面积来换取等强度的截面。当进行等强度设计时，应验算构件的局部稳定性能和局部构造要求，避免因失稳破坏而引起的试验误差。

2）细石混凝土材料

用模型试验来研究钢筋混凝土结构的弹塑性工作或极限能力时，最为理想的材料就是与原型结构相同的混凝土材料。但有时限于模型试验的小尺寸要求，采用细石混凝土也是一种较为理想的方案。

由于小尺寸混凝土结构的力学性能离散性较大，因此混凝土结构模型的比例不宜用得太小，宜在 1/2~1/25 之间取值。目前模型的最小尺寸（如板厚）可做到 3~5mm，要求骨料的最大粒径不应超过该尺寸的 1/3。此外，小比例混凝土结构模型在设计时，试验的成功与否很大程度上取决于模型材料和原结构材料之间的相似程度，也就是说取决于骨料体积含量、级配和水灰比。在模型设计时，应首先考虑弹性模量和强度条件，其变形条件可以放在次要位置进行考虑，骨料粒径依据试验模型的几何尺寸决定，一般不大于截面最小尺寸的 1/3。

3）纤维增强材料

常用的纤维增强材料包括碳纤维材料、芳纶纤维材料和玻璃纤维材料等，主要应用于加固建筑结构的模型试验。其材料强度按《混凝土结构加固设计规范》GB 50367—2013进行取值。

4.4.2 试件形状

试件设计时要注意试件的形状，主要是要满足在试验时形成和实际工作相一致的受力状态。当从整体结构中取出部分构件单独进行试验时，特别是对比较复杂的超静定体系中的构件，必须要注意其边界条件的模拟，使其能如实地反映该部分构件的实际工作状态。在框架试验中，多数设计成支座固结的单层单跨框架。

砖石与砌块试件主要用于墙体试验，可以采用带翼缘或不带翼缘的单层单片墙进行试验，也可根据试验需要采用双层单片墙或开洞墙体进行试验。对于纵墙，由于外墙有大量窗口，可以采用有一个或两个窗间墙的双肢或单肢窗间墙试件进行模型试验。

总之，在进行模型试验的设计过程中，其边界条件的设计与试验构件的安装、加载装置的实现有着密切关系，必须在试验时进行周密考虑才能保证模型试验的有效性。

4.4.3 试件尺寸

根据试件的尺寸缩尺与否，将试件分为原型试件和缩尺试件两种。考虑到种种因素的限制，采用缩尺试件进行试验是一种常用的方案，但在试件尺寸设计时需要考虑尺寸效应的影响。尺寸效应是结构构件的性能随着试件尺寸的改变而变化的特性。试件尺寸越小，相对强度提高越大且离散性越大，得到的换算承载力就会越大；而且如果试件尺寸过小，其构造要求往往较难满足。一般来说，普通混凝土试件截面尺寸小于 10cm×10cm，砖砌体试件截面尺寸小于 36cm×74cm，砌块砌体试件截面尺寸小于 60cm×120cm 时，均存在尺寸效应。

普通混凝土试件的截面边长应在 12cm 以上，砌体墙最好是原型结构的 1/4 以上。当研究构件的力学性能时，压弯构件的截面尺寸宜取 16cm×16cm~35cm×35cm，受压构件的截面尺寸宜取 15cm×15cm～50cm×50cm，双向受力构件宜取 10cm×10cm～30cm×30cm。框架结构中，其截面尺寸一般为原型的 1/4～1，剪力墙单层墙体试件的外形尺寸一般取 80cm×100cm～178cm×274cm，多层剪力墙为原型的 1/10～1/3。

对于室内进行的动力试验，可以对足尺构件进行加载。对于实验室模拟的振动台试验，受到振动台台面尺寸和激振力大小等参数的限制，通常采用缩尺试件进行。目前国内已完成了许多比例在 1/50～1/4 的结构模型试验。

4.4.4 试件数量

试件数量的多少直接关系到能否满足试验的目的、任务等，但也受到试验经费和时间安排的影响。试件数量设计方法有：优选法、因子设计法、正交设计法等。

1）优选法

优选法针对不同的试验内容，利用数学原理合理地安排试验点，用步步逼近、层层选优的方式，以求迅速找到最佳试验点。单因素问题设计时采用的 0.618 法就是优选法的典型代表。优选法在处理单因素问题试验数量设计时优势最为显著，在多因素问题设计时已被其他方法所代替。

2）因子设计法

因子是对试验研究内容有影响的发生着变化的因素（变量），因子数是变量的个数；水平则是因子变化的档次，水平数是档次数量。因子设计法又叫全面试验法或全因子设计法，试验数量等于以水平数为底，以因子数为指数的幂函数。当采用因子设计法进行试件数量设计时，常常会面临非常庞大的试件数量，以至难以完成。

3）正交设计法

正交设计法通过应用均衡分散、整齐可比的正交理论编制的正交表来进行整体设计和综合比较。应用正交设计法进行试件数量设计时，主要包括三个方面的内容：

（1）根据试验要求选择因素和水平数；

（2）根据因素水平数选取正交表，选择试验数量；

（3）进行试验。

以钢筋混凝土柱剪切强度基本性能研究为例，除去混凝土强度等级后（只采用一种混凝土强度等级），其主要影响因素数为 4（受拉钢筋配筋率、配箍率、轴向应力和剪跨比），每个因子有 3 个档次，即水平数为 3，见表 4-2。

根据正交设计表 L9（34），试件主要因子组合如表 4-3 所示。通过正交设计法，原来需要 243 个试件的情况可以综合为 9 个试件。

钢筋混凝土柱剪切强度试验的因子数和水平数　　　　　　　　　　　表 4-2

	主要分析因子	水平数		
		1	2	3
A	受拉钢筋配筋率 ρ(%)	0.4	0.8	1.2
B	配箍率 ρ_{sv}(%)	0.20	0.33	0.50
C	轴向应力 σ_c(MPa)	20	60	100
D	剪跨比 λ	2	3	4
E	混凝土强度等级	C20＝13.5MPa		

钢筋混凝土柱剪切强度试验的主要因子组合 表 4-3

试件数	A	B	C	D
	$\rho(\%)$	$\rho_{sv}(\%)$	$\sigma_c(MPa)$	λ
1	A_1 0.4	B_1 0.20	C_1 20	D_1 2
2	A_1 0.4	B_2 0.33	C_2 60	D_2 3
3	A_1 0.4	B_3 0.50	C_3 100	D_3 4
4	A_2 0.8	B_1 0.20	C_2 60	D_3 4
5	A_2 0.8	B_2 0.33	C_3 100	D_1 2
6	A_2 0.8	B_3 0.50	C_1 20	D_2 3
7	A_3 1.2	B_1 0.20	C_3 100	D_2 3
8	A_3 1.2	B_2 0.33	C_1 20	D_3 4
9	A_3 1.2	B_3 0.50	C_2 60	D_1 2

4.4.5 相关构造要求

在试件设计过程中，除了需要考虑试件的材料、形状、尺寸和数量外，还应针对每一个具体试件的设计和制作过程，同时考虑试件安装、加荷、量测的需要，在试件上采取必要的构造措施。例如，在混凝土试件的支承点处和受集中荷载的位置处应埋设钢板，以防止试件受局部压力而破坏；当试件加荷面倾斜时应设置凸缘以保证加载设备的稳定；在需要施加反复荷载的时候，应设置预埋件以便与加载装置连接；为了保证结构或构件在预定的部位破坏，需要对其他薄弱部位设置必要的局部加固等。

所有构造措施的设置，要求在试件的施工图上明确标出，注明具体做法和精度要求，必要时试验人员还应现场参与试件的加工制作。

4.5 加载设计和量测设计

4.5.1 加载设计要求

在选择试验荷载大小和加载方式时，应满足以下几点要求：

（1）试验荷载的作用，应符合实际荷载的作用方式。能使被试验对象再现其原型结构的边界条件，使控制截面或部件产生的内力与实际内力等效。

（2）产生的荷载值应当明确，满足试验的准确度。除模拟动力作用外，荷载值应能保持相对稳定，不会随时间、环境条件的改变和结构的变形而发生变化，保证试验荷载的变化量相对误差不超过允许的限值。

（3）加载装置本身应有足够的强度和刚度，并有足够的安全储备。保证加载过程安全的同时，加载装置本身不应参与结构受力和结构变形，防止由于加载装置本身刚度不足影响被加载试件的受力状态或使被加载试件产生次应力。

（4）所采取的加载方法应做到灵活调节和分级加（卸）载，易于控制加（卸）载速率，分级值应能满足加载和测试精度的要求。

（5）加载装置的设计还应注意试件的支承方式，避免因加载装置的约束引起复杂的应力状态，也应防止因支承不足导致的试验误差。

（6）加载装置的设计还应考虑试验简便的要求。对于建筑结构模型试验，特别是大批量的试验，在进行加载装置的设计时，应尽可能使其构造简单，使组装和拆卸时花费时间较少，最好可以设计成多功能以满足多种试件试验加载的需要。

4.5.2 量测设计要求

结构在荷载作用下的各种变形可以分成两类：一类是反映结构的整体工作状况（如梁的挠度、转角、支座位移等）的整体变形，另一类是反映结构的局部工作状况（如应变、裂缝、钢筋与混凝土的滑移等）的局部变形。

在确定试验的量测项目时，应首先考虑整体变形，因为整体变形可以概括出结构的工作全貌，可以基本上反映出结构的工作状况。因此，在所有的量测项目中，整体变形的量测往往是最基本的。对于某些构件，局部变形的量测也很重要。例如混凝土结构裂缝的出现能直接说明其抗裂性能的好坏。因此，只要条件许可，根据试验目的，也经常需要测定一些局部变形的项目。

利用仪器或仪表对结构或构件进行内力、变形等参数进行测量时，测点的选择和布置应满足以下几点要求：

（1）在满足试验目的的前提下，应使测量项目的重点突出，测点数量不宜过多；

（2）测点的位置必须有代表性，以便能对关键截面和关键参数进行测量；

（3）测点的布置应便于试验的操作和测量的进行；

（4）适当布置一定数量的校核测点，以便对测量结果进行校核。

选择测量仪器时，应满足试验所需要的精度和量程要求，但不必盲目选用高精度和高灵敏度的精密仪器。这是由于高精度和高灵敏度的精度仪器，其量程往往有限，且对于使用条件有限制。测量仪器的量程应满足最大应变或挠度的要求，尽量避免加载中途调整仪器量程。

为了简化工作，避免读数差错，采用电测仪器是一种常用的测量方法。但对于一些环境复杂，影响较多的试验场合，采用机械式测量仪器也可以获得较为准确的测量结果。测量仪器的选择应根据具体情况进行具体分析，不可一概而论。

在进行测量时，原则上应是全部仪器同时进行读数，且应注意以下几个问题：

（1）观测时间一般选择在试验过程中加载间歇的时间内，荷载要适当分级，对于变化不太明显的测点或次要测点，可以每两级测量一次。

（2）对于受环境温、湿度影响较为明显的参数进行测量时，应同时记录下周围的温度和湿度。

（3）重要的数据应做到边记录、边整理，同时计算出每级荷载的测量结果变化情况，并与预期的理论值进行比较，判断测量结果的正确性，并及时调整下一级荷载的加载策略。

4.6 本 章 小 结

模型是原型结构的替代物，在满足相似条件的前提下，模型试验结果才可推演到原型结构中。模型试验具有经济性好、试验环境可控、数据准确和针对性强等特点。相似理论是模型与原型相似的理论基础，相似三定理明确了两个相似现象在时间、空间上的相互关系，确定了相似现象的性质，形成了量纲分析的依据，为模型设计提供了可靠的保证。

模型设计时，首先确定模型的相似条件，其次综合考虑各种因素（如模型的类型、模型材料、试验条件以及模型制作条件），确定模型材料和几何尺寸，然后再确定其他相似常数；模型材料和原型材料的物理性能和力学性能的相似依使用条件而变，弹性模型材料可不与原型材料相似，而强度模型材料应与原型材料相似或相同；模型结构的静力试验，首先是在荷载等效的前提下确定荷载图式及加载方式，并根据试验观察项目进行测点布置，制定试验加载程序，然后实施试验加载与试验数据的测读。

习题与思考题

1. 结构模型试验及其特点是什么？
2. 模型结构的相似条件是什么条件？可采用什么方法确定相似条件？
3. 量纲分析法和方程分析法有什么区别？理论依据是什么？
4. 针对模型的特点，在模型试验设计中应注意哪些问题？
5. 测点选择和布置的原则是什么？
6. 针对模型的特点，在模型试验中选用仪器时应该注意哪些问题？

本章参考文献

[1] 李宗强. 土木工程试验方法与数据处理［M］. 哈尔滨：哈尔滨工业大学出版社，2014.
[2] 李涛，王社良，杨涛. 砖石古塔结构振动台试验模型设计与试验验证［J］. 振动工程学报，2018，31（2）：314-322.
[3] 贾剑辉，杨树标，郭金伟. 钢筋混凝土结构分阶段相似模型试验设计研究［J］. 结构工程师，2011，27（S1）：95-98.
[4] 罗忠，朱云鹏，韩清凯，等. 动力学相似理论及在结构振动分析中的应用研究评述与展望［J］. 机械工程学报，2016，52（23）：114-134.
[5] 陈星烨，马晓燕，宋建中. 大型结构试验模型相似理论分析与推导［J］. 长沙交通学院学报，2004，20（1）：11-14.
[6] 刘旭辉，孟宪文. 基于相似理论的钢筋混凝土建筑结构振动模态［J］. 天津理工大学学报，2005，21（4）：28-30.
[7] 项贻强，吴孙尧，段元锋. 基于刚度相似原理的斜拉桥模型设计方法［J］. 实验力学，2010，25（4）：438-444.
[8] 陈喆，陈国平. 相似理论和模型试验的结构动响应分析运用［J］. 振动、测试与诊断. 2014，34（6）：995-1000.

第5章 无损检测方法

5.1 概 述

5.1.1 无损检测的意义

无损检测就是指在不损害或不影响建筑结构构件或试件的使用性能和状态的前提下，利用检测对象的电、光、磁等特性，对各种建筑材料、结构构件或试件进行检查和检测，借以评估其可靠性、安全性等物理性能。与破坏试验相比，无损检测具有不破坏构件结构、不影响使用功能、可以探测结构和试件内部缺陷、可以重复测试等特点。因此，无损检测常被用于在加工厂或预制场进行的预制混凝土或钢构件的现场质量检验，和建筑物的实地现场检测。

针对建筑结构进行无损检测和鉴定，具有重要意义，包括：

1）保证和提高建筑结构的质量

对建筑结构进行无损检测，可以对制作、安装等环节进行全过程的检测，保证和提高建筑结构的质量。例如，在钢厂对钢结构产品进行无损检测，及时发现材料的缺陷，提高产品的可靠性。此外，对施工过程中的混凝土结构或钢结构进行无损检测，并将检测结果及时反馈给有关部门，可以有效提高混凝土结构和钢结构的施工质量。

2）保障既有建筑结构的安全

建筑结构在使用过程中，受到荷载作用、环境侵蚀、使用不当等因素的影响，不可避免地发生老化，抵御灾害的能力不断下降，甚至引发失效、倒塌等严重工程事故。无损检测技术可以在不影响建筑使用的前提下，及时发现建筑结构病害和缺陷，保证建筑结构的安全使用。

5.1.2 无损检测的发展趋势

纵观近期国内外建筑结构无损检测的发展，其主要发展趋势：

1）数字化、图像化、智能化

随着计算机技术和传感器技术的快速发展，无损检测技术越来越呈现数字化、图像化和智能化的趋势。越来越多的无损检测技术使用神经网络技术、机器视觉技术等先进技术，实施智能化程度极高的无损检测和缺陷自动识别。例如早期的超声探伤仪多是模拟探伤仪，既笨重而且功能单一、效率低下且使用不便；随着数字式超声探伤仪的出现和成熟，这种老式的超声探伤仪已基本上退出市场。

2）标准化、规范化

无损检测技术的标准化和规范化正在不断加强。在国际范围内，无损检测的国际标准主要由国际标准化组织负责组织和实施。在我国，标准体系已经较为完备，包括各类国家标准、行业标准、技术规范和地方标准等。但是由于很多新的无损检测技术尚处于发展和成熟阶段，相关国家标准还在制定中。此外，关于无损检测从业人员的人才培养、资格鉴定等工作也越来越规范。

3）新技术、新材料不断提升现有技术，新方法不断涌现

由于新技术和新材料的不断发展，对现有的无损检测技术带来了新的血液和发展动力。通过新技术和新材料，可对现有技术进行改造和提升，可以提高原有技术的检测精度、可靠性、实用性和扩展其应用范围。

同时，随着技术的不断进步，未来必将涌现出一大批新的无损检测方法。这些新技术和新方法的引入，导致其检测过程、检测装置与现有的技术系统有明显的区别。例如光学无损检测方法，未来必将是一个突飞猛进、成果不断的新领域。

5.2 超声波无损检测

5.2.1 超声波检测原理

混凝土超声检测目前主要是采用"穿透法"，其基本原理是用发射换能器重复发射一定频率的超声脉冲波，让超声波在检测对象中传播，然后由接收换能器将信号传递给超声仪，由超声仪测量接收到的超声波信号的各种声学参数，并转化为电信号显示在示波屏上。

由于在检测对象中传播的超声波的波速、振幅、频率和波形等波动参数与检测对象的力学参数如弹性模量、泊松比、剪切模量以及内部应力分布状态有直接的关系，也与其内部缺陷如断裂面、孔洞的大小及形状的分布有关。因此，当超声波传播后，它携带了有关被测对象的材料性能、内部结构及其组成的信息，准确测定这些声学参数的大小和变化，可以推断测试对象的强度和内部缺陷等情况。

1）超声波的分类

根据介质质点的振动方向与波的传播方向间的关系，可以将超声波分为四种不同的类型：纵波（L）、横波（T）、表面波（S）和板波（P）。

介质质点在交变拉压应力的作用下，质点间产生相应的伸缩变形，此时质点的振动方向与波的传播方向相同，形成了纵波（L）。由于是介质体积发生变化而产生的，所以纵波在固体、液体和气体中均能传播。

当介质质点受到交变切应力时，产生剪切形变，此时质点的振动方向垂直于波的传播方向，形成了横波（T）。由于液体和气体只具有体积弹性，不具有剪切弹性，因此横波只能在固体中传播，不能在液体和气体中传播。

固体介质表面在交替变化的应力作用下，质点产生纵横向复合振动，这种振动只在距固体介质表面很小的范围内进行，称为表面波（S）。若构件中有大量的倒角、凸台、孔边等结构细节，且棱边曲率半径小于5倍表面波波长，部分表面波能量被棱边反射。利用这种特性，表面波可以用来检测工作表面和近表面的缺陷，以及测定表面裂纹深度等。

在板状且厚度与波长相当的弹性固体中传播的超声波称为板波（P）。在无损检测过程中，板波可以用于探测薄板状构件内的缺陷，检查复合材料的层间结合状况等。

2）超声波的获得和接收

在超声检测中，应用较多的是利用晶体的逆压电效应来获得超声波。若对压电晶体沿

电轴向施加适当的交变信号，在电场作用下，会引起压电晶体内部正负电荷中心位移。这一极化位移使材料内部产生应力，导致压电晶体发生交替的压缩和拉伸，从而产生振动。若把晶体耦合到弹性介质上，则晶体将成为一个超声源，将超声波辐射到弹性介质中去。

同样的，利用晶体的压电效应可以实现超声波的接收。由于超声波可以在压电晶体上产生一定大小的声压，致使压电晶体两端出现与应力大小成正比的表面电荷。利用正压电效应即可以确定超声波的大小。

3）超声波在介质中的传播

超声波在无限大的介质中传播时，不改变方向。但当遇到不同的介质界面时，就会产生反射和透射，一部分超声波在界面上被反射回第一介质，另一部分超声波透过介质界面进入到第二种介质中。

当平面超声波垂直入射于两种不同的介质之间的界面上时，反射波以与入射波相反的路径返回，同时有部分超声波透过界面形成透射波。当超声波倾斜入射到介质界面上时，会像光线一样产生反射和折射现象，也遵循同样的反射和折射定律，同时还会发生波形转换现象。

4）超声波在介质中的衰减

超声波在介质中传播时，由于波束的扩散、晶粒的散射和介质的吸收，会引起超声波的衰减，由其产生的衰减分别称为扩散衰减、散射衰减和吸收衰减。

扩散衰减是指超声波在传播过程中，由于波束的扩散（图5-1），超声波的能量随着距离的增加而逐渐减弱的现象。这种衰减与传播介质无关，衰减程度由波形和传播距离确定。

超声波传播过程中，遇到与波长相当大小的异质物体时，会导致声波向不同的方向分散，单位面积上的能量下降，形成散射衰减。散射衰减与频率的关系明显，高频超声波的散射衰减程度远大于低频超声波，因此在细观尺寸较大的材料中，不宜使用较高频率的超声波。

在超声波的传播过程中，由于介质中质点间的内摩擦和热传导引起超声波的衰减称为吸收衰减。

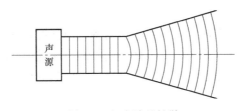

图 5-1　超声波的扩散

5.2.2　超声波检测系统

超声波检测系统主要包括超声换能器、超声波检测仪等。

1）超声换能器

要在待检构件中产生超声波，使其在构件中传播并携带构件内部的信息，需要通过专门的设备将电信号转换成机械振动，并向被测构件发送声波。这种装置即为超声波检测的发射探头。另一方面，接收探头的作用是，将在构件中传播一定距离并携带一定信息的超声波转换成电信号。发射探头和接收探头都是超声换能器。

超声波探头根据其构造和使用场合不同，可以分为直探头、斜探头、喇叭探头和水探头等。直探头主要用来发射和接收纵波。斜探头主要用来发射和接收横波。喇叭探头主要用于混凝土、岩石等一类非金属检验。水探头检测时放置在液体中，通过液体发射和接收声波。

2）超声波检测仪

超声波检测仪是超声波检测中的主体设备，其作用是产生或接收与换能器相关的电振动，并将通过换能器获得的电信号进行放大，以一定的方式显示出来，从而得到被检对象内部结构和缺陷位置、大小等信息。

按超声波的连续性分类，超声波检测仪分为脉冲波检测仪、连续波检测仪和调频波检测仪。其中脉冲波检测仪应用得最为广泛。按缺陷显示方式分类，超声波检测仪可以分为Ⅰ型显示（显示方式为示波器，显示内容为缺陷反射幅值及深度）、Ⅱ型显示（由记录纸及监视屏显示缺陷深度及其在横断面上分布）、Ⅲ型显示（由记录纸及监视屏显示缺陷在剖面视图上分布）和主体显示（3D显示、全息显示）。其中以Ⅰ型显示的仪器最为普遍。

3）试块

除了超声换能器和超声波检测仪之外，超声检测系统还包括试块、耦合剂等。

试块是按一定用途设计制作的具有简单几何形状的人工反射体的试样。试块的作用主要有：确定仪器检测灵敏度、测试仪器和探头的性能、调整扫描速度等。

具体来说，在采用Ⅰ型显示进行试件的超声检测时，反射体在试件内部的埋藏深度是通过测量回波在时间基线上的位置来确定的。对于缺陷大小的评定，是通过回波的幅度测量为依据进行判断的。这些都需要通过与已知量的比较来确定，即与试块作比较测量。

试块（又称标准试块）是指材质、形状、尺寸和性能等由国际组织（如国际焊接学会等）讨论通过的，或是由某个国家的权威机构讨论通过的。对于前者，称之为国际标准试块；对于后者，称之为该国的国家标准试块。根据中国无损检测国家标准《无损检测 超声检测 相控阵超声检测方法》GB/T 32563—2016，超声波无损检测的零位修正可以在CSK-IA标准试块上进行。

4）耦合

超声耦合是指超声波在探测面上的声强透射率，声强透射率高，超声耦合好。为了提高探测面上的耦合效果，在探头与工作表面之间添加一层透声介质，称为耦合剂。耦合剂的作用在于排除探头与工件表面之间的空气，使超声波能有效地传入工件，达到检测的目的。

根据作用方式的不同，耦合可以分为：液体耦合、干压耦合、空气耦合、高温耦合剂耦合等。液体耦合是通过在超声换能器和试件之间涂敷液体以排除空气和间隙，保证声波的传递。在使用液浸法进行检测时，将试件和换能器浸入水中，所采用的水就是液体耦合剂。在不适合采用液体耦合剂的场合下，也可以采用干压耦合（即在换能器下方附加软橡胶或塑料垫等）、空气耦合（通常应用于低密度材料如木材、橡胶等声特性阻抗较低的超声波无损检测），或为了避免油耦合剂随着温度提高，声波的传播速度明显下降的问题，而采用低熔点合金作用耦合剂进行耦合。

建筑结构的超声波无损检测通常采用液体耦合剂进行耦合。这是因为液体耦合剂：

①容易附着在试件表面，有足够的浸润性以排除探头与试件之间由于表面粗糙造成的间隙；②液体耦合剂可以使得超声波所携带的能量可以尽可能多地进入试件；③从实用角度来说，液体耦合剂可以实现环保、容易清理、来源方便、价格低廉等优点。

5.2.3 超声法检测混凝土构件裂缝深度

1）单面平测法

当结构或构件的裂缝部位只有一个可测表面，估计裂缝深度不大于 500mm 时，可采用单面平测法。平测时，可在裂缝的被测部位，以不同的测距，按跨缝和不跨缝布置测点进行检测，应注意尽量避开钢筋的影响。其具体测量方法为：

如图 5-2 所示，将发射换能器 T 和接收换能器 R 以裂缝为对称轴布置在裂缝的两侧，其距离为 l_i，测得超声波传播的声时为 $t_i{}^0$；再将换能器以相同的测距布置在裂缝同一侧完好混凝土的表面，测得相应的声时为 t_i。则裂缝的深度可按下式进行计算：

$$h_{ci} = \frac{l_i}{2}\sqrt{\left(\frac{t_i^0}{t_i}\right)^2 - 1} \tag{5-1}$$

式中：h_{ci}——第 i 次量测的裂缝深度（mm）；

l_i——第 i 次量测的超声波传播距离（mm）；

t_i，t_i^0——分别为测距为 l_i 时不跨缝和跨缝量测的声时值（μs）。

在跨缝测量中，当在某测距发现首波反相时，则用该测距及两个相邻测距的深度计算值 h_{ci} 的平均值作为该裂缝的深度值。如难发现首波反相，则将测距 l_i 与各深度计算值的平均值 m_{hc} 比较，去掉测距 l_i 小于 m_{hc} 和大于 $3m_{hc}$ 的测试值，取余下数据的平均值作为该裂缝的深度值。

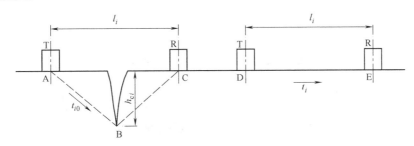

图 5-2　单面平测法检测混凝土裂缝深度

2）双面斜测法

当结构的裂缝部位具有两个相互平行的测试表面时，可采用双面斜测法测量裂缝宽度。测量方法如图 5-3 所示，将发射换能器 T 和接收换能器 R 分别置于对应测点 1、2、3…的位置，读取相应的声时值 t_i、波幅值 A_i 和频率值 f_i。当发射换能器 T 和接收换能器 R 的连线通过裂缝时，超声波在裂缝的界面上产生很大的衰减，接收信号的波幅和频率明显降低。

裂缝深度判定：当发射换能器 T 和接收换能器 R 的连线通过裂缝，根据波幅、声时和主频的突变，可以判定裂缝深度以及是否在所处断面内贯通。

3）钻孔对测法

对于水坝、桥墩等大体积混凝土结构，在浇筑混凝土过程中由于水泥的水化热散失较

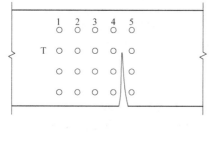

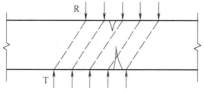

图 5-3 双面斜测法检测混凝土裂缝深度

慢，混凝土内部温度比表面高，在结构断面形成较大的温度梯度，内部混凝土的热膨胀量大于表面混凝土，使表面混凝土产生拉应力，进而产生裂缝。对于预计深度在 500mm 以上的深裂缝，可采用钻孔法测裂缝深度。如图 5-4 所示。

在被测裂缝两侧钻出测试孔，两个对应测试孔的间距宜为 2000mm，其轴线应保持平行，孔径应比换能器的直径大 5～10mm，孔深应大于裂缝预计深度 600～800mm。为了便于判别，通过无缝混凝土的测点应不少于 3 点。孔中粉末碎屑应清理干净，如果测孔中存在粉尘，注水后形成悬浮液，使超声波在测孔中大量散射而衰减，影响测试数据的分析和判断。当需要在混凝土结构侧面取横向测孔时，横向测孔的轴线应具有一定倾斜角，以保证测孔中能蓄满水。宜在裂缝一侧多钻一个孔距相同但较浅的孔（C），通过 B、C 两孔测量无裂缝混凝土的声学参数。

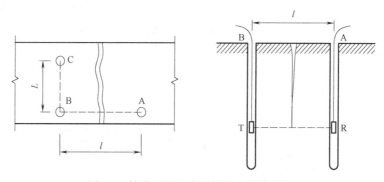

图 5-4 钻孔对测法检测混凝土裂缝深度

5.2.4 超声波检测混凝土不密实区和空洞

超声法检测混凝土内部的不密实区域和空洞部位是根据结构或构件各测点的声时、波幅或频率值的相对变化，确定异常测点的坐标位置，进而判定缺陷的位置和范围。

1）测试方法

根据混凝土构件测试面位置的不同，可以选择对测法、斜测法或钻孔法进行混凝土中不密实区和空洞位置的检测。

当构件具有两对互相平行的测试面时，可采用对测法。在测区的两对相互平行的测试面上，分别画出间距为 200～300mm 的网格，确定出测点的位置，如图 5-5 所示。

当被测构件只有一对相互平行的测试面时，可采用斜测法。在测区的两个相互平行的测试面上，分别画出交叉测试的两组测点位置，如图 5-6 所示。

当测距较大时，可在测区的适当部位钻出平行于结构侧面的测试孔，孔径宜比换能器直径大 5～10mm，孔间距宜为 2～3m，其深度视测试情况确定。检测时，结构侧面采用厚度

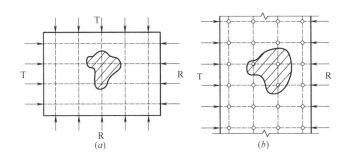

图 5-5　对测法检测不密实区和空洞

（a）平面图；（b）立面图

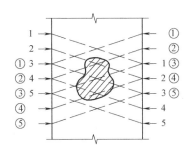

图 5-6　斜测法检测不密实区和空洞

振动式换能器，测孔中采用径向振动式换能器分别置于两测孔中进行测试。如图 5-7 所示。

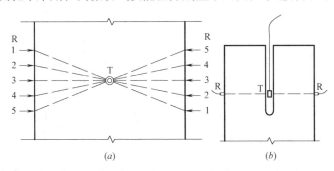

图 5-7　钻孔法检测不密实区和空洞

（a）平面图；（b）立面图

2）数据处理

混凝土内部不密实区和空洞判断，是利用概率统计方法进行的。其主要方法是根据观测数据的平均值（m_x）和标准差（S_x），先给定一个置信水平，并确定一个相应的置信范围，凡超过这个范围的观测值，就认为它是异常值。通常认为异常值是由于观测失误或被测对象性质改变所引起的。在读数过程中，凡遇到异常的测点，一般均需要通过查明原因、清除干扰源等方法避免观测失误。此时的观测异常值，通常是由于混凝土本身性质改变所致。这就是利用概率统计方法判定混凝土内部缺陷的基本思想。

其具体方法是：

(1) 将测区各测点的声时按升序排列，即 $t_1 \leqslant t_2 \leqslant t_3 \leqslant \cdots t_n \leqslant t_{n+1} \cdots$ 将排在后面明显大的数据 t_n，$t_{n+1}\cdots$ 视为可疑数据，再计算 t_1，t_2，$t_3\cdots t_n$ 的平均值 m_t 和标准差 S_t，则异常情况的判定值（X_0）为：

$$X_0 = m_t + \lambda_1 \cdot S_t \qquad (5\text{-}2)$$

式中：λ_1——异常值判定系数，按表 5-1 取值。

若 $t_n \geqslant X_0$，则 t_n 及排在后面的声时值均为异常值；若 $t_n < X_0$，则应将 t_{n+1} 计入重新统计计算和判断。

异常值判定系数 λ_1 表 5-1

数据个数	λ_1	数据个数	λ_1	数据个数	λ_1
14	1.47	50	2.05	100	2.32
16	1.53	52	2.07	105	2.34
18	1.59	54	2.09	110	2.36
20	1.64	56	2.10	115	2.38
22	1.69	58	2.12	120	2.40
24	1.73	60	2.13	125	2.41
26	1.77	62	2.14	130	2.42
28	1.80	64	2.15	135	2.43
30	1.83	66	2.17	140	2.45
32	1.86	68	2.18	145	2.46
34	1.89	70	2.19	150	2.48
36	1.92	74	2.21	155	2.49
38	1.94	78	2.23	160	2.50
40	1.96	80	2.24	170	2.52
42	1.98	84	2.26	180	2.54
44	2.00	88	2.28	190	2.56
46	2.02	90	2.29	200	2.57
48	2.04	95	2.31	210	2.59

(2) 将一测区各测点的声速、频率、波幅按降序排列，即 $X_1 \geqslant X_2 \geqslant X_3 \geqslant \cdots X_n \geqslant X_{n+1}\cdots$，将排在后面的明显小的数据 X_n，$X_{n+1}\cdots$ 视为可疑数据，再计算 X_1，X_2，$X_3\cdots X_n$ 的平均值 m_x 和标准差 S_x，则异常情况的判定值（X_0）为：

$$X_0 = m_x - \lambda_1 \cdot S_x \qquad (5\text{-}3)$$

若 $X_n \leqslant X_0$，则 X_n 及排在其后面的声速值均为异常值；若 $X_n > X_0$，则应将 X_{n+1} 计入重新统计计算和判断。

(3) 当测区中的某些测点出现声时延长（或声速降低）、波幅降低、高频部分明显衰减的异常情况时，可结合异常点的分布及波形状态确定混凝土内部存在不密实区域和空洞的范围。当判断缺陷是空洞，且只有一对可供测试的表面时，混凝土内部空洞尺寸可按下式进行估算。其他情况参照《超声法检测混凝土缺陷技术规程》CECS21：2000 估算空洞尺寸。

$$r = \frac{L}{2}\sqrt{\left(\frac{t_\text{h}}{m_\text{ta}}\right)^2 - 1} \tag{5-4}$$

式中：r——空洞半径（mm）；

L——T、R 换能器之间的距离（mm）；

t_h——缺陷处的最大声时值（μs）；

m_ta——无缺陷区域的平均声时值（μs）。

5.2.5 超声波检测钢材和焊缝缺陷

超声法检测钢材和焊缝缺陷时多采用脉冲反射法进行。超声波脉冲经换能器发射进入被测钢结构中进行传播，当通过材料不同界面时，会产生部分反射。在超声波探伤仪的示波屏幕上分别显示出各界面的反射波及其对应位置。利用反射波与入射波和底波的相对距离可以确定缺陷在构件内的相对位置。如材料完好，内部没有缺陷，则显示屏上只有入射波和底波，不会出现反射波。

由于钢材密度较混凝土大得多，为了能够检测出钢材或焊缝内部较小的缺陷，要求选用频率较高的超声波，常用工作频率为 0.5～2.0MHz 的超声检测仪。

1）钢材和焊缝的主要缺陷

钢材在冶金过程中形成的缺陷称为冶金缺陷，是钢结构的"先天缺陷"。冶金缺陷主要有裂纹、结疤、夹杂、分层、发纹、气泡、铁皮、麻点、压痕等。这些缺陷破坏了材料的连续性，使得结构在承受外力作用时产生应力集中现象，容易发展成为钢结构损伤源。

钢材焊接时，填充金属和构件母材金属在高温下熔化，经过重新冶金过程形成焊缝。焊接是一个复杂的物理-化学反应过程，由于熔池空间小，焊缝金属结晶过程短暂，反应不充分，容易形成例如气孔、夹渣、裂纹、未焊透、未熔合、未焊满、焊瘤、咬边等缺陷。为了保证焊接结构的安全使用，必须对焊缝中的缺陷性质、位置、大小、数量等进行可靠的测试，以合理地评估缺陷的危害程度和钢结构的安全状态。

2）钢材的超声波探伤

以对母材钢板连接焊缝两侧两倍板厚范围的区域进行探伤为实例，以说明钢材的超声波探伤。

（1）将探头置于母材的表面进行探伤，操作过程中应注意：仪器的水平扫描范围应大于等于被检母材的两倍板厚；在对比试块上调节灵敏度，使从试块平底孔产生的第一反射波波高等于满刻度的 50% 左右。

（2）在检测过程中，若发现存在以下情况即认定为缺陷：

① 缺陷第一反射波波高大于或等于满刻度的 50%；

② 当底面（或板端部）第一次反射波波高未达到满刻度，但缺陷第一反射波波高与底面（或板端部）第一次反射波波高之比大于或等于 50%；

③ 底面（或板端部）第一次反射波消失或波高低于满刻度的 50%。

（3）检测出缺陷后，在其周围继续进行检测，利用半波高度法确定缺陷的边界或指示长度。具体操作方法是：发现缺陷后，移动探头，使底面（或板端部）第一次反射波升高到检验灵敏度条件下满刻度的 50%。此时，探头中心移动距离即为缺陷的指示长度，探头中心点即为缺陷的边界点。

对于单个缺陷,若指示长度小于等于 40mm 时,则其指示长度可不作记录。单个缺陷按其表现的最大长度作为该缺陷的指示长度,按其表现的面积作为该缺陷的单个指示面积。多个缺陷其相邻间距小于 100mm 或间距小于相邻小缺陷的指示长度,其各块缺陷面积之和也作为单个缺陷的指示面积。缺陷密集度的评定可按任一 1m×1m 检验范围内,缺陷面积占的百分比确定。

3)钢板连接焊缝的超声波探伤

钢板连接焊缝的超声波探伤通常采用斜探头在焊缝两侧进行测量,利用与构件直接接触后所产生的折射横波进行检测。

(1)检测前的准备

根据待检构件的服役条件、承载特点、工艺要求等,按质量要求将检测分为 A、B、C 三个等级。A 级检测采用一种角度的探头在焊接接头的单面单侧进行扫查。B 级检测将探头在焊缝的单面双侧进行扫查,若母材厚度大于 100mm 时,应采用双面双侧检测。C 级检测的检测完善程度最高,至少要采用两种角度探头,在焊缝的单面双侧进行检测,并且要进行两个扫查方向和两种探头角度的横向缺陷检测。当母材厚度大于 100mm 时,应采用双面双侧检测。

(2)探头的选择

探头的选择主要是指根据试验目的和试验对象,选择合适的检测频率和探头角度。频率依据焊接区域的晶粒进行选择,常用 2.5~5.0MPa。根据焊接构件的几何尺寸特别是工件厚度进行选择探头角度,通常板材厚度小时选用 K 值较大的探头,板材厚度大时选用 K 值较小的探头。对于母材厚度在 8~25mm,K 值可取 2.5~1.5;对于母材厚度在 46~120mm,K 值可取 2.0~1.0。厚工件用小 K 值,可以减少打磨宽度,缩短声程,减小声能衰减;薄工件采用大 K 值,可以拉开声程距离,避免近场区影响,提高分辨率和定位精度。

(3)仪器的调节

探伤仪的调节主要包括零位修正、扫描速度和检测灵敏度等的调节。这些调节应当在相应的标准试块上进行。以零位修正为例,根据无损检测国家标准《无损检测 超声检测 相控阵超声检测方法》GB/T 32563—2016,零位修正可以在 CSK-IA 标准试块上进行。

先用一只探头在标准试块上平台位置 A 处探测,该探测面距底面 91mm。调节探伤仪衰减器和水平旋钮,得到如图 5-8 所示的纵波第一次底面回波 B_{L1} 和第二次底面回波 B_{L2},并使得始波 T 位于扫描线零点。再将斜探头置于试块圆弧圆心处,将始波位置也调节到扫描线零点,得到如图 5-8 所示的回波 B_{T1}。B_{L2} 的位置与 B_{T1} 位置的偏差即为斜探头的零位偏差。零位偏差是由于超声波在斜楔块中传播产生的,只要调节探伤仪的水平旋钮,使得斜探头的波形整体左移,B_{L2} 和 B_{T1} 重合,起始点仍按时间轴的零点计算,就可以消除零位偏差。

(4)焊接接头的扫查

一般来说,超声波探头的尺寸远小于焊接接头的尺寸,只有通过扫查才能保证焊缝中处于不同位置、具有不同形状和方向特征的缺陷都不会漏检。扫查时,应使得探头均匀、慢速移动,移动速度要小于 150mm/s。探头的移动轨迹应使得相邻的两次移动间隔至少

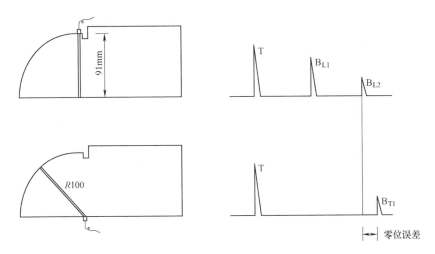

图 5-8 斜探头的零位修正（单位：mm）

有 10％的探头宽度重叠，以免漏检。

探头的扫查方式有左右移动、前后移动、定点转动和环绕四种。探测焊接接头中大致沿焊缝方向的纵向缺陷时，应使得斜探头作锯齿形扫查，根据扫查结果来检查工件中缺陷的有无。使用左右扫查进行缺陷指示长度的测定；使用前后扫查，结合左右扫查可以找到缺陷的最高回波，进行缺陷定位和缺陷波高的测定。使用定点转动和环绕运动来推断缺陷的形状，进行缺陷性质的判定。

（5）焊缝缺陷的探伤

在检测时，根据缺陷信号在示波屏时基扫描线上的位置，可以确定产生反射回波的缺陷与斜探头入射点之间的空间关系。

探测前，先将探头放在与工件厚度相同的试块上，探头前沿与试块前沿对齐，荧光屏上出现板端反射波 A（入射波）。然后向后移动探头，距离等于焊缝宽度，屏幕上又出现板端反射波 B（底波）。用闸门波标出 A 波和 B 波的位置，如图 5-9 所示。探测时，探头沿焊缝边缘平行移动，如在 A、B 波之间出现反射波，一般为焊缝中的伤波。

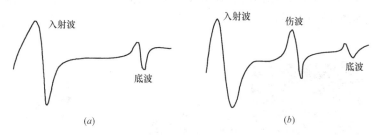

图 5-9　焊缝的探伤信号
（a）无伤波的信号；（b）有伤波的信号

5.2.6　超声波检测灌注桩成孔质量

1）检测方法

灌注桩成孔质量检测的主要内容包括桩位偏差检测、孔深检测、垂直度检测、孔径检测、泥浆密度检测和沉渣厚度检测。桩位应在桩基施工前就按设计桩位平面图落放桩的中心位置，施工后对全部桩位进行复测，检查桩中心位置并在复测平面图上标明实际桩位坐标。孔径检测和垂直度检测可以简易检测法、伞形孔径仪检测和声波法检测。孔底沉渣厚度检测通常有测锤法、电阻率法、电容法和声波法等。

2) 检测标准

《建筑地基基础工程施工质量验收标准》GB 50202—2018 中对灌注桩成孔质量的检验内容、检验标准和检查方法进行详细规定。其中成孔的桩位、孔径、垂直度允许偏差见表 5-2。成孔的孔深允许偏差为+300mm，只深不浅，嵌岩桩应确保进入设计要求的嵌岩深度。泥浆相对密度要求允许值为 1.15～1.20。沉渣厚度允许值：端承桩≤50mm，摩擦桩≤150mm。

灌注桩的平面位置和垂直度的允许偏差　　　　　　　　　　　表 5-2

序号	成孔方法		桩径允许偏差（mm）	垂直度允许偏差	桩位允许偏差(mm)
1	泥浆护壁钻孔桩	$D<1000mm$	≥0	≤1/100	≤70+0.01H
		$D≥1000mm$			≤100+0.01H
2	套管成孔灌注桩	$D<500mm$	≥0	≤1/100	≤70+0.01H
		$D≥500mm$			≤100+0.01H
3	干成孔灌注桩		≥0	≤1/100	≤70+0.01H
4	人工挖孔桩		≥0	≤1/200	≤50+0.05H

注：1. H 为桩施工面至设计桩顶的距离（mm）；
　　2. D 为设计桩径（mm）。

3) 检测仪器

灌注桩的成孔质量多通过超声波成孔质量检测仪进行检测。灌注桩成孔质量检测仪（图 5-10）通常由地面仪器、超声探头和绞车等设备组成。其原理是利用超声振荡器产生一定频率的超声波并射入钻孔内的泥浆中向孔壁方向传播，当声波穿过泥浆到达孔壁后反射并被接收换能器接收。超声仪在接收到第一个声波信号后关闭计时门并记录声波从发射到接收所用声时，并换算成该断面的孔径大小。利用提升装置将探头从孔口下降至孔底，每隔一定距离记录断面的直径，即可绘制出孔壁剖面图。

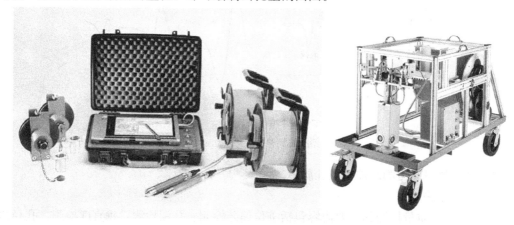

图 5-10　超声波成孔质量检测仪

5.2.7 超声法无损检测新技术

随着信息技术的不断进步，超声法检测技术经历了从模拟探伤到数字探伤，从单一晶片到相控阵晶片阵列，从 A 型显示到超声衍射声时检测等一系列发展。当前，应用于建筑钢结构特别是焊缝的超声无损检测新技术主要有超声衍射声时检测和超声相控阵检测两种。

1）超声衍射声时检测

超声衍射声时检测（TOFD）技术采用一对探头（一发一收）的工作模式，基于缺陷尖端对超声波的衍射作用，利用缺陷端点的衍射波信号探测和测定缺陷尺寸。实践证明，超声衍射声时技术对于垂直方向的缺陷尺寸测量具有更高的检测精度和更快的检测速度。目前，世界各主要无损检测标准系列均已建立了 TOFD 检测标准。中国从 20 世纪 90 年代开始研究和应用 TOFD 技术。最新的 TOFD 检测规范是国家能源局 2015 年 4 月发布并于 2015 年 9 月 1 日正式实施的《承压设备无损检测 第 10 部分：衍射时差法超声检测》NB/T 47013.10—2015。

所谓衍射，是指波在传输过程中与界面作用而发生的不同于反射的另一种物理现象。当超声波入射到一条长裂纹缺陷时，在裂纹表面产生超声波反射的同时，还将从裂纹尖端产生衍射波。根据惠更斯原理，裂纹表面的每一个点都可以看作是一个独立反射超声波的子波源。裂纹中部的反射波接近平面波，其波阵面由众多子波源反射叠加而成；裂纹尖端子波源发出的超声波即为衍射波。裂缝或缺陷端点的形状对衍射有影响：端点越尖锐，衍射特性越明显；端点越圆滑，衍射特性越不明显。

图 5-11 为 TOFD 检测系统和沿焊缝布置的 TOFD 斜探头。图 5-12 为利用 TOFD 检测有缺陷构件的情况。首先看到的是直通波，直通波在工作表面以下，沿两个探头之间最短路径进行传播。最后看到一个相当大的信号，这是构件底面反射的波形信号。如果构件内部存在缺陷，则会在直通波和底面反射波之间产生缺陷上端点和下端点的衍射波。

由于衍射信号比较弱，这种扫描方式（通常称为 A 扫描）往往难以看清。此时，通过把一系列 A 扫描数据组合，并经过信号处理将其转换为 TOFD 图像，其中平行扫描称为 B 扫描，非平行扫描称为 D 扫描。

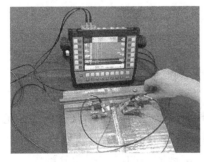

图 5-11　TOFD 检测系统和沿焊缝布置的 TOFD 斜探头

2）超声相控阵检测

超声相控阵检测技术是借鉴相控阵雷达技术的原理发展起来的。2012 年，国家标准《无损检测仪器 相控阵超声检测系统的性能和检验》GB/T 29302—2012 发布并实施。

2015年，中国特种设备检测研究院针对行业内超声相控阵技术的应用情况，编写了针对焊缝的超声相控阵技术标准《无损检测 超声检测 相控阵超声检测方法》GB/T 32563—2016，并于2016年发布。

超声相控阵检测技术的基本原理是通过控制阵列换能器中各个阵元激励（或接收）脉冲的时间延迟，改变阵元发射（或接收）声波至焊缝内某点的相位关系，并进一步改变聚焦点和声束方位，最终合成相控阵波束，实现成像扫描线，得到A型、B型、C型、P型和3D型扫描成像，具体超声相控阵工作原理示于图5-13。相比于常规超声检测，超声相控阵检测技术能够对焊缝内部和表面的初始缺陷、疲劳裂纹进行准确的定位、定量和定性分析。图5-14为某超声相控阵检测仪及探头。

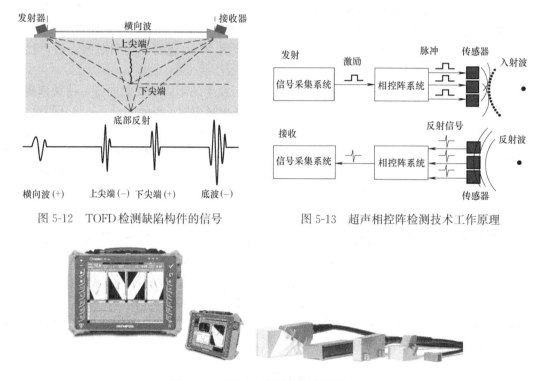

图 5-12　TOFD 检测缺陷构件的信号　　　　图 5-13　超声相控阵检测技术工作原理

图 5-14　某超声相控阵检测仪及探头

以某钢管K形节点疲劳性能试验为例，在试验全过程采用超声相控阵检测技术对节点焊缝疲劳裂纹的萌生、扩展过程进行实时跟踪和记录。对于疲劳性能试验采用的钢管K形节点而言，主、支管截面是圆曲面，而且主、支管轴线间夹角为45°，为了让探头与节点外壁更好地耦合和聚焦，因此选择了尺寸相对较小的探头，而且匹配了中心角度为55°的楔块。此外，由于被检节点材质为普通碳钢，是非高衰减系数材料，因而采用5MHz的超声检测频率，和"0.5×8"的相控阵元，实现较高的灵敏度和分辨率。

由于节点相贯焊缝为曲率连续变化的空间曲线，疲劳裂纹在萌生阶段其尺寸较微小，容易在检测过程发生漏检。因此，将主声束激发角度间隔步设置成0.1°。该钢管K形节点超声相控阵检测照片示于图5-15，探头放置在支管外壁，通过结合一次波和二次波实现节点相贯焊缝的初始缺陷、疲劳裂纹的检测目的。

图 5-15 采用超声相控阵检测疲劳裂纹照片

5.3 磁粉无损检测

5.3.1 磁粉检测原理

1）检测原理

磁粉检测（Magnetic particle Testing，简称 MT）又称磁力探伤，其基本原理是漏磁场原理。铁磁性材料在磁场中被磁化时，材料表面或近表面由于存在的不连续或缺陷会使磁导率发生变化，即磁阻增大，使得磁路中的磁力线相应发生畸变，在不连续或缺陷根部磁力线受到挤压，除了一部分磁力线直接穿越缺陷或在材料内部绕过缺陷外，还有一部分磁力线会离开材料表面，通过空气绕过缺陷再重新进入材料，从而在材料表面的缺陷处形成漏磁场。

当采用微细的磁性介质（磁粉）铺撒在构件表面时，这些磁粉会被漏磁场吸附聚集，并在适当条件下形成目视可见的磁痕，从而显示出缺陷的存在、位置、形状和大小，如图 5-16 所示。

磁粉法的优点是：①能直观地显示缺陷的形状、位置、大小，并可大致确定其性质；②具有较高的灵敏度，可检出的缺陷最小宽度可为约 $1\mu m$；③几乎不受试件大小和形状的限制；④检测速度快、工艺简单、费用低廉。其局限性在于：①只能适用于铁磁性材料的无损检测；②只能发现表面和近表面的缺陷，可探测的深度通常不超过 $1\sim2mm$；③不能确定缺陷的埋深和高度。

2）磁粉检测的分类

根据所产生磁场的方向，可以将磁粉检测分为周向磁化、纵向磁化和多向磁化。

周向磁化是指给构件直接通电，或者使电流流过贯穿构件的空心孔中的导体，使在构件中建立一个环绕构件且与构件轴垂直的周向闭合磁场。该磁化方法可用于发现与构件轴平行的纵向缺陷，即与电流方向平行的缺陷。

纵向磁化是指将电流通过环绕构件的线圈，使构

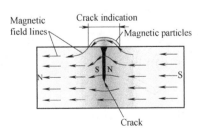

图 5-16 不连续处的漏磁场和磁痕分布

件沿纵向磁化的方法，构件中的磁力线平行于线圈的中轴线。该磁化方法可以发现与构件

轴垂直的周向缺陷。

多向磁化是指在构件中产生一个大小和方向随时间呈圆形、椭圆形或螺旋形变化的磁场。由于磁场的方向在构件中不断变化，因此可以发现构件上所有方向的缺陷。

3）磁粉无损检测依据

国家标准《无损检测 磁粉检测 第1部分：总则》GB/T 15822.1—2005，《无损检测 磁粉检测 第2部分：检测介质》GB/T 15822.2—2005 和《无损检测 磁粉检测 第3部分：设备》GB/T 15822.3—2005。

5.3.2 磁粉检测过程

1）试件的准备

被检试件的表面必须是清洁的、干燥的，不得有能妨碍磁粉移动的污染物，如灰尘、油脂、铁锈等。薄的非导电覆层（不超过 0.05mm）通常不会对检测结果产生太大的影响。但是，在直接通电磁化时，所有电接触点处的非导电覆层必须除去。

检测面的清理可以采用去垢剂、有机溶剂或机械方法来完成。

2）磁化

磁化方法可以分为电流法和磁轭法两种。电流法所使用的电流类型包括单相交流电、单相半波整流电、单相全波整流电、三相全波整流电、脉冲电流和蓄电池直流电等，可以采用直接通电、支杆触头通电、穿棒通电、线圈通电或感应电流等方法对被检测试件进行通电。磁轭法是利用永久磁铁或电磁铁对被检测构件产生磁场。以下就较常用的直接通电周向磁化和支杆触头周向磁化两种方法进行简要介绍。

直接通电周向磁化：直接通电磁化时，所需要的电流值与试件直径的关系是 12～34A/mm，通常不高于 20A/mm。或是被检测试件存在夹杂物或检测对象是低磁导率合金时，可以采用较高的电流（如 32A/mm 甚至更高）。

支杆触头周向磁化：如图 5-17 所示，对于被检测构件的厚度不超过 20mm 时，电流值与触头间距的关系是 3.5～4.5A/mm。若是被检测构件的厚度大于 20mm 时，应采用 4.0～5.0A/mm。触头间距不应小于 50mm 或大于 200mm，磁化场的有效宽度是两触头中心连线两侧各 1/4 触头间距。

图 5-17　磁粉检测：支杆
触头周向磁化

3）磁粉的施加

磁粉可以采用一定的介质将其附着于试验构件的表面。所采用的介质可以是空气，此时所采用的磁粉法即是干粉法；也可以采用液体，所采用的磁粉法就是湿粉法。也可以根据所采用的磁粉是否有荧光性，将磁粉分为非荧光磁粉和荧光磁粉。

磁粉应有较高的磁导率，以便被漏磁场磁化和吸引；同时磁粉还应有较低的剩磁，以便磁粉的分散和移动。对于干粉法，当磁粉在试件表面移动时，太粗大的粉粒不易被弱的漏磁场吸引，而细粉可以做到；但太细的粉粒会附着在不够平整的构件表面上形成不良本底。此外，磁粉的形状、密度、活动性、可见度和对比度都对磁粉无损检测的检测效果产生影响。

对于湿粉法磁粉无损检测，用来悬浮磁粉的液体称为载液，通常可以采用油或水制成。磁粉和载液按一定比例混合而成的悬浮液就是磁悬液。

油基载液可以用于：对于腐蚀要求严格的铁基合金、水的使用可能造成电击危险和其他不能使用水的场合。单纯的水必须添加水性调节剂才能作为水基载液，同时做到良好的润湿性、分散能力、无腐蚀性等。

磁粉的施加可以采取剩磁法或连续法。所谓剩磁法就是先将待检试件磁化，待切断磁化电源或移除外加磁场后再将磁粉或磁悬液施加到试件待检表面上。对于经过热处理的高碳钢和合金结构钢均可以采取剩磁法进行磁化。剩磁法的优点在于：磁化效率高、磁痕判别容易、方便目视检测。对于形状复杂的大型试件，采用剩磁法往往得不到理想的检测效果，这时可以采用连续法进行磁化。所谓连续法就是在外磁场作用的同时，将磁粉或磁悬液施加到试件待检表面并进行检测。

4）磁痕的判别和记录

磁粉检测所形成的磁痕有假磁痕、非相关磁痕和相关磁痕之分。假磁痕是指磁痕的出现并不是由于漏磁场的出现而产生的，而是由于试件表面粗糙或试件表面的氧化皮、锈蚀等因素而造成的。一般而言，假磁痕是可以通过判断加以鉴别的。

非相关磁痕是指磁痕的出现是因为存在着漏磁场，并不是因为宏观的材料缺陷而造成的。例如试件材料本身的材料质量、制造工艺、设计外形结构都有可能造成非相关磁痕。这就要检测人员在检测时，结合试件的结构设计和制造工艺对检测结果加以鉴别，必要时可以对试件进行退磁和重复检测，或借助其他无损检测方法（例如超声波法等）进行检测。

相关磁痕是指磁痕的出现是由于宏观的缺陷的存在导致漏磁场的产生。为了保证相关磁痕的灵敏度和可靠性，要求在试件进行磁粉无损检测之前先进行必要的预处理，例如退磁、清洁等。

根据试件无损检测的需要，对磁粉无损检测的结果特别是磁痕的位置、方向、范围等，应采用标准的方法记录在试件上，并采用如下方法对磁痕进行永久记录：

（1）书面描述。在草图上或以表格的形式记录下磁痕的位置、长度、方向、数量等；

（2）透明胶带。对于干粉磁痕，可以利用透明胶带将磁痕剥下，参照其在试件上的位置，将胶带粘贴在检测记录上；

（3）相片或视频记录。

5）检测后的退磁和清理

对于磁粉检测后的试件，若是剩磁会影响被检试件的使用，或对与试件有关的设备、仪器、仪表产生不利影响，则需要对磁粉检测后的试验构件进行退磁处理。退磁时，可以采用交流电退磁、直流电退磁、振荡电流退磁或磁轭退磁等方式进行。

对于磁粉检测后试件表面的磁粉，可以采用合适的溶剂、压缩空气或其他方法进行清理。在清理过程中，应尽量保证去除了残留在孔洞、裂缝等处的磁粉，以免对试件的使用造成不利影响。在清理过程中，应尽量防止对试件可能造成的腐蚀或损伤。

5.3.3 注意事项

1）材料的安全

磁粉检测使用的材料包括磁粉、无机颜料、荧光有机颜料、油基载液、润湿剂、防腐剂和各种清洗剂等，对于这些可能存在危险的化学品，应小心使用。

在前期准备过程、检测过程和后期清理过程中，应尽量保证化学品不能与皮肤发生长期、直接接触，更不能让化学品进入口腔和眼睛等人体敏感部位。溶剂的蒸汽或喷雾不得吸入人体，以免刺激呼吸道或对人体神经系统起作用。

载液和清洗剂有可能是易燃物质，所有易燃物的装运和存放应严格按照相关规定执行。

2）电气设备使用

在使用直接通电法或支杆触头法磁化时，应保证电接触良好，不能在通电时移动电极以免产生电弧和闪光对眼睛和皮肤造成损伤。在使用铅接触头时，应注意铅过热会产生有毒蒸汽，应注意避免吸入有毒气体，同时保证空气畅通。

3）光源安全

在进行荧光磁粉检测时，通常在暗区进行。此时应注意，作业人员进入工作区域时，应有 1 分钟的等待时间，使眼睛适应暗区光线后方能进行作业。

5.4　渗透无损检测

5.4.1　渗透检测原理

1）检测原理

渗透检测（Penetrant Testing，简称 PT）是以毛细作用原理为基础，检查构件表面开口缺陷的无损检测方法，是除目视检查以外最早应用的无损检测方法，最初即被工程师们应用于铁轨和焊缝的无损检测过程中。研究结果表明，对于表面点状和线状缺陷，渗透法较磁粉法更优。

渗透法的基本原理是，渗透剂在毛细作用下，渗入表面开口缺陷内，在去除构件表面多余的渗透剂后，通过显像剂的毛细作用，可以将缺陷内的渗透剂吸附到构件表面，形成痕迹而显示缺陷的存在。

渗透法无损检测的优点是：①不受被检试件几何形状、尺寸大小、化学成分和内部组织结构的限制，也不受缺陷方位的限制，一次操作可以检测出结构表面的所有开口缺陷；②不需要特别昂贵和复杂的电子设备或仪器就可以对试件的表面缺陷进行检测，经济性明显；③检测速度快，操作简单，对于大量的试件可以采取批量检测的方式进行检测；④缺陷显示直观，检测灵敏度较高。渗透法无损检测的局限性在于只能适用于开口于试件表面的缺陷，不能显示缺陷的深度和内部形状。

2）渗透检测方法的分类

根据所使用渗透剂的不同，可以将渗透检测方法分为荧光渗透检测、着色渗透检测和荧光着色渗透检测。根据渗透剂去除方法的不同，可以分为水洗型、亲油性后乳化型、溶剂去除型和亲水性后乳化型。根据显像剂的不同，可以分为干粉显像剂成像、水溶解显像剂成像、水悬浮显像剂成像、溶剂悬浮显像剂成像和自成像。根据渗透检测灵敏度可以分为低级、中级、高级和超高级。

3）渗透检测方法的选用

渗透检测方法的选择，首先应满足检测缺陷类型和灵敏度的要求。然后，可根据被检构件表面粗糙度、检测工作量、检测现场水源、电源等条件选择。此外，还应考虑经济性的要求。

对于疲劳裂纹、磨削裂纹或其他微细裂纹的检测，宜选用后乳化型荧光渗透检测；对于表面粗糙度较大的构件，可以选用水洗型荧光或着色渗透检测；此外，着色渗透检测剂不适用于干粉显像剂和水溶解显像剂。

4）检测依据

国家标准《无损检测 渗透检测 第 1 部分：总则》GB/T 18851.1—2012，《无损检测 渗透检测 第 2 部分：渗透材料的检验》GB/T 18851.2—2008，《无损检测 渗透检测 第 3 部分：参考试块》GB/T 18851.3—2008 和《无损检测 渗透检测 第 4 部分：设备》GB/T 18851.4—2005。

5.4.2 渗透检测过程

1）试件表面预清理

在使用渗透液之前，对试件表面进行预清理是极为重要的。例如试件表面磨损形成的金属污染会妨碍渗透剂渗入试件表面的缺陷，以至于缺陷检测结果遗漏。

对试件表面进行预清理的方法包括：采用有机溶剂清洗、采用乳化剂清洗、化学清洗和机械清理等。在对渗透检测前的试件表面进行预清理后，必要时还应使用酸碱性溶剂或洗涤剂进行漂洗以去除预清理过程中留下的残余物质。清洗后，还应对试件进行干燥处理，使试件表面和缺陷内部的水分充分干燥。

2）渗透液的使用和多余渗透液的去除

渗透液的使用方法应根据试件大小、形状、数量和检测部位来进行选择，所选方法应保证被检试件表面完全被渗透液覆盖和润湿。对于不应渗透的部位，可以采用塞子或胶纸密封。具体使用方法可以采用：浸涂、刷涂、浇涂或喷涂等方式进行。必要时可以采用加热、真空、振动或加压的方式使渗透效果最佳。

缺陷中附着的渗透液可以通过荧光或着色的方式显示出来，为了提高缺陷检测的对比度和可见性，需要去除表面多余的渗透液。

对于水洗型渗透剂，可以采取手工喷洗或手工擦洗的方式清理试件表面多余的渗透液。采用手工喷洗时，喷嘴与试件表面间的距离不少于 30cm，最大水压力不大于 0.27MPa，水温宜控制在 10～40℃。若是试件表面不允许用水冲洗，可采用手工擦洗的方式进行清理。即先用清洁的棉布或手巾擦去多余的渗透剂，再用干净润湿的棉布或手巾擦净，再将试件擦干。

对于亲油性后乳化型渗透剂，乳化剂应通过浸渍或洗涤方法施加，不宜采用喷涂或刷涂的方式施加。乳化剂的乳化是一个过程，让乳化剂能在试件表面停留一段合适的时间，使得乳化剂溶解于油性渗透液中。乳化时间通常规定在 10s～3min 之间，常用时间为 30s。再用浸入水槽或喷水的方法停止乳化剂的乳化作用，并用喷洗的方法清洗渗透剂和乳化剂的混合物，最后干燥试件。

对于溶剂去除型渗透剂，可先用干净棉布或毛巾擦掉试件表面的渗透剂，再用浸湿有清除溶剂的棉布或毛巾擦掉表面渗透液。注意在擦拭时，应在适当的照明条件下进行，以检查渗透剂的擦拭效果。最后用干燥的棉布或毛巾擦干。在使用溶剂时，由于使用的溶剂闪点较低，应注意避免接触火源或高温，同时保持场地通风。

对于亲水性后乳化型渗透剂，可先用有压力的水对试件进行预水洗，预水洗的时间推荐为 30～60s，再通过浸渍或喷涂的方法施加亲水性后乳化型渗透剂，再使用有压力的水清洗表面多余渗透液，最后保持试件干燥即可。

3）显像剂的使用

显像剂的作用是吸取渗入到被检试件表面缺陷内的渗透液，并将一部分渗透液转移到试件表面上，形成检测人员可以观察到的渗透显示。试件在施加干显像剂或非水湿显像剂前，应进行干燥。在施加水溶解显像剂或水悬浮显像剂成像之后也应进行干燥。干燥的方法可以采用自然干燥、压缩空气干燥、烘箱干燥等方法进行。

对于干粉显像剂，当采用喷粉柜喷粉显像时，把干燥后的试件放入喷粉柜中，用经过过滤的干燥压缩空气或风扇将显像剂吹成粉雾状，并吸附于试件表面。显像时间一般规定为 10～15min，最长 4h。对于较小的试件，可以将其进入干粉显像剂槽中进行显像。对于较大的试件，可以采取手工撒或喷粉的方式施加显像剂。

水湿显像剂可以采用浸渍或喷涂的方法施加，在滴落多余显像剂后，将试件烘干即可。其显像时间为 10～120min。

对于非水湿显像剂，最常用的施加方法是喷涂。采用压力喷罐施加非水湿显像剂时，应不断地摇动喷罐，使得粉剂显像剂薄而均匀地施加到试件表面。显像时间为 10～60min。

4）检测结果的记录和评价

由于显像剂将渗透液从缺陷内部转移到试件表面的过程中，会将邻近的小缺陷显示溶解在附近大缺陷的扩散区域中，因此检测人员应在显像剂施加开始后不久就检测被检试件，并在整个显像时间内观察缺陷显示的形成和发展。

检测的可见光对检测结果会产生较大的影响。着色检测在白光源下进行观察，因此太阳光、白炽灯、荧光灯管或蒸汽汞灯都是很好的光源。荧光检测要在黑暗的检测室内进行，于黑光灯的照射下进行观察，一般采用高压水银蒸汽弧光灯进行照明。检测台上应保持清洁，无荧光渗透液的污染，在检测员的衣服上、手套上不能有荧光材料的污染，否则发出的荧光会影响检测员的判断。

在对渗透检测结果进行评价时，检测人员应具有较丰富的经验，工程技术相关方面的知识，同时熟知缺陷的种类和对检测显示数值的影响。

在对检测试件完成了渗透无损检测过程后，应及时清理试件上的渗透液、显像剂等。同时，所有的试件渗透检测结果应及时进行记录和整理。记录应按有关规定进行，一般包括以下内容：

（1）申请单位和日期；

（2）零件名称、材料、状态、数量；

（3）检测标准和检测依据；

（4）检测结论；

（5）检测和审核人员的签字或盖章；

（6）检测报告编号和日期。

5.5 本章小结

　　建筑结构无损检测可以在不影响建筑使用的前提下，及时发现建筑结构病害和缺陷，保证建筑结构的安全使用，因而具有重要意义。

　　超声波检测可以推断测试对象的强度和内部缺陷等情况。常用的超声波检测系统包括超声换能器、超声波检测仪、试块、耦合剂等。利用超声波无损检测方法可以对混凝土构件的裂缝深度、不密实区域和空洞，对钢材和焊缝的缺陷，和对灌注桩的成孔质量进行检测。应用于建筑钢结构特别是焊缝的超声无损检测新技术主要有超声衍射声时检测和超声相控阵检测两种。

　　除了超声法外，磁粉法和渗透法也是常用的无损检测方法。磁粉法利用漏磁场原理形成磁痕，并显示铁磁性材料缺陷的形状、位置、大小等信息。渗透法利用毛细原理将渗透剂渗入被检构件表面的开口缺陷，并利用显像剂形成痕迹从而显示缺陷的存在。

习题与思考题

　　1. 超声波无损检测的基本原理是什么？为什么利用超声波检测时，在探头与工作表面之间要添加耦合剂？

　　2. 超声衍射声时检测（TOFD）的主要特点是什么？

　　3. 怎样利用渗透法检测钢结构焊缝表面裂缝？

本章参考文献

[1]　中华人民共和国国家计量检定规程. JJG 990—2004 声波检测仪检定规程［S］. 北京：中国计量出版社，2005.

[2]　中华人民共和国交通行业标准. JT/T 659—2006 混凝土超声检测仪［S］. 北京：人民交通出版社，2006.

[3]　中华人民共和国国家标准. GB/T 32563—2016 无损检测 超声检测 相控阵超声检测方法［S］. 北京：中国质检出版社，2016.

[4]　中华人民共和国国家计量技术规范. JJF 1338—2012 相控阵超声探伤仪校准规范［S］. 北京：中国质检出版社，2012.

[5]　沈功田. 中国无损检测 2025 科技发展战略［M］. 北京：中国质检出版社，2017.

[6]　丁守宝，刘富君. 无损检测新技术及应用［M］. 北京：高等教育出版社，2012.

[7]　韦丽娃，王健. 无损检测实验［M］. 北京：中国石化出版社，2015.

[8]　李以善，潘锋. 无损检测员——基础知识［M］. 北京：机械工业出版社，2016.

[9]　程志虎. T、K、Y 管节点焊缝超声波探伤［J］. 无损检测. 1995，17（2）：46-50.

[10]　刘永健，姜磊，王康宁. 焊接管节点疲劳研究综述［J］. 建筑科学与工程学报. 2017，34（5）：1-20.

[11]　李衍. 焊缝超声 TOFD 法探伤和定量新技术［J］. 无损探伤，2003，（05）：5-9.

[12]　M. G. Silk，Lidington. Defect sizing using an ultrasonic time delay approach［J］. British Journal of NDT，1975，（3）：33-36.

[13]　中华人民共和国国家标准. GB/T 15822.1—2005 无损检测 磁粉检测 第 1 部分：总则 [S]. 北京：中国质检出版社，2005.

[14]　中华人民共和国国家标准. GB/T 15822.2—2005 无损检测 磁粉检测 第 2 部分：检测介质 [S]. 北京：中国质检出版社，2005.

[15]　中华人民共和国国家标准. GB/T 15822.3—2005 无损检测 磁粉检测 第 3 部分：设备 [S]. 北京：中国质检出版社，2005.

[16]　中华人民共和国国家标准. GB/T 18851.1—2005 无损检测 渗透检测 第 1 部分：总则 [S]. 北京：中国质检出版社，2005.

[17]　中华人民共和国国家标准. GB/T 18851.2—2005 无损检测 渗透检测 第 2 部分：渗透材料的检验 [S]. 北京：中国质检出版社，2005.

[18]　中华人民共和国国家标准. GB/T 18851.3 无损检测 渗透检测 第 3 部分：参考试块 [S]. 北京：中国质检出版社，2005.

[19]　中华人民共和国国家标准. GB/T 18851.4 无损检测 渗透检测 第 4 部分：设备 [S]. 北京：中国质检出版社，2005.

[20]　李家伟. 无损检测手册（第 2 版）[M]. 北京：机械工业出版社，2011.

第6章 建筑结构无损检测

6.1 概　述

根据检测对象的不同，建筑结构无损检测可以分为钢筋混凝土结构无损检测、钢结构无损检测、砌体结构无损检测、桩基无损检测等。

钢筋混凝土是目前最为常见的建筑材料之一。由于混凝土通常在现场进行配料搅拌、成型和养护，不确定因素较多，容易出现较多意外，进而威胁整个结构的安全。因此，加强混凝土的质量控制和检测已是当今建筑工程领域最为重要的课题之一。与此同时，无损检测由于具有不破坏构件结构、不影响使用功能、可以探测混凝土内部缺陷、可以重复测试等特点，而被广泛应用于预制或现浇钢筋混凝土构件的现场质量检验和建筑物的实地现场检测。

钢结构是以钢板、钢管、热轧型钢或冷加工成形的型钢通过焊接、铆接或螺栓连接而成的结构。完整的钢结构除了需要对原材料进行各种加工处理，达到产品的预定目标要求外，还要经历焊接、螺栓连接等连接，方能保证结构和构件的形状、尺寸达到设计要求。为了保证钢结构的布置满足合理的竖向和水平向传递荷载的能力，具备必要的刚度和承载能力、良好的整体稳定性和局部稳定性，避免非正常的结构振动，满足防锈防腐等耐久性要求，对钢结构进行无损检测是保证结构安全、适用的常用检测手段。

砌体结构是指用砖砌体、石砌体或砌块砌体建造的结构。由于砌体的抗压强度较高而抗拉强度很低，因此，建筑结构中常用砌体结构构件承受轴心压力或小偏心压力的作用，而很少受拉或受弯。一般民用和工业建筑的墙、柱和基础都可采用砌体结构。砌体结构的主要优点是容易就地取材，具有良好的耐火性和较好的耐久性，砌筑时不需要模板和特殊的施工设备，隔热、保温和节能效果明显。但由于砌体的抗拉、抗剪强度都很低，在使用上受到一定限制。为了保证砌体结构的正常使用和结构安全，采用无损检测的方法对砌体结构的抗压、抗剪强度和砂浆强度进行检测是一种常用的工程检测技术。

随着大量高层、超高层建筑的不断发展，为了确保其在使用期间的安全可靠，桩基工程被广泛应用于建筑结构工程的建设中。与此同时，作为一项隐蔽工程，受到施工工艺、地质条件等诸多因素的影响，桩基容易出现各种病害，包括断桩、桩身夹泥、材料离析等。为了对桩基可能存在的病害进行检测，对桩基进行无损检测是一种高效可靠的试验方法。

6.2 钢筋混凝土结构无损检测

6.2.1 混凝土材料强度检测

1）回弹法

（1）回弹仪的构造及工作原理

回弹法的基本原理是利用混凝土表层硬度与混凝土抗压强度之间的关系，即回弹值与混凝土强度的函数关系。采用回弹法检测混凝土结构构件抗压强度的仪器即为回弹仪。

回弹仪执行《回弹仪》GB/T 9138—2015、《回弹法检测混凝土抗压强度技术规程》JGJ/T 23—2011 和《回弹仪检定规程》JJG 817—2011 等国家计量检定规程标准。

回弹仪的基本原理是利用回弹仪的弹击拉簧驱动仪器内的弹击重锤，通过中心导杆，弹击混凝土的表面，并测得重锤反弹的距离，以反弹距离与弹簧初始长度之比为回弹值 R，再由 R 与混凝土强度的相关关系来推定混凝土强度。如图 6-1 所示，回弹值 R 可用下式表示：

$$R = \frac{L'}{L} \times 100\% \qquad (6\text{-}1)$$

式中：L——弹击拉簧的初始长度；

L'——反弹位置至弹击点的距离。

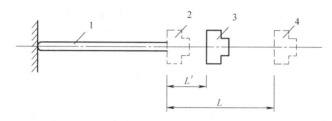

图 6-1　回弹法基本原理

1—弹击杆；2—弹击锤弹击位置；3—弹击锤反弹位置；4—弹击锤初始位置

（2）回弹曲线

回弹法测定混凝土的抗压强度，是以混凝土的抗压强度与回弹值之间的相关关系为基础的。这种关系可用"R-N"曲线（或公式）来表示。这种曲线或公式除了必须满足测定精度要求外，应尽量简单、方便使用、应用范围广。

我国的回弹法测强相关曲线，根据曲线制定的条件及使用范围分为专用测强曲线、地区测强曲线和统一测强曲线，具体如表 6-1 所示。在使用过程中，检测单位应按专用测强曲线、地区测强曲线、统一测强曲线的次序选用测强曲线。

回弹法测强相关曲线　　　　　　　　　　　　　　　　　　　　　　　　表 6-1

名称	相关曲线		
	统一曲线	地区曲线	专用曲线
定义	由全国有代表性的材料、成型、养护工艺配制的混凝土试块，通过大量的破损与非破损试验所建立的曲线	由本地区常用的材料、成型、养护工艺配制的混凝土试块，通过较多的破损与非破损试验所建立的曲线	由与结构或构件混凝土相同的材料、成型、养护工艺配制的混凝土试块，通过一定数量的破损与非破损试验所建立的曲线
适用范围	适用于无地区曲线或专用曲线时检测符合规定条件的构件或结构混凝土强度	适用于无专用曲线时检测符合规定条件的构件或混凝土结构强度	适用于检测与该结构或构件相同条件的混凝土强度
误差要求	测强曲线的平均相对误差≤±15%，相对标准差≤18%	测强曲线的平均相对误差≤±14%，相对标准差≤17%	测强曲线的平均相对误差≤±12%，相对标准差≤14%

（3）回弹法检测技术

回弹法检测结构或构件混凝土强度有两种方式：一类是单个检测，适用于单个结构或构件的检测；另一类是批量检测，适用于在相同的生产工艺条件下，强度等级相同，原材料、配合比、养护条件基本一致且龄期相近的同类结构或构件。按批进行检测的构件，抽检数量不少于同批构件总数的 30％且构件数量不得少于 10 件。此外，抽检构件时，应严格遵守"随机"抽样的原则，并使所选构件具有代表性。

① 测区布置

测区的布置应符合《回弹法检测混凝土抗压强度技术规程》JGJ/T 23—2011（以下简称《规程》）的规定，每一结构或构件测区数不少于 10 个。测区大小不宜大于 $0.04m^2$，一般取为 4×4 的网格，网格大小 50mm×50mm。相邻两测区的间距应控制在 2m 以内，测区离构件端部或施工缝边缘的距离不宜大于 0.5m，且不宜小于 0.2m。

测区应优先选择混凝土的侧面，即与混凝土浇筑方向相垂直的一面。如不能满足时，也可选在混凝土浇筑的表面或底面。测区宜选在构件的两个对称可测面上，也可选在一个可测面上，且应均匀分布。在结构或构件的受力部位、薄弱部位以及容易产生缺陷的部位，必须布置测区，并应避开预埋件。

测区表面应清洁、平整、干燥，不应有接缝、饰面层、粉刷层、浮浆、油垢和蜂窝麻面等。必要时可采用砂轮清除疏松层和杂物，且不应有残留的粉末或碎屑。

② 回弹测量

检测时，回弹仪应始终垂直于结构或构件的混凝土检测面，缓慢施压，准确读数，快速复位。测点在测区内均匀布置，测点间距不宜小于 20mm。测点不宜在气孔或外露石子杂物上。

每一测区记取 16 个回弹值，每一测点的回弹值读数估读至 1。

对于质量小、刚度差或测试部位厚度小于 100mm 的构件，测试时应设置临时固定，以防止因被测对象振动而影响测量精度。

③ 碳化深度测量

研究表明，碳化层厚度对回弹值的影响，低等级混凝土比高等级混凝土要小。这是因为低等级混凝土一般密实性较差，生成的碳酸钙不足以形成一个坚硬的外壳，所以对回弹值的影响不明显，对强度的修正幅度就较小。反之，高等级混凝土密实性好，一经碳化就会形成一个比水泥石更坚硬的碳酸钙硬壳，使回弹值显著增高，对强度测量结果造成明显影响。

回弹测量结束后，应在有代表性的位置上选择不少于构件测区数的 30％测量碳化深度，取其平均值作为该构件每测区的碳化深度值。当碳化深度的最大值与最小值相差超过 2.0mm 时，应对所有测区的碳化深度进行测量。

测量时，用合适的工具在测区表面形成直径约为 15mm 并有一定深度的孔洞。清除孔洞中的碎屑和粉末后，立即用浓度为 1％的酚酞酒精溶液滴在孔洞内壁，再用深度测量工具测量从测试表面到孔内混凝土不变色交界面的垂直距离，测量次数至少 3 次，取其平均值作为该测区混凝土的碳化深度值。每次测量精确至 0.5mm。

（4）数据处理

当回弹仪以水平方向测试混凝土浇筑侧面时，应从每一测区的 16 个回弹值中剔除其中 3 个最大值和 3 个最小值，取余下的 10 个回弹值的算术平均值作为该测区的平均回弹值，取一位小数。计算公式为：

$$N_s = \sum_{i=1}^{n} N_i / 10 \tag{6-2}$$

式中　N_s——测区平均回弹值，精确至小数点后一位；

　　　N_i——第 i 个测点的回弹值。

若测试面不是水平方向的混凝土试件侧面，则需要根据测试角度，针对测得的回弹值进行修正。计算公式为：

$$N_s = N_s^c + N_a^c \tag{6-3}$$

式中　N_c^s——非水平方向检测的平均回弹值

　　　N_a^c——非水平方向检测的回弹值修正值。按表 6-2 取值，未列入的修正值可用内插法计算。

非水平方向检测的回弹值修正值　　　　　　　表 6-2

N_s	+90°	+60°	+45°	+30°	-30°	-45°	-60°	-90°
20	-6.0	-5.0	-4.0	-3.0	+2.5	+3.0	+3.5	+4.0
30	-5.0	-4.0	-3.5	-2.5	+2.0	+2.5	+3.0	+3.5
40	-4.0	-3.5	-3.0	-2.0	+1.5	+2.0	+2.5	+3.0
50	-3.5	-3.0	-2.5	-1.5	+1.0	+1.5	+2.0	+2.5

（5）混凝土强度评定

① 当结构或构件测区数小于 10 个时，以测区混凝土换算值中的最小值作为该构件的混凝土强度推定值。

$$f_{cu,e} = \min f_{cu,i}^c \tag{6-4}$$

② 当测区数虽然大于 10 个，但结构或构件的测区强度换算值小于 10MPa 时，该构件的混凝土强度推定值取所有测区混凝土换算值中的最小值：

$$f_{cu,e} = \min f_{cu,i}^c \tag{6-5}$$

③ 当结构或构件的测区数不少于 10 个或按批量检测时，则由各测区的混凝土强度换算值计算出结构或构件的混凝土强度平均值及标准差后，按下式计算出混凝土强度推定值：

$$f_{cu,e} = m_f - 1.645 S_f \tag{6-6}$$

式中：$m_f = \dfrac{\sum\limits_{i=1}^{n} f_{cu,i}^c}{n}$，$S_f = \sqrt{\dfrac{\sum\limits_{i=1}^{n} (f_{cu,i}^c)^2 - n(m_f)^2}{n-1}}$。

④ 对于按批检测的构件，当该批构件混凝土强度标准差出现以下情况之一时，则该

批构件应全部按单个构件进行检测和评定：a. 当该批构件混凝土强度平均值不小于 25MPa，且标准差 $S_f > 5.5MPa$ 时；b. 当该批构件混凝土强度平均值小于 25MPa 且标准差 $S_f > 4.5MPa$ 时。

2）超声回弹法

（1）超声回弹法的原理

混凝土的抗压强度 f_{cu} 与超声波在混凝土中的传播速度之间存在一定关系，这就是超声法检测混凝土强度的理论基础。超声回弹法就是综合利用超声法和回弹法检测混凝土结构和构件的强度。超声波在混凝土材料中的传播反映了混凝土材料内部的信息，回弹法反映的是混凝土表层约 3cm 厚度的强度状态。因此，综合了超声法和回弹法的超声回弹法既能反映混凝土的表层状态，又能反映混凝土的内部信息，是一种可以确切反映混凝土强度的检测方法。

超声测强法有专用的校正曲线、地区曲线和统一曲线。采用超声回弹法检测时，混凝土强度 f_{cu} 与超声波的声速值 v 和回弹平均值 R_m，满足下式关系：

$$f_{cu} = A v^B R_m^C \tag{6-7}$$

式中：A、B、C——可通过最小二乘法回归计算得到的系数；

f_{cu}——混凝土强度的换算值；

v——超声波在混凝土中的传播速度；

R_m——测区平均回弹值。

（2）超声回弹法的检测技术

超声回弹法使用低频非金属超声检测仪，超声波工作频率在 1MHz 以下，一般采用 10~500kHz。回弹仪采用符合《回弹仪检定规程》JJG 817—2011 要求且在计量检定有效期内的回弹仪。检测方法严格按照《超声回弹综合法检测混凝土强度技术规程》CECS 02—2005 的要求执行。

① 测区数量、测点布置和回弹值的测量

超声回弹法的测区数量、测点布置和回弹值的测量方法与回弹法相同。

② 超声波波速测量

超声测点应布置在回弹测试的同一个测区内，每一个测区布置 3 个测点。宜优先采用对测法或角测法，如图 6-2 所示。若条件不允许时，也可采用单面平测的方法，如图 6-3 所示。采用对测法测量超声波波速时，发射换能器和接收换能器应在同一轴线上，使每对测点距离最短，测得每对测点的声时 t_1、t_2、t_3。

在进行对测或角测时，超声波波速按下式进行计算：

$$v = \frac{1}{3} \sum_{i=1}^{3} \frac{l_i}{t_i - i_0} \tag{6-8}$$

式中：v——测区混凝土声速代表值（km/s）；

l_i——第 i 个测点的超声测距，角测时 $l_i = \sqrt{l_1^2 + l_2^2}$；

t_i——第 i 测区平均声时值（μs）；

t_0——声时初读数（μs）。

在混凝土浇筑方向的侧面平测时，测区声波传播速度按下式进行计算：

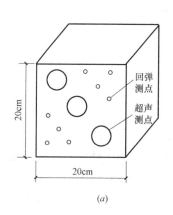

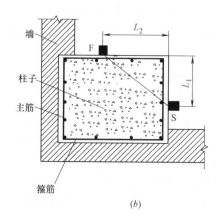

(a) (b)

图 6-2 对测法和角测法测点布置

（a）对测法；（b）角测法

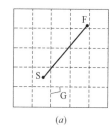

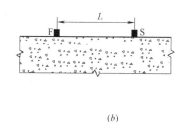

(a) (b)

图 6-3 单面平测法测点布置

（a）平面图；（b）立面图

F—发射换能器；S—接收换能器；G—钢筋轴线

$$v = \frac{\lambda}{3} \sum_{i=1}^{3} \frac{l_i}{t_i - t_0} \qquad (6\text{-}9)$$

式中：λ——平测修正系数，为同一构件的对测声速与平测声速之比。当现场条件无法确定对测声速与平测声速之比时，可选择有代表性的部位，以测距为 200mm、250mm、300mm、350mm、400mm、450mm 和 500mm 分别读取相应的声时值。采用线性回归的方法，计算方程 $l = a + bt$ 的回归系数 b 并代替对测声速，再对平测声速值进行修正。

当在混凝土浇筑方向的顶面或底面测试时，测区声速值按下式进行计算

$$v_a = \beta v \qquad (6\text{-}10)$$

式中：v_a——修正后的测区声速值；

β——超声测试面的声速修正系数，对于顶面或底面对测或斜测时，β 取 1.034；对于顶面平测 β 取 1.05，对于底面平测 β 取 0.95。

（3）数据处理和强度评定

① 测区混凝土抗压强度换算值

根据检测修正后的回弹值 R_a 和修正后的声速值 v_a，优先采用专用测强曲线或地区测强曲线进行计算。若没有专用测强曲线或地区测强曲线，也可根据《超声回弹综合法检测

混凝土强度技术规程》CECS 02—2005 附录 D 的规定进行:

粗骨料为卵石时,
$$f_{cu,i}^c = 0.0056(v_{a,i})^{1.439}(R_{a,i})^{1.769} \tag{6-11}$$

粗骨料为碎石时,
$$f_{cu,i}^c = 0.0162(v_{a,i})^{1.656}(R_{a,i})^{1.410} \tag{6-12}$$

② 样本修正量

若混凝土材料或检测条件与测强曲线的使用范围有明显差异时,应对混凝土强度推定值进行修正。采用数量不少于 4 个的相同条件立方体试件或混凝土芯样进行。采用对应样本修正系数方法进行计算,修正时,将测区混凝土强度换算值乘以修正系数,即

$$f_{cu,ai}^c = \eta \times f_{cu,i}^c \tag{6-13}$$

式中:$f_{cu,ai}^c$——修正后的测区混凝土抗压强度推定值;

η——对应样本修正系数,按下式进行计算:

$$\eta = \frac{1}{n}\sum_{i=1}^{n}\frac{f_{cu,i}^0}{f_{cu,i}} \tag{6-14}$$

式中:$f_{cu,i}^0$——第 i 个立方体试件或混凝土芯样的抗压强度实测值;

$f_{cu,i}$——对应第 i 个立方体试件或混凝土芯样的抗压强度换算值。

③ 结构或构件混凝土强度推定值

结构或构件混凝土强度推定值的计算方法与回弹法相同。

6.2.2 混凝土内部钢筋锈蚀状态检测

1) 检测方法和检测原理

钢筋锈蚀电位测量采用半电池法测量原理。钢筋锈蚀是钢筋氧化过程,铁失去电子,产生电势,铁(金属电极)与混凝土(电解质)组成半电池(负极)。利用已知电势的参比电极(正极、已知电位的电极如硫酸铜电位电极,在一定条件下是个常数),与其组成一个全电池,利用电压表测量,得到钢筋锈蚀电位。显然,钢筋锈蚀程度越严重则失去电子数就越多,负电势就越高。因此可以通过测量测定钢筋/混凝土半电池电极与在混凝土表面的铜/硫酸铜参比电极之间电位差的大小,可以评定混凝土中锈蚀活化程度,如图6-4所示。

单个电极的电位是无法测量的,因此,由待测电极与参比电极组成电池用电位计测量该电池的电动势,即可得到待测电极的相对电位,故这种方法称之为半电池法测量。

2) 检测仪器

钢筋锈蚀电位测定仪(简称钢筋锈蚀仪),如图 6-5 所示,包含主机、延长线、金属电极、电位电极、连接杆等。

3) 检测步骤

(1) 预先准备好钢筋混凝土板,其中主筋端部混凝土保护层已凿开;

(2) 先用钢筋位置扫描仪找到主筋及箍筋,并用粉笔标出位置与走向,钢筋的交叉点即为测点,如图 6-6 所示;

(3) 为了加强润湿剂的渗透效果,缩短润湿结构所需要的时间,采用少量家用液体清洁剂加纯净水的混合液润湿被测结构;

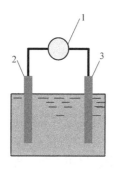

图 6-4　电位测量示意图
1—电位计；2—指示电极；3—参比电极

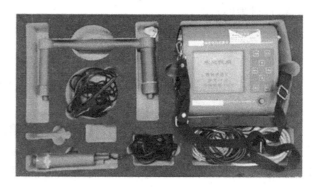

图 6-5　钢筋锈蚀仪

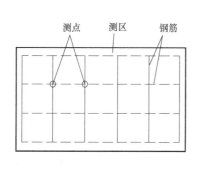

图 6-6　钢筋锈蚀电位测区及测点布置

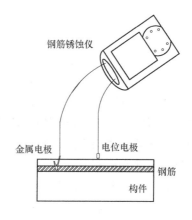

图 6-7　电极连接

（4）凿开一处混凝土露出钢筋，并用砂纸除去钢筋锈蚀层，把连接黑色信号线的金属电极夹到钢筋上，黑色信号线的另一端接锈蚀仪"黑色"插座，红色信号线一端连电位电极，另一端接锈蚀仪"红色"插座，如图 6-7 所示；

（5）按下仪器面板的开机键，仪器上电，开始工作，进入启动界面；

（6）在启动界面按任意键，进入功能选择界面，选择"锈蚀测试"；

（7）"锈蚀测试模块"完成参数的设置（如测区号、测点间距、测试类型如电位测试或电位梯度测试，建议选择电位测试）；

（8）按"确定"键，进入测试状态，此时夹住钢筋的黑色电极始终保持不动，将参比电极放在测点上，屏幕显示当前电位值，依次将参比电极放在其他测点，直至所有测点测试完毕。

4）结果评定

钢筋电位与钢筋锈蚀状态判别，依据《建筑结构检测技术标准》GB/T 50344—2004进行，相应评定标准如表 6-3 所示。表中，评定标度为 1 表示良好，2 表示较好，3 表示较差，4 表示坏的，5 表示危险。

钢筋锈蚀电位评定标准   表 6-3

电位水平(mV)	混凝土内钢筋状态	评定标度
≥−200	无锈蚀活动性或锈蚀活动性不确定	1
（−200，−300]	有锈蚀活动性，但锈蚀状态不确定，可能坑蚀	2
（−300，−400]	有锈蚀活动性，发生锈蚀概率大于90%	3
（−400，−500]	有锈蚀活动性，严重锈蚀可能性极大	4
<−500	构件存在锈蚀开裂区域	5

6.2.3 保护层厚度与钢筋数量、位置检测

1) 检测方法和检测原理

保护层是指混凝土构件中，起到保护钢筋避免钢筋直接裸露的那一部分混凝土，从混凝土表面到最外层钢筋公称直径外边缘之间的最小距离，对后张法预应力筋，为套管或孔道外边缘到混凝土表面的距离。

保护层最小厚度及其均匀性的规定是为了使混凝土结构构件满足耐久性要求和对受力钢筋有效锚固的要求，钢筋保护层厚度对避免钢筋锈蚀起到重要的作用。混凝土对钢筋的保护作用包括两个方面：一是混凝土的高碱性使钢筋表面形成钝化膜；二是保护层对外界腐蚀介质、氧气及水分等渗入的阻止作用。后一种作用主要取决于混凝土的密实度及保护层厚度。

构件的类型及其所处于不同的环境，对保护层厚度最小值有不同的要求（表6-4），但保护层又不能太厚，太厚的话容易开裂，一旦混凝土表面开裂，空气中的水分会随着裂缝来腐蚀钢筋，反而不利于保护钢筋，对于保护层过厚的应增加钢筋网或采用钢纤维混凝土。

混凝土中钢筋数量、钢筋间距和保护层厚度的无损检测大都采用钢筋探测仪进行检测，主要利用电磁感应的原理进行。根据电磁场理论，线圈是严格磁偶极子，当信号源供给交变电流时，它向外界辐射出电磁场。钢筋是一个电偶极子，它接收外界电场，从而产生大小沿钢筋分布的感应电流。钢筋的感应电流重新向外界辐射出电磁场（即二次场），使原激励线圈产生感生电动势，从而使线圈的输出电压产生变化，钢筋位置测定仪正是根据这一变化来确定钢筋所在的位置及其保护层厚度。而且在钢筋的正上方时，线圈的输出电压受钢筋所产生的二次磁场的影响最大。因此在测试中，探头移动的过程中，可以自动锁定这个受影响最大的点，即信号值最大的点。根据保护层厚度和信号之间的对应关系得出厚度值。

采用电磁感应法检测混凝土中钢筋，适用于配筋稀疏且混凝土保护层厚度不太大的钢筋混凝土结构或构件的无损检测，有时需要配合破损检测法进行校核。

保护层厚度的最小值要求（mm）   表 6-4

环境类别	板、墙、壳	梁、柱、杆
一	15	20
二 a	20	25
二 b	25	35
三 a	30	40
三 b	40	50

2）检测仪器

目前市场上的钢筋探测仪有较多可供选择，如图6-8所示。这些仪器大都依靠锂电池进行供电，可以实现快速检测钢筋位置和保护层厚度，可以自动标示和自动记录，并具备一定的现场数据分析能力。

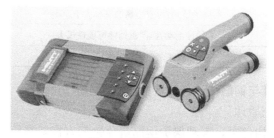

图 6-8　钢筋探测仪

3）检测步骤

（1）预先准备好钢筋混凝土板，在板的两端露出钢筋位置，用于校核仪器判定的钢筋位置、直径及保护层厚度；

（2）清理混凝土板表面粉尘、砂粒等杂质；

（3）开机进入检测设置界面，选择"厚度检测"。

（4）向右缓慢匀速移动感应装置，当小车靠近钢筋时出现绿色瞄准框，此时需要缓慢移动小车，当瞄准框和中心线重合，中心线会变成红色，瞄准框变为黄色，红色指示灯变亮，并有蜂鸣提示，表示检测到钢筋，小车的中心线正下方有一根钢筋。瞄准框的右下角显示保护层厚度。

（5）继续向右移动小车，检测到下一根钢筋后，还会有红色灯亮及蜂鸣提示，同时会显示钢筋保护层厚度以及钢筋间距。

（6）在厚度检测界面，移动小车，当瞄准镜变成高亮，表示仪器正下方有钢筋时，执行"估测直径"操作，等待约4s，完成估径操作，结果显示约3s后自动退出估径界面，此时可以继续进行厚度检测操作。只有被估测钢筋间距较大，附近没有箍筋等其他金属干扰时，预估的直径才相对准确。而且被估测钢筋的保护层厚度也不能太薄或者太厚，建议厚度范围15～50mm之内。

（7）仪器另外一个较常用的功能，即使用"波形扫描"功能来检测钢筋位置，该功能比"厚度检测"功能来得直观，同时当箍筋间距较密时，采用此功能可以得到较理想的结果。

在检测方式选择界面选择"波形扫描"，进入"波形扫描"界面，将仪器放置待测物体表面向右匀速移动开始测量，屏幕会显示信号波形，钢筋离仪器越近信号强度越大，波形曲线显示越高，在最高峰值处会显示一条绿线，表示此处有一根钢筋。当完成一次扫描，仪器离开被测物时，程序会根据波形分布情况自动计算钢筋位置，保护层厚度以及相邻钢筋的间距，单位是mm。如图6-9所示，表示本次扫描共发现3根钢筋，保护层厚度分别为31mm、41mm、35mm，间距分别为121mm，141mm。

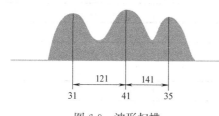

图 6-9　波形扫描

4）结果评定

混凝土保护层厚度对结构钢筋耐久性的影响

按表 6-5 进行评判。表中，评定标度为 1 表示良好，2 表示较好，3 表示较差，4 表示坏的，5 表示危险。

钢筋保护层厚度评定标准　　　　　　　　　　表 6-5

D_{ne}/D_{nd}	对结构钢筋耐久性的影响	评定标度
≥0.95	影响不显著	1
[0.85,0.95)	有轻度影响	2
[0.70,0.85)	有影响	3
[0.55,0.70)	有较大影响	4
<0.55	钢筋易失去碱性保护，发生锈蚀	5

注：D_{ne} 为测量部位实测保护层厚度特征值；D_{nd} 为保护层厚度设计值。

保护层厚度特征值 D_{ne} 按下式计算：

$$D_{ne} = \overline{D_n} - K_p S_D \tag{6-15}$$

式中：$\overline{D_n}$——平均值，$\overline{D_n} = \sum_{i=1}^{n} D_i / n$；

　　D_i——钢筋保护层厚度实测值，精确至 0.1mm；

　　n——测点数；

　　S_D——钢筋保护层厚度实测值标准差，精确至 0.1mm，按下式计算：

$$S_D = \sqrt{\frac{\sum_{i=1}^{n}(D_i)^2 - n(\overline{D_n})^2}{n-1}} \tag{6-16}$$

　　K_p——判定系数，按表 6-6 取用。

钢筋保护层厚度判定系数　　　　　　　　　　表 6-6

n	10~15	16~24	≥25
K_p	1.695	1.645	1.595

6.2.4　混凝土碳化深度检测

当混凝土置于空气中或 CO_2 环境中时，由于 CO_2 的侵入，混凝土中的 $Ca(OH)_2$ 与空气中的 CO_2 在一定湿度的范围内发生化学反应，生成 $CaCO_3$ 等物质，这种化学反应称为混凝土的碳化。

由于水泥水化生成 $Ca(OH)_2$，硬化的混凝土显碱性，pH 值大于 12，此时混凝土里的钢筋表面生成一层稳定、致密、钝化的保护膜，使钢筋不生锈。混凝土碳化会使得混凝土的 pH 值降低，当 pH 值小于 11 时，这时混凝土中钢筋表面的致密钝化膜就被破坏，造成钢筋脱钝而锈蚀。不仅如此，$CaSO_3$、$CaSO_4$ 还会与水泥水化产物中的铝酸三钙反应，生成物体积增大，从而使混凝土胀裂，这就是硫酸盐侵蚀破坏。当环境处于 50%~70% 的湿度时碳化速度最快。

碳化过程是由表及里、由浅入深，逐渐向混凝土内部扩散。表层的混凝土碳化后，侵入的 CO_2 将继续沿着混凝土中的空隙通道向混凝土的深处扩展，直至到达混凝土里钢筋的表面。导致其体积膨胀至约为基体的 2~4 倍，所产生的膨胀力将使混凝土保护层开裂。

开裂的混凝土由于 CO_2 不断侵入，碳化更加严重，钢筋锈蚀更加厉害，直至使混凝土剥落，严重地影响了结构的耐久性。

一般使用混凝土碳化深度测量仪进行检测，混凝土碳化层深度对钢筋锈蚀影响程度的评定标准见表 6-7。表中，评定标度为 1 表示良好，2 表示较好，3 表示较差，4 表示坏的，5 表示危险。

混凝土碳化深度对钢筋锈蚀影响程度评定标准   表 6-7

碳化深度/保护层厚度	混凝土碳化影响程度	评定标度
<0.5	轻微	1
[0.5,1.0)	较小	2
[1.0,1.5)	有影响	3
[1.5,2.0)	大	4
≥2.0	很大	5

6.2.5 混凝土电阻率检测

1）检测原理

电阻及电阻率是材料本身的属性，电阻与材料的电阻率、截面积、长度有关，与电阻率成正比的，电阻率越低，电阻就越低。因此混凝土电阻率反映了混凝土的导电性能，可间接评判钢筋的可能锈蚀速率。通常混凝土电阻率越小，混凝土导电的能力越强，钢筋锈蚀发展速度越快。通过测量混凝土电阻率的大小来评定钢筋锈蚀的速率。

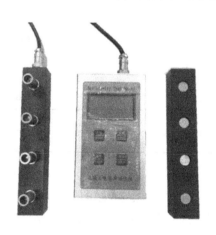

图 6-10　某电阻率测定仪

2）检测仪器

混凝土电阻率测定仪，如图 6-10 所示。

由电阻的表达式：

$$R = \frac{\rho L}{A} \qquad (6\text{-}17)$$

得到电阻率的表达式：

$$\rho = \frac{AR}{L} = \frac{A}{L} \times \frac{U}{I} \qquad (6\text{-}18)$$

电阻率单位为（$k\Omega \cdot cm$），因此对介质施加电流并感知电位，即可知道介质的电阻率。

3）检测方法

常采用四电极法检测混凝土电阻率，如图 6-11 所示，将电阻率测定仪靠在待测电阻率的混凝土表面，对两个外部探头施加电流，并测量两个内部探头之间的潜在电位差异，电流通过孔液中的离子承载。采用下式计算出的电阻率取决于探头的间距，一般取 50cm。

$$\rho = 2\pi a \frac{V}{I} \quad （单位：k\Omega \cdot cm） \qquad (6\text{-}19)$$

式中：V——电压电极间所测电压；

I——电流电极通过的电流；

a——电极间距（cm）。

4) 检测步骤

（1）预先准备好一块钢筋混凝土板，清除混凝土表面涂料、粉尘等，应保持洁净。

（2）用钢筋扫描仪扫出主筋与分布筋位置，并用粉笔画出。

（3）根据主筋与分布筋的位置，确定电阻率测试方向。钢筋会妨碍电阻率测量，因为它们的导电效果优于周围的混凝土。覆盖深度小于 30mm 时尤其如此。如有可能，钢筋不应位于探头正下方，且不应与探头保持

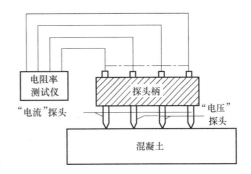

图 6-11 四电极法检测混凝土电阻率原理

平行。测量方向应由探头间距（$a=50$mm，$3\times a=150$mm）与钢筋间距比较后确定。如图 6-12 所示，最佳方向是与钢筋成对角线进行测量。这在探头跨距小于钢筋网格间距时能够实现。如果钢筋间距太过接近，无法避开，则可以与面层钢筋成直角进行测量。

（4）测量之前先将四极接触点浸入水中多次——使用浅的容器。

（5）开机，将四极接触点紧压在混凝土表面（图 6-13），待数据稳定后读数，在各次测量之间移动探头数毫米以便从相同位置获得 5 个读数，并取 5 个值的中值。

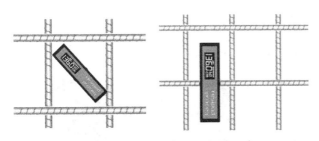

图 6-12　测量位置的确定

图 6-13　电阻率测定仪操作示意图

5) 结果评定

混凝土电阻率反映了混凝土的导电性能，可间接评判钢筋的可能锈蚀速率。通常混凝土电阻率越小，混凝土导电能力越强，钢筋锈蚀发展速度越快。混凝土电阻率评定标准见表 6-8。表中，评定标度为 1 表示良好，2 表示较好，3 表示较差，4 表示坏的，5 表示危险。

混凝土电阻率评定标准

表 6-8

电阻率（Ω·cm）	可能的锈蚀速率	评定标度
≥20000	很慢	1
〔15000,20000）	慢	2
〔10000,20000）	一般	3
〔5000,10000）	快	4
＜5000	很快	5

6.2.6　混凝土氯离子含量检测

1) 检测方法和检测原理

氯离子是诱发钢筋锈蚀的重要因素，混凝土或混凝土材料中若含有较高浓度的氯离子，则钢筋容易腐蚀，混凝土耐久性受影响，因此应严格控制新拌混凝土以及原材料如水泥、拌和水、粉煤灰、石子、砂子、添加剂等材料的氯离子含量，为了避免钢筋过早锈蚀，确保工程质量，混凝土原材料中氯离子含量的控制相当严格。我国部分规范明确要求混凝土在选配砂子、骨料、水泥、外加剂、拌和水等混凝土原材料的时候，必须进行氯离子含量的测试，从根本上避免将过量氯离子带入混凝土中。

对于服役中的钢筋混凝土结构或构件，测量混凝土中的氯离子含量可间接判断锈化钢筋锈蚀活化的可能性，以便采取措施，确保建筑物安全使用。氯离子含量的测定方法：实验室化学分析法和滴定条法。滴定条法可在现场完成氯离子含量的测定。以实验室化学分析法为例。通过测量含有不同氯离子浓度的标准溶液（从万分之一摩尔到十分之一摩尔，共 4 种）的电势大小，得到氯离子浓度与电势之间关系曲线（为一直线，称标定曲线），该过程称为标定，将标定曲线存储在仪器内部，接着测量待测溶液的电势，根据标定曲线，得到待测溶液的氯离子含量。

因氯离子是负电势，氯离子含量越高，电位越低（绝对值越大），因此可用半电池法进行测量，原理类似于钢筋锈蚀电位测试法，其中甘汞电极为参比电极，与氯离子电极、样品（或标准）溶液组成全电池，通过电压表测电位差来得到氯离子电极的电位。进口电极将氯离子电极与甘汞电极复合到一起。

2）检测仪器

一般采用氯离子含量测定仪进行本项目检测，如图 6-14 所示。

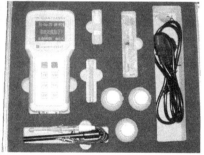

图 6-14　氯离子含量测定仪

3）检测步骤

（1）准备标准溶液

在检测未知混凝土氯离子含量之前，需要利用浓度为 0.1M、0.01M、0.001M、0.0001M，体积为 100mL 的氯离子标准溶液标定仪器。标准溶液用 NaCL 加蒸馏水配置，NaCL 精确到 0.001g，蒸馏水精确到 0.1ml（$0.1mol/L \times 58.5 = 5.85g/L = 5.85 \times 1000mg/L$）。可在标准溶液添加适量 KNO_3 用于调节氯离子强度，保证本底溶液浓度为 0.2（M）KNO_3，即每 100ml 溶液添加 2.02gKNO_3。

（2）准备电极

（3）准备样品溶液

以服役中的混凝土构件为例，现场用冲击钻在重要构件及主要受力部位收集不同深度的混凝土粉末，拿回实验室后烘干密封备用。取 200g 混凝土粉末（精确到 0.001g），加入 250mL 蒸馏水（精确到 0.1mL），用磁力搅拌器缓慢搅拌。

（4）开机

打开仪器开关，屏幕显示"标定""测量""计算""查询""时间""版本"6 个选项，主要选项为"标定"与"测量"，"计算"用于新拌混凝土。

（5）标定标准曲线

在屏幕上选择"标定"，仪器提示"将电极放入 0.0001M 的标定溶液中"，按提示将氯离子复合电极放入 0.0001M 浓度的氯离子标准溶液中，此时界面下半部分会显示电极检测到的 E（电势）。E（电势）不断变化但变化趋势会减缓，当 E（电势）稳定时，提起电极处于悬空状态，再次放入溶液中，查看电势值是否有变化，如连续三次无变化，则按"确定"键采集电势，此时会响起滴的蜂鸣声。如有变化，自变化时起连续三次无变化，则按"确定"键采集电势（按确定后仪器将提示"将电极放入 0.001M 的标定溶液中"），该浓度标准溶液的电势采集完毕后，把电极取出，用去离子水（蒸馏水）冲洗干净，用吸水纸轻轻吸去电极膜上的残留水。按以上步骤把电极再放入 0.001M 的标准溶液中采集电势。如此类推，四个标准溶液的电势分别采集完毕后，界面会显示浓度与电势的关系值，如图 6-15 所示。当电势由上至下按照从大到小变化（因氯离子是负电势，氯离子浓度越高，负的电势绝对值越大），且线性相关系数 $r \geqslant 0.997$，表示此次电极的标定符合标准，可以采用，按"确定"退出，进行样品混凝土中氯离子含量测量。否则需排除故障后重新标定。

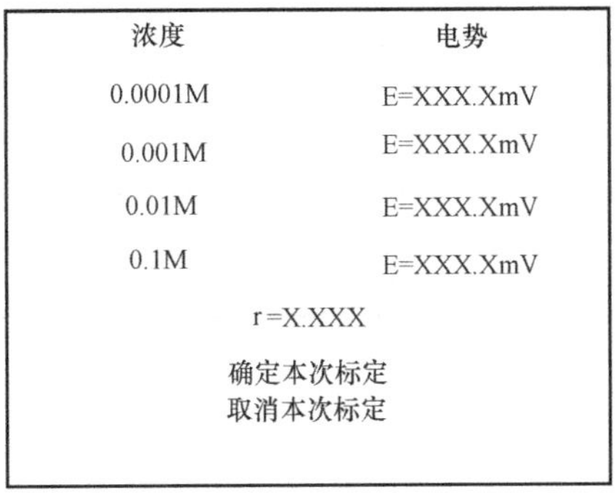

浓度	电势
0.0001M	E=XXX.XmV
0.001M	E=XXX.XmV
0.01M	E=XXX.XmV
0.1M	E=XXX.XmV

r=X.XXX

确定本次标定
取消本次标定

图 6-15　氯离子含量标定显示界面

（6）测量样品

选择"测量"菜单开始测量氯离子含量。按照界面提示，输入样品实际重量（精确到 0.001g）和样品溶液的实际体积（精确到 0.1mL）。氯离子电极用去离子水（蒸馏水）冲洗干净，用吸水纸轻轻吸去电极膜上的残留水，放入待测样品，电势不断变化但变化会趋于减缓，当电势稳定进，提起电极使电极处于悬空状态，再次放入溶液中，查看电势值是否有变化，如连续三次无变化，则按"确定"键采集电势，如有变化，自变化时起连续三次无变化，则按"确定"键采集电势，则完成氯离子含量的测定，显示结果为以"百分比"为单位和以"摩尔每升"为单位的结果。

4）注意事项

（1）氯离子含量测定应根据构件的工作环境条件及构件本身的质量状况确定测区，主要构件及主要受力部位应布置测区，一个构件测区数不少于 3 个。分析样品的取样部位可参照钢筋锈蚀电位测试测区布置原则确定。

（2）混凝土中的氯离子含量，在现场按混凝土不同深度取样。每一测区取粉的钻孔数量不宜少于 3 个，取粉孔可与碳化深度测量孔合并使用。

（3）测区、测孔应统一编号。

（4）在测未知样品的氯离子含量之前需要标定仪器。由于电极随着使用时间和使用次数的增加其敏感度会变化，每次得出参数会有差别。

（5）电极使用中应经常检查电极膜，确保膜下无气泡。

（6）采集电势时，注意电极不要接触容器壁，避免极化效应干扰电势采集。

（7）禁止电极与砂、石子等尖锐物体接触，避免电极损坏。

（8）标准液和待测液一定要浓度均匀，使用磁力搅拌器缓慢搅拌，使溶液保持微微流动的状态。

（9）标定溶液和样品溶液的温度变化范围在1℃以内。

5）结果评定

根据混凝土中钢筋处氯离子含量，按表6-9评判其诱发钢筋锈蚀的可能性。应按照测区最高氯离子含量值，确定混凝土氯离子含量评定标度。

混凝土氯离子含量评定标准 表6-9

氯离子含量 （占水泥含量的百分比）	诱发钢筋锈蚀的可能性	评定标度
<0.15	很小	1
[0.15,0.40)	不确定	2
[0.40,0.70)	有可能诱发钢筋锈蚀	3
[0.70,1.00)	会诱发钢筋锈蚀	4
≥1.00	钢筋锈蚀活化	5

6.3 钢结构无损检测

6.3.1 表面硬度法检测钢材强度

对于使用中的钢结构，为了了解结构钢材的力学性能特别是其强度，最理想的方法是截取试样，通过拉伸试验确定相应的钢材强度指标。但是在使用中的结构上截取试验试样会产生人为缺陷，影响结构的使用性能和正常工作。因此，采用表面硬度法检测，并通过检测结果推断钢材的强度等级是一种常用的钢材强度无损检测方法。

1）基本原理

实践表明，钢材的硬度与强度之间存在对应关系。材料的硬度值越高，强度也就越高。因此，可以通过硬度计测量材料表面硬度，利用材料硬度间接推断钢材的强度等级。硬度测量主要有压入法和回跳法两种。

压入法测量材料的布氏硬度HB、洛氏硬度HR和维氏硬度HV，硬度值表示材料表面抵抗另一物体压入时所引起的塑性变形的能力；HV精度较高，HB次之，HR稍差但方便快捷。回跳法测量材料的肖氏硬度HS和里氏硬度HL，硬度值表示金属弹性变形的大小，精度不如压入法，但比压入法要方便。

利用表面硬度法现场检测钢材强度时，常采用测量材料的布氏硬度HB和洛氏硬度HR，里氏硬度类似混凝土强度检测的回弹法，但精度稍差。

2）检测依据

（1）《金属材料 布氏硬度试验 第1部分：试验方法》GB/T 231.1—2018；

（2）《金属材料 洛氏硬度试验 第1部分：试验方法》GB/T 230.1—2018；

（3）《金属材料 维氏硬度试验 第1部分：试验方法》GB/T 4340.1—2009；

（4）《金属材料 里氏硬度试验 第1部分：试验方法》GB/T 17394.1—2014；

（5）《黑色金属硬度及强度换算值》GB/T 1172—1999。

3）检测设备

各类硬度检测均有对应的硬度计。应用于室内检测时，常用台式硬度计；对于现场检测，常采用便携式硬度计，如图 6-16 所示。

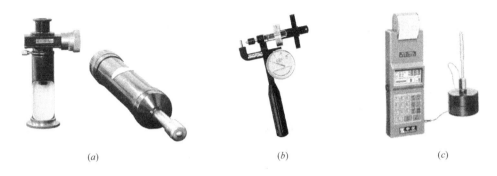

图 6-16　表面硬度计

（a）便携式布氏表面硬度计；（b）便携式洛氏表面硬度计；（c）里氏硬度计

4）检测方法

（1）布氏硬度法

利用布氏硬度计分别撞击待测钢材表面和标准试样表面，测量由此产生的凹痕直径，并依据式（6-20）计算待测钢材的布氏硬度值 H_B。根据测得的布氏硬度值，利用《黑色金属硬度及强度换算值》GB/T 1172—1999 查出对应的强度值。

$$H_B = H_S \frac{D - \sqrt{D^2 - d_S^2}}{D - \sqrt{D^2 - d_B^2}} \tag{6-20}$$

式中：H_B、H_S——钢材与标准试件的布氏硬度；

　　　　d_B、d_S——硬度计钢珠在钢材和标准试件上产生的凹痕直径（mm）；

　　　　　D——硬度计钢珠直径（mm）。

（2）洛氏硬度法

利用洛氏硬度计，测量材料的洛氏硬度值 H_R，并根据测得的洛氏硬度值，从《黑色金属硬度及强度换算值》GB/T 1172—1999 查出对应的强度值。

（3）里氏硬度法

采用里氏硬度计，测试钢材的里氏硬度。再根据测得的里氏硬度值 H_L，可按式（6-21）计算钢材的抗拉强度 σ_b

$$\sigma_b = 103 e^{0.0041 H_L} \tag{6-21}$$

6.3.2　螺栓连接件力学性能检测

钢结构节点连接螺栓的种类通常包括普通螺栓和高强螺栓两种。在对钢结构螺栓连接节点和高强螺栓的终拧扭矩进行检测前，要调查了解采用的螺栓种类、型号、规格和扭矩施加方法。

对采用高强螺栓的，应选择适用于高强螺栓的扭矩扳手最大量程，工作值宜控制在选用扭力扳手的测量限值的20%～80%之间。扭矩扳手的测量精度不应大于3%，并具有峰值保持功能。

对高强螺栓终拧扭矩施工质量的检测，应在终拧1～48h之内完成。

检测方法：

（1）检测前应经外观检查或敲击合格后进行。高强螺栓连接副终扭后，螺栓丝扣外露应为2～3扣，然后采用小锤敲击法对高强螺栓进行普查，要求螺母或螺栓头不偏移，不松动；

（2）终拧扭矩检测时采用松扣和回扣法，先在检查扳手套筒和拼接板面上作一直线标记，然后反向将螺栓拧松约60°后，再用检测扳手将螺母拧回原位，使两条线重合，读取此时的扭矩值；

（3）对于终拧1h后，48～108h之内完成的高强螺栓终拧扭矩检测结果，在$0.9T_c$～$1.1T_c$范围内，即判定为合格；

（4）钢结构高强螺栓的检测，应严格按照国家相关标准《钢结构用高强度大六角头螺栓、大六角螺母、垫圈技术条件》GB/T 1231—2006、《钢结构用扭剪型高强度螺栓连接副》GB/T 3632—2008和《钢网架螺栓球节点用高强度螺栓》GB/T 16939—2016的规定执行。

6.3.3　漆膜厚度检测

1）检测原理

采用磁性和涡流两种测厚方法，可以无损地测量磁性金属基体（如钢、铁、合金和硬磁性钢）上覆盖的非磁性覆盖层（如锌、铝、铬、铜、橡胶、油漆等）的厚度，以及非磁性金属集体（如铜、铝、锌、锡等）上覆盖的非导电覆盖层（如橡胶、油漆、塑料、阳极氧化膜等）的厚度。

（1）磁性法：当测头与覆盖层接触时，测头和磁性金属基体构成一闭合磁路，由于非磁性覆盖层的存在，使得磁路磁阻变化，通过测量其变化可推断出覆盖层的厚度。

（2）涡流法：利用高频交变电流在线圈中产生一个电磁场，当测头与覆盖接触时，金属基体上产生电涡流，并对测头中的线圈产生反馈作用，通过测量反馈作用的大小，可推断出覆盖层的厚度。

2）测试仪器

采用磁性测厚法测试时，常使用覆层测厚仪，如图6-17所示。

3）检测方法

图6-17　覆层测厚仪

将测头与测试面垂直地接触，并轻压测头定位套，屏幕显示测量结果，测量完成。

6.4　砌体结构无损检测

6.4.1　原位轴压法检测砌体强度

1）检测原理

原位轴压法检测砌体强度，是利用压力机对局部砌体施加轴向压力荷载，并使这部分砌体的受力达到极限状态，通过实测的破坏荷载和变形，得到墙体的抗压强度。

其原理是在砌体上开凿两条水平槽孔，安装原位压力机，测试槽间砌体的抗压强度，进而换算为标准砌体的抗压强度。原位轴压法适用于测试240mm厚普通砖和空心砖墙。

2）检测设备和检测过程

如图6-18所示，原位轴压法的检测设备为原位压力机，由手动油泵、扁式千斤顶、反力板等组成。测试时，先在砌体测试部位的垂直方向按试样高度上下两端各开凿一个相当于扁式千斤顶尺寸的水平槽，在槽内各嵌入一扁式千斤顶，并用自平衡栏杆固定。

通过加载系统对试样进行分级加载，直到试样受压开裂破坏，求得砌体的极限抗压强度。

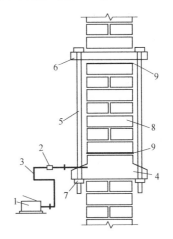

图6-18 原位轴压法检测设备
1—手泵；2—压力表；3—高压油管；
4—扁式千斤顶；5—拉杆；6—反力板；
7—螺母；8—槽间砌体；9—砂垫层

3）检测依据与强度评定

原位轴压法检测砌体强度应严格按照《砌体工程现场检测技术标准》GB/T 50315—2011的要求执行。单个测点的槽间砌体强度按下式进行计算：

$$f_{uij} = \frac{N_{uij}}{A_{ij}} \tag{6-22}$$

式中：f_{uij}——第 i 个测区第 j 个槽间砌体的抗压强度（MPa）；

N_{uij}——第 i 个测区第 j 个槽间砌体的受压破坏荷载值（N）；

A_{ij}——第 i 个测区第 j 个槽间砌体的受压面积（mm^2）。

槽间砌体抗压强度换算为标准砌体抗压强度，应按下式进行计算：

$$f_{mij} = \frac{f_{uij}}{\xi_{1ij}} \tag{6-23}$$

式中：f_{mij}——第 i 个测区第 j 个测点的标准砌体抗压强度换算值（MPa）；

ξ_{1ij}——原位轴压法的无量纲强度换算系数，$\xi_{1ij} = 1.25 + 0.60\sigma_{0ij}$；

σ_{0ij}——该测点的墙体工作压应力（MPa），可按墙体实际承受的荷载标准值计算，也可按实测值计算。

测区砌体抗压强度平均值按下式进行计算：

$$f_{mi} = \frac{1}{n_1} \sum_{j=1}^{n_1} f_{mij} \tag{6-24}$$

式中：f_{mi}——第 i 个测区砌体抗压强度平均值（MPa）；

n_1——第 i 个测区的测量数。

6.4.2 扁顶法检测砌体强度

1）检测原理

扁顶法是利用砌体结构特点，在水平砂浆灰缝处开凿槽口，装入扁式液压千斤顶，依据应力释放和恢复原理，测得砌体的受压工作应力、弹性模量，并通过测定槽间砌体的抗压强度确定其标准砌体的抗压强度。

2）检测设备和检测过程

扁顶法检测设备由扁式液压千斤顶、手动油泵、变形测点等组成，如图6-19所示。

试验时，将所检砌体的水平灰缝处砂浆掏空，形成两条水平空槽，然后把扁顶放入空槽内，通过手动液压泵加压，压力表的读数为施加压力的大小。

在测试砌体部位布置变形测点，用于测量墙体的受压工作应力和砌体的弹性模量。

3）检测依据和强度评定

扁顶法检测砌体强度时，应严格按照《砌体工程现场检测技术标准》GB/T 50315—2011的要求执行。槽间砌体的抗压强度换算按照式（6-22）和式（6-23）进行计算。槽间砌体抗压强度平均值按照式（6-24）进行计算。

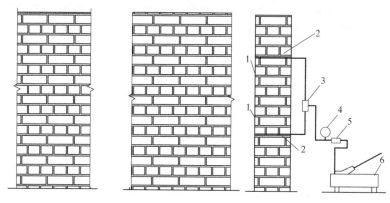

图6-19 扁顶法检测设备

1—变形测点脚标；2—扁式千斤顶；3—三通接头；4—压力表；5—溢流阀；6—手动油泵

6.4.3 切制抗压试件法检测砌体强度

1）检测原理

切制抗压试件法适用于普通砖砌体和多孔砖砌体的抗压强度。检测时，使用电动切割机，在砌体结构上切割两条竖缝，竖缝间距取370mm或490mm。人工取出与标准砌体抗压试件尺寸相同的试件，并运至实验室。

对于砌筑质量较差或砌缝砂浆强度小于M2.5（含M2.5）时，不宜选用切制抗压试件法对砌体的抗压强度进行检测。

2）检测设备和检测过程

切制抗压试件法利用电动切割机切割砌体，再利用压力机检测试件的抗压强度。

3）检测依据和强度评定

切制抗压试件法检测砌体强度时，应严格按照《砌体工程现场检测技术标准》GB/T 50315—2011的要求执行。

单个切制试件的抗压强度按式（6-23）进行计算。测区的砌体抗压强度平均值按式（6-24）进行计算。

6.4.4 原位单剪法检测抗剪强度

1）检测方法和原理

原位单剪法是在墙体上沿单个水平灰缝进行抗剪试验，以检测砌体的抗剪强度的方法。

原位单剪法适用于推定砖砌体沿通缝截面的抗剪强度。检测时，测试部位宜选在窗洞口或其他洞口下三皮砖范围内，对墙体损伤较小，便于安放检测设备，且设有上部压力等因素的影响。试件具体尺寸应符合图 6-20 的规定。试件在加工过程中，应避免扰动被测灰缝。测试部位不应选在后砌窗下墙处，且其施工质量应具有代表性。

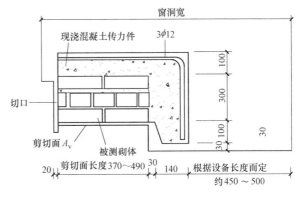

图 6-20　原位单剪法试件大样（单位：mm）

2）检测设备

检测设备包括螺旋千斤顶或卧式千斤顶、荷载传感器及数字荷载表等。试件的预估破坏荷载值应为千斤顶、传感器最大测量值的 20%～80%。检测前，应标定荷载传感器及数字荷载表，其示值相对误差不应大于 2%。

3）检测依据

原位单剪法检测砌体抗剪强度时，应严格按照《砌体工程现场检测技术标准》GB/T 50315—2011 的要求执行。

4）检测步骤

（1）在选定的墙体上，采用扰动较小的工具加工切口，现浇钢筋混凝土传力件的混凝土强度等级不应低于 C15；

（2）测量被测灰缝的受剪面尺寸，应精确至 1mm；

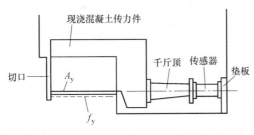

图 6-21　原位单剪法的设备安装

（3）安装千斤顶及测试仪表，千斤顶的加力轴线与被测灰缝顶面应对齐，如图 6-21 所示。

（4）加载：加载时，应匀速施加水平荷载，并应控制试件在 2～5min 内破坏。当试件沿受剪面滑动、千斤顶开始卸载时，判定试件达到破坏状态。记录破坏荷载值，并结束加载。

（5）检查记录。

5）强度评定

砌体沿通缝截面的抗剪强度按下式进行计算：

$$f_{Vij} = \frac{N_{Vij}}{A_{Vij}} \tag{6-25}$$

式中：f_{Vij}——第 i 个测区第 j 个测点的砌体沿通缝截面的抗剪强度（MPa）；

N_{Vij}——第 i 个测区第 j 个测点的抗剪破坏荷载（N）；

A_{Vij}——第 i 个测区第 j 个测点单个受剪截面面积（mm²）。

测区砌体沿通缝截面的抗剪强度平均值按下式进行计算：

$$f_{vi} = \frac{1}{n}\sum_{j=1}^{n} f_{vij} \tag{6-26}$$

式中：f_{vi}——第 i 个测区的砌体沿通缝截面的抗剪强度平均值（MPa）；

n——测区的测点数。

6.4.5 原位单砖双剪法检测抗剪强度

1）检测方法和原理

原位单砖双剪法是指使用专门的原位剪切仪在砌体结构墙体上，对单块砌块进行剪切试验，检验砌体结构沿通缝截面的抗剪强度的一种检测方法。原位单砖双剪法适用于推定烧结普通砖砌体和烧结多孔砖砌体的抗剪强度。

2）检测设备

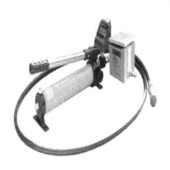

图 6-22　原位剪切仪

原位单砖双剪法采用专用的原位剪切仪，如图 6-22 所示。检测时，将原位剪切仪的主机安装在砌体的槽孔内，由油泵控制对砌体内的单块砖施加水平推力，直接测定砌块在砌体内沿通缝截面的抗剪强度。

3）检测依据

原位单砖双剪法检测砌体抗剪强度时，应严格按照《砌体工程现场检测技术标准》GB/T 50315—2011 和《砌体基本力学性能试验方法标准》GB/T 50129—2011 的要求执行。

4）检测步骤

（1）测点布置

在被检测墙体的每个测区随机布置 n 个测点，测点数不应少于 5 个，并且墙体两面的数量接近，以一顺砖及其上下两条水平灰缝为一个测点。试件两个受剪面的水平灰缝厚度为 8～12mm。同一墙体各测点之间在水平方向的净距不应小于 0.62m，垂直方向的净距不应小于 0.5m。同时应注意，在门、窗洞口侧边 120mm 范围内，后补的施工洞口和经修补的砌补的砌体以及独立柱和窗间墙等部位不应布置测点。

（2）开槽清缝

当采用带有上部压应力作用的试验方案时，应将剪切试件相邻一端的一块砖掏出，清除四周的灰缝，制备出安放主机的孔洞，其截面尺寸不得小于 115mm×65mm，掏空和清除剪切试件另一端的竖缝。当采用释放试件上部压应力作用的试验方案时，应掏空水平灰缝，其范围由剪切试件的两端向上按 45°角扩展，其掏空长度应大于 620mm，深度应大于 240mm。

试件两端的灰缝应清理干净。在开凿的过程中，严禁扰动试件。被推砌块的承压面应平整，如不平，应用扁砂轮等工具磨平。

（3）加载

将剪切仪安装到开凿的孔洞中，使仪器的承压板与试件砌块的顶面重合，仪器轴线与砌块轴线吻合。若开凿孔洞较长，在仪器尾部应另加垫块。操作剪切仪，匀速施加水平荷载，直到试件和砌体之间出现相对位移，试件达到破坏状态。记录此时测力计的最大读数，确定试验抗剪破坏荷载。

（4）检查记录

5）强度评定

（1）烧结普通砖砌体沿通缝截面的抗剪强度按下式进行计算：

$$f_{Vij} = \frac{0.32 N_{Vij}}{2 A_{Vij}} - 0.7 \sigma_{0ij}$$ (6-27)

式中：N_{Vij}——第 i 个测区第 j 个测点的抗剪破坏荷载（N）；

A_{Vij}——第 i 个测区第 j 个测点单个受剪截面面积（mm^2）；

σ_{0ij}——该测点上部墙体的压应力（MPa），当忽略上部压应力或释放上部压应力时取为 0。

（2）烧结多孔砖砌体沿通缝截面的抗剪强度按下式进行计算：

$$f_{Vij} = \frac{0.29 N_{Vij}}{2 A_{Vij}} - 0.7 \sigma_{0ij}$$ (6-28)

（3）测区砌体沿通缝截面的抗剪强度平均值按下式进行计算：

$$f_{Vi} = \frac{1}{n} \sum_{j=1}^{n} f_{Vij}$$ (6-29)

式中：f_{Vi}——第 i 个测区的砌体沿通缝截面的抗剪强度平均值（MPa）；

n——测区的测点数。

6.4.6 回弹法检测砂浆强度

1）检测方法和原理

回弹法检测砂浆强度的基本原理与回弹法检测混凝土强度的原理相同。检测时，采用砂浆回弹仪测试砂浆的回弹值，用酚酞试剂测试砂浆碳化深度，并推断砂浆强度。

2）检测设备

砂浆回弹仪的构造与混凝土强度回弹仪基本相同，只是砂浆回弹仪的冲击动能远小于混凝土回弹仪的冲击动能。

3）检测步骤

检测时，先将砌体结构划分为若干个检测单元，每个单元随机选择 6 个构件作为 6 个测区。当不足 6 个构件时，应将每个构件当作一个测区进行检测。测试部位宜选在承重墙的可测面上，测位处的粉刷层、勾缝砂浆、污物应清理干净，撞击点处的砂浆表面应打磨平整。测试部位应不少于 5 个。每个测位均匀布置 12 个测点，两个测点的间距不应小于20mm。每个测点上使用回弹仪连续弹击 3 次，第 1、2 次不读数，仅记录第 3 次的回弹值。在每一测位处选择 1～3 处灰缝，利用酚酞试剂测试砂浆的碳化深度，读数应精确至 0.5mm。

4）数据处理和强度评定

从每个测位的 12 个测点的回弹值，剔除最大值和最小值，按余下的 10 个回弹值计算回弹值的算术平均值 R，平均碳化深度 d（若大于 3.0mm，则 d 取 3.0mm）。

对于平均碳化深度 $d \leqslant 1.0$mm，

$$f_{2ij} = 13.97 \times 10^{-5} R^{3.57}$$ (6-30)

平均碳化深度 1.0mm$< d < 3.0$mm 时，

$$f_{2ij} = 4.85 \times 10^{-4} R^{3.04}$$ (6-31)

平均碳化深度 $d \geqslant 3.0$mm 时，

$$f_{2ij} = 6.34 \times 10^{-5} R^{3.60} \tag{6-32}$$

测区的砂浆抗压强度平均值按下式进行计算：

$$f_{2i} = \frac{1}{n} \sum_{j=1}^{n} f_{2ij} \tag{6-33}$$

式中：n——测区的测点数。

6.4.7 贯入法检测砂浆强度

1）检测方法和原理

贯入法检测砌体砂浆强度是依据测钉贯入砂浆的深度和砂浆抗压强度之间的相关关系，将一测钉贯入砂浆中，由测钉的贯入深度通过测强曲线来换算砂浆抗压强度的检测方法。

2）检测设备

贯入法检测使用的仪器包括贯入式砂浆强度检测仪（简称贯入仪，如图 6-23 所示）和贯入深度测量表（如图 6-24 所示）。

图 6-23　贯入式砂浆强度检测仪

图 6-24　贯入深度测量表

3）检测依据

贯入法检测砌体砂浆强度时，应严格按照《贯入法检测砌筑砂浆抗压强度技术规程》JGJ/T 136—2017 的要求执行。

4）检测步骤

（1）测点布置：检测砌筑砂浆抗压强度时，应以面积不大于 25m² 的砌体构件作为一个构件。按批抽样检测时，应取龄期相近的同楼层、同品种、同强度等级砌筑砂浆，且不大于 250m³ 砌体为一批，抽检数量不应少于砌体总构件数的 30%，且不应少于 6 个构件。被检测灰缝应饱满，其厚度不应小于 7mm，并应避开竖缝位置、门窗洞口等边缘。每一构件应测试 16 点。测点应均匀分布在构件的水平灰缝上，相邻测点水平间距不宜小于240mm，每条灰缝测点不宜多于两点。

（2）贯入检测：将测钉插入贯入杆的测钉座中，测钉尖端朝外，固定好测钉；用摇柄旋紧螺母，直至挂钩挂上为止，然后将螺母退至贯入杆顶端；将贯入仪对准灰缝并垂直紧贴被测砂浆的表面，握紧贯入仪的把手，扳动扳手将测钉射入被测砂浆中。

（3）贯入深度测量：将测钉取出并将测孔中的粉尘清理干净；将贯入深度测量表的扁头对准，将测头插入测孔，从表盘（或液晶屏）上直接读取测量结果。

5）数据处理和强度评定

将 16 个贯入深度值中 3 个较大值和 3 个较小值舍去，余下 10 个贯入深度值取其平均值 m_{dj}，按不同的砂浆品种，利用专用测强曲线和《贯入法检测砌筑砂浆抗压强度技术规程》JGJ/T 136—2017 计算砂浆抗压强度换算值。

按批抽检时，同批构件砂浆的抗压强度换算值的平均值和变异系数按下式进行计算：

$$m_{f2} = \frac{1}{n}\sum_{j=1}^{n} f_{2,j} \tag{6-34}$$

$$S_{f2} = \sqrt{\frac{\sum_{j=1}^{n}(m_{f2} - f_{2,j})^2}{n-1}} \tag{6-35}$$

$$\delta_{f2} = \frac{S_{f2}}{m_{f2}} \tag{6-36}$$

式中：m_{f2}——同批构件砂浆抗压强度换算值的平均值，精确至 0.1MPa；

$f_{2,j}$——第 j 个构件的砂浆抗压强度换算值，精确至 0.1MPa；

S_{f2}——同批构件砂浆抗压强度换算值的标准差，精确至 0.1MPa；

δ_{f2}——同批构件砂浆抗压强度换算值的变异系数，精确至 0.1。

6.5 桩基无损检测

6.5.1 桩基分类和常见桩基质量问题

1）桩基分类

根据成孔方式的不同，桩基可以分为挤土桩、部分挤土桩和非挤土桩。挤土桩包括实心的预制桩、下端封闭的管桩和沉管灌注桩等。在成桩过程中，桩周围的土被挤开，使桩周围的土层受到严重扰动，土的工程性质和初始结构发生较大变化。部分挤土桩包括开口的管桩和 H 形钢桩等。在成桩过程中，对桩周土体稍有挤压作用，但其工程性质和初始结构变化不大。非挤土桩包括先挖孔再打入的预制桩和钻（冲或挖）孔桩。在成桩过程中，与桩体积相同的土体被挖出，因此桩周土体不但没有受到挤压，反而可能因桩周土体向桩孔内移动而产生应力松弛现象。因此，非挤土桩的桩侧摩阻力通常有所减小。

根据桩身材料的不同，桩基可以分为木桩、混凝土桩和钢桩。木桩由于承载能力、刚度和耐久性能较差，现在已较少应用。混凝土桩具有造价低廉、经久耐用的特点，广泛应用于各种建筑的基础结构中。混凝土桩的截面有方形、矩形、圆形和环形等，较常用的是方形截面和环形截面。钢桩可以分为钢管桩、型钢桩和钢板桩；与混凝土桩相比，钢桩造价更高，抗腐蚀能力较差，表面需经防腐处理。

根据承载方式的不同，桩基可以分为端承桩和摩擦桩。端承桩是指竖向荷载由桩侧阻力和桩端阻力共同承受，其中桩端阻力是主要因素，桩侧摩擦力是次要因素，其桩端一般进入中密以上的砂类、碎石类土层或位于中风化、微风化及新鲜基岩顶面。摩擦桩是指竖向荷载主要由桩侧摩擦力承受，其桩端持力层多为较坚实的黏性土、粉土和砂类土，且桩的长径比不太大。

2）沉管灌注桩常见质量问题

（1）锤击或振动过程的振动力向周围土体扩散，沉管周围的土体以垂直振动为主，而一定距离后的土层水平振动大于垂直振动，再加上侧向挤压作用，极易振断尚未完全凝固的邻桩，软硬土层交界处尤为明显。

（2）对于管距小于三倍桩径，沉管过程中可能会造成地表土体隆起，从而在邻桩桩身产生一定的竖向拉力，使初凝混凝土拉裂。

（3）拔管速度过快，管内混凝土灌注高度过低，不足以产生一定的排挤压力，在淤泥层易产生缩颈。

（4）地层存在有承压水的砂层，砂层上又覆盖有透水性差的黏土层，孔中灌注混凝土后，由于动水压力作用，沿桩身至桩顶出现冒水现象并最终出现断桩。

（5）振动沉管采用活瓣桩尖时，活瓣张开不灵活，混凝土下落不畅，引起断桩或混凝土密实度差的现象时有发生。当桩尖持力层为透水性良好的砂层时，若沉管和混凝土灌注不及时，易从活瓣的合缝处渗水，稀释桩尖部分的混凝土，使得桩端的阻力丧失。

（6）预制桩尖混凝土质量不满足要求，沉管时被击碎塞入桩管内，拔管至一定高度后，桩尖下落且被孔壁卡住，桩身的下段无混凝土，产生"吊脚桩"。

（7）钢筋笼埋设高度控制不准。

3）冲、钻孔灌注桩常见质量问题

（1）由于停电或其他原因，灌注混凝土没有连续进行，间断一定时间后，隔水层凝固，形成硬壳，后续混凝土无法下灌，只好拔出导管，一旦泥浆进入管内必然形成断桩。如用增大管内混凝土压力等办法冲破隔水层，形成新的隔水层，破碎的旧隔水层混凝土必将残留在桩身内，造成桩身局部混凝土的浇筑质量不足。

（2）水下灌注混凝土桩径不小于 600mm。桩径过小，由于导管和钢筋笼占据一定空间，加上孔壁摩擦作用，混凝土上升不畅，容易堵管，形成断桩或钢筋笼上浮。

（3）泥浆护壁成孔，应根据孔的深浅，控制洗孔时间或孔口泥浆密度。清孔时间过短，孔底沉渣太厚，将影响桩端承载力。

（4）混凝土和易性不太好，以致产生离析。

（5）导管连接处漏水，形成断桩。

4）人工挖孔灌注桩常见质量问题

在地下水丰富的场地进行人工挖孔灌注桩的施工，容易发生以下质量问题：

（1）地下水渗流严重的土层，土壁容易发生崩塌，土体塌方。

（2）土层出现流沙或有动水压力时，护壁底部土层会突然失去强度，泥土随水急速涌出，产生井涌，使护壁与土体脱空，或引起孔形不规则。

（3）挖孔时如果边挖孔边抽水，地下水位下降时，护壁易受到下沉土层产生的负摩擦作用，使护壁受到拉力，产生环向裂缝，护壁所受的周围土压力不均时，又将产生弯矩和剪力作用，易引起垂直裂缝。当桩制作完毕时，护壁和桩身混凝土结为一体，护壁是桩身的一部分，护壁裂缝破损或错位影响桩身质量和桩侧摩擦力的发挥。

（4）孔较深时，若没有采用导管灌注混凝土，混凝土从高处自由下落易产生离析。

（5）孔底水易抽干或未抽干情况下灌注混凝土，桩尖混凝土将被稀释，降低桩端承载能力。

5）混凝土预制桩常见质量问题

（1）打桩时应选用合适的锤垫和桩垫。垫层过软会降低锤击能量的传递，打入困难；

垫层过硬，增大锤击应力，容易击碎桩头。一般最大锤击应力不容许超过混凝土抗压强度的65%。

（2）打桩的拉应力会造成桩身开裂，拉应力的产生和大小与桩尖土的特性、桩侧土的摩擦力、入土深度、锤偏心程度和垫层特性有差。当拉应力超过混凝土抗拉强度时，混凝土桩身会发生开裂。

（3）桩锤选用不合适，桩将难于打至预定设计标高或不满足贯入度要求。

（4）桩头钢筋网片设置、配筋不符合要求或桩顶混凝土保护层过厚，桩顶不平，桩身混凝土强度等级低于设计要求等，打桩时容易发生桩头击碎现象。

（5）桩距设计不合理，或打桩次序安排不合理，往往导致打桩时邻近桩被挤压折断。

（6）桩在运输、起吊过程中，支点和吊点的选择不合理，造成桩身折断。

（7）桩尖遇到硬土层、坚石或其他障碍物，因锤击次数过多、冲击能量过大，可能造成桩身破裂或折断。

6.5.2 桩基竖向抗压静载试验

单桩竖向抗压静载试验，就是采用接近于竖向抗压桩实际工作条件的试验方法，加载时荷载作用于桩顶，桩顶产生竖向位移，即可得到单桩的荷载位移曲线，和每级荷载作用下桩顶沉降随时间的变化曲线。

1）检测标准

（1）《建筑地基基础设计规范》GB 50007—2011；

（2）《建筑基桩检测技术规范》JGJ 106—2014。

2）试验加载装置

一般采用单台或多台同型号的千斤顶进行加载，其反力装置可根据现场条件选择：

（1）锚桩横梁反力装置

通常采用的锚桩横梁反力装置如图6-25所示。锚桩按抗拔桩的规定计算确定，并对试验过程中的上拔量进行监测。横梁的刚度、强度与锚桩拉筋断面在加载前应进行验算。

（2）堆重平台反力装置

堆载材料可以采用混凝土块或砂袋，堆载重力不得小于预估试桩破坏荷载的1.2倍。堆载重量最好于试验前一次完成，并均匀稳固地堆放在平台上。作为基准梁的工字钢应足够长，且其高跨比应大于1/40。

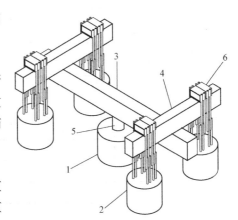

图6-25 锚桩横梁反力装置
1—试桩；2—锚桩（4根）；3—横梁；
4—次梁；5—加载千斤顶；6—垫块

（3）锚桩堆重联合反力装置

若试桩最大加载力超过锚桩的抗拔能力时，应在锚桩上或横梁上配重，由锚桩和堆载共同承受千斤顶反力。

3）测试方法和加载方法

荷载可以采用高精度压力表测定油压，并根据事先标定的曲线换算成荷载值；也可通过精确标定的压力传感器测量荷载大小。

沉降位移的测量一般采用百分表或位移计进行测量。测点通常布置在桩的两个正交方向上，对称安装 4 个。沉降测量平面离桩顶的距离不应小于 0.5 倍桩径。为了防止堆载引起地面下沉影响测量精度，还应用水准仪对基准梁的标高进行测量。

桩身埋设的测量装置多是电阻式应变计或振弦式应变计。在国外也有用美国材料及试验学会（ASTM）推荐的量测钢管桩桩身应变的方法进行测量，即沿桩身的不同标高处预埋不同长度的金属管和测杆，用千分表测杆趾部相对于桩顶处的下沉量，经计算求得应变与荷载。

加载方法时，通常逐级加载，每一级加载达到相对稳定后，再加下一级荷载。按试桩预计最大试验加载力等分为 10～15 级进行逐级等量加载。若总位移量大于或等于 40mm，本级荷载下沉量大于或等于前一级荷载下沉量的 5 倍时，加载即可终止，取终止时荷载小一级的荷载为极限荷载。若总位移量大于或等于 40mm，本级荷载加上后 24h 未稳定，加载即可终止，取比终止时荷载小一级的荷载为极限荷载。

4）试验结果整理

试验结果应整理成表格形式，如表 6-10 所示，并对试验过程中出现的异常现象进行必要的说明。最后绘制试验结果曲线。

静压试验记录表

表 6-10

工程名称：_____ 地点：_____ 试桩编号：_____ 地质情况：_____

沉桩方法及设备型号：_____ 桩的类型、截面尺寸和长度：_____

桩的入土深度：_____（m） 设计荷载：_____（kN） 最终贯入度：_____（mm/击）

加载方法：_____ 加载顺序：_____

荷载编号	起止时间			间歇时间(min)	每级荷载(kN)	各表读数(mm)		平均读数(mm)	位移(mm)			气温(℃)	备注
	日	时	分			1号	2号		下沉	上拔	水平		

其他记录：

5）单桩竖向极限承载力的确定

（1）试桩竖向极限承载力的确定

除了遵循有关的规范规定外，还可参照以下标准确定极限承载力：

① 当荷载位移曲线的陡降段明显时，取相应于陡降段起点的荷载；

② 对于缓变型荷载位移曲线，一般可取 $S = 40～60mm$ 对应的荷载；

③ 对于细长桩（$L/D > 80$）和超长桩（$L/D > 100$），一般可取桩沉降 $S = 2QL/(3E_cA_p) + 20mm$ 所对应的荷载，或取 60～80mm 对应的荷载。

（2）单桩竖向抗压极限承载力标准值的确定

① 计算几根试桩的实测极限承载力平均值 $\overline{Q}_u$

$$\overline{Q}_u = \frac{1}{n}\sum_{i-1}^{n}Q_{ui} \qquad (6\text{-}37)$$

② 计算每根试桩的极限承载力实测值与平均值之比 a_i

$$a_i = Q_{ui}/\overline{Q}_u \qquad (6\text{-}38)$$

③ 计算 a_i 的标准差 S_n

$$S_n = \sqrt{\frac{1}{n-1}\sum_{i=1}^{n}(a_i-1)^2} \qquad (6\text{-}39)$$

④ 当 $S_n \leqslant 0.15$ 时，按式（6-40）计算单桩抗压极限承载力标准值；当 $S_n > 0.15$ 时，按式（6-41）计算其标准值。当试桩数 $n=2$ 时，按表 6-11 确定标准值折减系数 λ；当试桩数 $n=3$ 时，按表 6-12 确定标准值折减系数 λ；当 $n \geqslant 4$ 时，按式（6-42）～式（6-47）确定。

$$Q_{uk} = Q_{um} \qquad (6\text{-}40)$$

$$Q_{uk} = \lambda Q_{um} \qquad (6\text{-}41)$$

$$A_0 + A_1\lambda + A_2\lambda + A_3\lambda + A_4\lambda = 0 \qquad (6\text{-}42)$$

$$A_0 = \sum_{i=1}^{n-m}a_i{}^2 + \frac{1}{m}(\sum_{}^{n-m}a_i)^2 \qquad (6\text{-}43)$$

$$A_1 = -\frac{2n}{m}\sum_{i=1}^{n-m}a_i \qquad (6\text{-}44)$$

$$A_2 = 0.127 - 1.127n + \frac{n^2}{m} \qquad (6\text{-}45)$$

$$A_3 = 0.147(n-1) \qquad (6\text{-}46)$$

$$A_4 = -0.042(n-1) \qquad (6\text{-}47)$$

单桩竖向抗压承载力折减系数 λ （$n=2$） 表 6-11

a_2-a_1	0.21	0.24	0.27	0.30	0.33	0.36	0.39	0.42	0.45	0.48	0.51
λ	1.00	0.99	0.97	0.96	0.94	0.93	0.91	0.90	0.90	0.88	0.85

单桩竖向抗压承载力折减系数 λ （$n=3$） 表 6-12

a_2 \ a_3-a_1	0.30	0.33	0.36	0.39	0.42	0.45	0.48	0.51
0.84	—	—	—	—	—	—	0.93	0.92
0.92	0.99	0.98	0.98	0.97	0.96	0.9	0.94	0.93
1.00	1.00	0.99	0.98	0.97	0.96	0.95	0.93	0.92
1.08	0.98	0.97	0.95	0.97	0.93	0.91	0.90	0.88
1.16	—	—	—	—	—	—	0.86	0.84

6.5.3 桩基竖向抗拔静载试验

高耸建筑往往承受较大的水平荷载，以致部分桩承受上拔力，多层地下室的底板也会承受地下水引起的浮力作用，因此对桩基进行现场原位抗拔试验尤为重要。

1）试验加载装置

图 6-26 桩基竖向抗拔承载力试验装置

桩基竖向抗拔承载力试验装置如图 6-26 所示，一般采用千斤顶进行加载，其反力装置多由桩帽、拉杆和反力梁组成。

2）测试方法和加载方法

与抗压静载试验加载一样，抗拔承载力加载时，按每级加载为预计最大荷载的 1/10～1/15 进行，待达到稳定后进行下一级加载。

进行单桩竖向抗拔静载试验时，除了要对试桩的上拔量进行观测外，尚应对桩周地面土的变形情况和桩身外露部分可能出现的裂缝情况进行观测和记录。

待桩顶荷载为桩受拉钢筋总极限承载力的 0.9 倍，或某级荷载作用下桩顶上拔位移量为前一级荷载作用下的 5 倍，或累计上拔量超过 100mm 时，终止加载。

3）试验结果整理

参照抗压静载试验进行试验结果的整理。

4）单桩竖向抗拔承载力的确定

对于陡变型荷载位移曲线，取陡升起始点荷载为极限承载力。对于缓变型荷载位移曲线，根据上拔量和试验结果曲线综合判定。

6.5.4 桩基反射波法动力检测

1）检测原理

反射波法是一种低应变检测桩基的方法，其基本原理是，当应力波在一根均匀构件中传播时，其大小不会发生变化，波的传播方向与压缩波中质点运动方向相同，但与拉伸波中质点的运动方向相反。当桩身某截面出现扩、缩颈或有夹泥截面等情况时，就会引起阻抗的变化，从而使一部分波产生反射并到达桩顶，由安装在桩顶的拾振器记录下来，并借由来判断桩的完整性。

2）检测装置

反射波法的主要检测设备和仪器包括激振设备、速度（加速度）传感器、信号调制装置和数据采集装置等。

（1）激振设备：最简便的激振设备就是手锤，利用手锤敲击桩顶产生振动波。

（2）速度（加速度）传感器：由于利用手锤敲击产生的振动较小，一般采用高灵敏度速度（加速度）传感器进行测量。测量时，传感器置于桩顶，测得桩顶速度随时间的变化曲线。当采用加速度传感器进行测量时，需要将加速度信号积分得到速度信号并分析。

（3）信号调制装置：由信号接收、放大、模数转换和模拟积分装置组成。

（4）数据采集装置：采用便携式计算机进行数据的采集和分析。

3）检测依据

反射波法检测桩基时，按照《建筑基桩检测技术规范》JGJ 106—2014 执行。

4）检测步骤

（1）进行桩头处理：应去掉浮浆和疏松混凝土部分至坚实的混凝土面，当桩径较大时，至少应保证在激振部位和传感器安装的位置平整。

（2）传感器安装：传感器应稳固地安装在桩头上，对于桩径大于350mm的桩可安装两个或多个传感器。常用的安装方式有预埋螺丝、橡皮粘贴等。

（3）激振：激振点应选在桩头中心部位，并根据实际情况选择激振能量和锤头材质，而不是能量越大越好。

（4）测试：在正式试验前进行试测，如发现问题及时调整，以确定最佳的激振方式、仪器参数和现场条件。每根桩均应进行两次以上的重复测试，若出现异常波形应在现场及时研究，排除影响测试的干扰因素后进行重复测试。重复测试的波形与原波形应具有相似性。

5）结果评定

（1）桩身混凝土质量判断

应力波波速按下式进行计算，并依据表6-13判断桩身混凝土质量。

$$c = 2l/t \tag{6-48}$$

式中：c——应力波波速；

  l——测点以下的桩长；

  t——入射波与反射波之间的时间差（s）。

应力波波速与桩身混凝土质量 表6-13

序号	桩身混凝土质量	应力波波速（m/s）
1	极差	<1920
2	较差	1920～2750
3	可疑	2750～3300
4	良好	3300～4120
5	优良	>4120

（2）桩的完整性判断

从图6-27可以看出，在$2l/c$时间内，完好桩无反射波，但带缺陷的桩基有反射波现象存在。完好桩和缺陷桩有波形有着明显的区别。

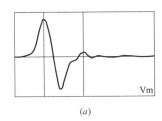
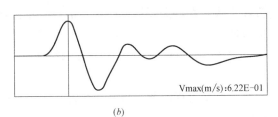

图 6-27　完好桩和缺陷桩的反射波曲线
(a) 完好桩；(b) 缺陷桩

（3）缺陷部位判断

根据反射波到达桩顶的时间和应力波波速，可以判断缺陷部位的位置按下式进行计算：

$$l_r = \frac{1}{2} v_{pm} t_r \tag{6-49}$$

式中：l_r——桩身缺陷位于测点以下的桩长位置（m）；

　　　v_{pm}——同一工地内多根已测合格桩桩身纵波速度的平均值（m/s）；

　　　t_r——桩身缺陷部位反射波到达时间（s）。

6.5.5 动力打桩公式法

1）检测方法和原理

桩基的动力打桩公式法是一种高应变的桩基动力检测方法，其基本原理是利用能量守恒原理和牛顿力学定律，根据打桩时测得的贯入度建立关系式，推算桩基的极限承载能力。试验时，采用重锤撞击桩顶，使桩基产生较大贯入度。利用桩基的动阻力与其静载承载能力的相关关系，确定桩基的极限承载能力。

2）检测设备

采用动力打桩公式法进行桩基检测时，设备主要由锤击装置、测量装置和打桩分析仪组成。

（1）加速度计：根据实测经验选择合理的加速度计，其量程应大于预估最大冲击加速度值的一倍以上。

（2）落锤：自由落锤安装加速度计以测量桩顶锤击力。锤体需要整体铸造且高径（宽）比不大于1.5。锤的质量应大于预估单桩极限承载力的1.0%～1.5%以上，并从土阻力等多方面考虑提高锤重。

（3）贯入度测量装置：由于重锤锤击时，受检桩附近架设的基准点也将受到影响，导致桩的贯入度测量结果可能不可靠。因此对于贯入度测量精度要求较高时，可以采用精密水准仪进行测量。

3）检测要求

（1）仪器外壳接地。

（2）采用"重锤低击"：事实证明，若将锤头质量增加到预估单桩极限承载力的5%～10%以上，则可以得到长持续力脉冲作用，此时由于桩身中的波传播效应大大减弱，桩侧、桩端岩土阻力的发挥更接近静载作用。因此，"重锤低击"是保障高应变法检测承载力准确性的基本原则。

（3）排除干扰因素，提高信号质量：信号质量良好是高应变法检测成功的关键。应根据每锤的信号质量、动位移、贯入度等采集到的信号，初步判别数据是否满足检测目的的要求。同时，也要检查混凝土桩锤击位置的拉压应力和缺陷情况，以决定是否继续进行锤击。

（4）实施打桩全过程监测：桩基施打开始后，从桩锤正常起跳到收锤为止，实施打桩全过程的监测。

4）数据处理

（1）除柴油锤施打的长桩信号外，力的时程曲线应最终归零。对于混凝土桩，高应变测试信号质量不但受传感器安装好坏、锤击偏心程度和传感器安装位置的影响，也受混凝土的不均匀性和非线性的影响。通常锤击偏心很难避免，因此严禁用单侧力信号代替平均力信号。

（2）桩底反射明显时，桩身平均波速可根据速度波形第一峰上升波的起点和桩底反射峰的起点之间的时差与已知桩长值确定。对于桩底反射峰变宽或有水平裂缝的桩，不应根据峰与峰间的时差来确定平均波速。

（3）当平均波速按实测波速改变后，测点处的原设定波速也按比例线性变化，桩身材料弹性模量则应按平方的比例关系变化。

（4）多数情况下，正常施打的桩基，其力和速度信号的第一峰值应成比例。

5）结果评定

（1）静极限承载力 P_u

$$P_u = R - J_c(Q_1 + ZV_1 - R) \tag{6-50}$$

式中：P_u——静极限承载力；

R——总土阻力（kN），$R = (Q_1 + Q_2 + ZV_1 - ZV_2)/2$；

Q_1、Q_2——t_1、t_2 时刻的锤击力（kN）；

t_1——锤击力峰值时刻；

t_2——$t_2 = t_1 + 2l/c$；

v_1、v_2——t_1、t_2 时刻的速度（m/s）；

Z——桩身材料的声阻抗（kN/ms），$Z = AE/C$；

A——桩截面积（m^2）；

E——桩身材料弹性模量（kN/m^2）；

l——测点下方的桩长；

J_c——桩尖处的阻尼系数；

c——纵波波速（m/s）。

（2）结构完整性系数 β

结构完整性系数 β 按表 6-14 进行评定。

桩的结构完整性　　　　　　　　　　　　　　　　　　　　表 6-14

序号	β 值	完整程度
1	1	完好
2	0.8~1	基本完好、轻微缺陷
3	0.6~0.8	缺陷
4	<0.6	断裂

（3）曲线分析

根据随机取样的方法，抽检试桩不少于总数的 20%，绘出速度和力随时间变化曲线，结合 β 值判断缺陷部位。

当 $\beta = 1$，速度峰值与力峰值吻合时，桩基完好；

当 $\beta < 1$，且速度峰值高于力峰值，并在 $2l/c$ 时间之内速度曲线又出现一次反射，说明桩上下部均有缺陷；当在 $2l/c$ 之内速度曲线无反射，说明桩下部完好，上部有缺陷；

当 $\beta < 0.6$，且速度曲线出现多次反射，说明桩有断裂面。

6.6　本　章　小　结

钢筋混凝土结构无损检测的主要内容包括混凝土材料的强度检测，钢筋锈蚀状态检测，保护层厚度与钢筋数量、位置检测，混凝土碳化深度检测，混凝土电阻率检测和混凝土氯离子含量检测等。

混凝土的强度检测，最常用的方法是回弹法。回弹法采用回弹仪，利用了混凝土表层硬度与混凝土抗压强度之间的关系计算混凝土强度。超声回弹法既能反映混凝土的表层状态，又能反映混凝土的内部信息，是一种可以确切反映混凝土强度的检测方法。钢筋锈蚀检测主要依据半电池法进行，采用钢筋锈蚀电位测定仪。钢筋锈蚀状态的影响参数主要有混凝土保护层厚度、混凝土碳化深度、混凝土电阻率和混凝土氯离子含量。混凝土中钢筋数量、钢筋间距和保护层厚度的无损检测大都采用钢筋探测仪进行检测，主要利用电磁感应的原理进行。混凝土碳化深度采用碳化深度测量仪，利用混凝土中的氢氧化碳遇酒精浓液会变红色的原理进行检测。

钢材和焊缝检测的主要内容包括利用表面硬度法检测钢材硬度，采用扭矩扳手对钢结构螺栓连接节点和高强螺栓的终拧扭矩进行检测。采用磁性和涡流两种测厚方法，可以无损地测量磁性金属基体上覆盖的非磁性覆盖层的厚度。

砌体抗压强度的检测方法包括原位轴压法、扁顶法和切制抗压试件法。砌体抗剪强度的检测方法包括原位单剪法和原位单砖双剪法。砌体砂浆强度的检测方法包括回弹法和贯入法。回弹法采用砂浆回弹仪进行检测；贯入法采用贯入式砂浆强度检测仪进行检测。

灌注桩的成孔质量检测内容包括桩位偏差检测、孔深检测、垂直度检测、孔径检测、泥浆密度检测和沉渣厚度检测。常用超声波成孔质量检测仪进行检测。桩基的原位静载试验包括抗压静载试验和抗拔静载试验，多采用千斤顶进行加载，不同的加载方法所采用的反力装置不同。此外，反射波是一种桩基的低应变检测方法，动力打桩公式法是一种高应变的桩基动力检测方法。

习题与思考题

1. 为什么说超声回弹法较回弹法可以更确切地反映混凝土强度？

2. 怎样看混凝土保护层厚度、混凝土碳化深度、混凝土电阻率和混凝土氯离子含量对钢筋混凝土结构中的钢筋锈蚀状态的影响？如何避免这些因素可能会造成的钢筋混凝土结构中的钢筋锈蚀？

3. 砌体的无损检测主要包括哪些内容？

4. 如何利用贯入法检测砌体砂浆的强度？在进行检测时需要注意哪些事项？

5. 建筑结构常用的桩基有哪些？其在施工过程中容易出现哪些质量问题？

本章参考文献

[1] 中华人民共和国行业标准. JGJ/T 23—2011 回弹法检测混凝土抗压强度技术规程 [S]. 北京：中国建筑工业出版社，2011.

[2] 张治泰，邱平. 超声波在混凝土质量检测中的应用 [M]. 北京：化学工业出版社，2006.

[3] 中华人民共和国国家标准. GB 50204—2015 混凝土结构工程施工质量验收规范 [S]. 北京：中国建筑工业出版社，2015.

[4] 中华人民共和国国家标准. GB 50300—2013 建筑工程施工质量验收统一标准 [S]. 北京：中国建筑工业出版社，2013.

[5] 王天稳. 土木工程结构试验 [M]. 武汉：武汉大学出版社，2014.

[6] 朱尔玉，等. 工程结构试验 [M]. 北京：清华大学出版社，2016.

[7] 周明华. 土木工程结构试验与检测 [M]. 南京：东南大学出版社，2002.

[8] 刘明. 土木工程结构试验与检测 [M]. 北京：高等教育出版社，2008.

[9] 门进杰，赵茜，朱乐，等. 基于矩张量的钢筋混凝土构件损伤声发射检测方法 [J]. 防灾减灾工程学报，2017，37（05）：822-827，841.

[10] 梁明进. 钢筋混凝土结构裂缝深度无损检测技术的现状及发展 [J]. 四川理工学院学报（自然科学版），2012，25（04）：6-9.

[11] 何玮珂，邓思华，吕能锋，等. 已建楼盖的雷达无损检测及鉴定 [J]. 建筑科学，2006，（04）：94-97.

[12] 中华人民共和国国家标准. GB/T 231.1—2009 金属材料 布氏硬度试验 第1部分：试验方法 [S]. 北京：中国标准出版社，2010.

[13] 中华人民共和国国家标准. GB/T 230.1—2009 金属材料 洛氏硬度试验 第1部分：试验方法 [S]. 北京：中国标准出版社，2010.

[14] 中华人民共和国国家标准. GB/T 4340.1—2009 金属材料 维氏硬度试验 第1部分：试验方法 [S]. 北京：中国标准出版社，2010.

[15] 中华人民共和国国家标准. GB/T 17394.1—2014 金属材料 里氏硬度试验 第1部分：试验方法 [S]. 北京：中国标准出版社，2015.

[16] 中华人民共和国国家标准. GB/T 1172—1999 黑色金属硬度及强度换算值 [S]. 北京：中国标准出版社，2005.

[17] 中华人民共和国国家标准. GB/T 50315—2011 砌体工程现场检测技术标准 [S]. 北京：中国建筑工业出版社，2011.

[18] 中华人民共和国行业标准. JGJ/T 136—2001 贯入法检测砌筑砂浆抗压强度技术规程 [S]. 北京：中国建筑工业出版社，2001.

[19] 程文瀼，等. 混凝土结构（中册）混凝土结构与砌体结构设计 [M]. 北京：中国建筑工业出版社，2016.

[20] 李周庭，陈纪宏. 无损检测技术在建设工程质量检查中的应用 [J]. 智能城市，2018，4（06）：67-68.

[21] 康锦霞，马成理. 无损检测技术在平遥古城墙保护中的应用 [J]. 无损检测，2011，33（05）：65-68.

[22] 魏骁勇，时旭东，李德山，等. 基于无损综合评估法的古建城台安全性能评估 [J]. 建筑结构，2009，39（S2）：305-307.

[23] 刘金砺. 高层建筑桩基工程技术 [M]. 北京：中国建筑工业出版社，1998.

[24] 罗骐先，王五平. 桩基工程检测手册 [M]. 北京：人民交通出版社，2010.

[25] 张志勇，金政，伍允望，等. 基桩质量检测技术（上册）[M]. 上海：同济大学出版社，2015.

[26] 张志勇，金政，伍允望，等. 基桩质量检测技术（下册）[M]. 上海：同济大学出版社，2015.

[27] 中华人民共和国国家标准. GB 50202—2018 建筑地基基础工程施工质量验收标准 [S]. 北京：中国计划出版社，2018.

[28] 中华人民共和国国家标准. GB 50007—2011 建筑地基基础设计规范 [S]. 北京：中国建筑工业出版社，2012.

[29] 中华人民共和国行业标准. JGJ 106—2014 建筑基桩检测技术规范 [S]. 北京：中国建筑工业出版社，2014.

第7章 建筑结构可靠性鉴定

7.1 概 述

7.1.1 可靠性鉴定的目的和分类

可靠性鉴定是对建筑的安全性（包括承载能力和整体稳定性）和使用性（包括适用性和耐久性）所进行的调查、检测、分析、验算和评定等一系列活动。建筑结构可靠性鉴定就是根据现场调查和检测结果对建筑结构的安全性和适用性进行鉴定，并对结构的可靠性进行评级。

在下列情况下，应进行建筑结构的可靠性鉴定：

（1）建筑物大修前；

（2）建筑物改造或增容、改建或扩建前；

（3）建筑物改变用途或使用环境前；

（4）建筑物达到设计使用年限拟继续使用时；

（5）遭受灾害或事故时；

（6）存在较严重的质量缺陷或出现较严重的腐蚀、损伤、变形时。

若鉴定的目的是针对危房鉴定、房屋改造、延长结构使用期或使用性鉴定中发现有安全问题的，可仅进行安全性鉴定。若鉴定的目的是建筑物日常维护检查、使用功能鉴定或有特殊使用要求的专门鉴定，则可仅进行正常使用性鉴定。

7.1.2 可靠性鉴定的方法和标准

建筑结构鉴定的主要方法有传统经验法、综合鉴定法和概率法。工程实践中常用的是综合鉴定法。

综合鉴定法采用实际调查取得的荷载和试验取得的结构材料强度，对结构进行计算分析，按规范或规程要求进行多级综合性鉴定。

民用建筑按照《民用建筑可靠性鉴定标准》GB 50292—2015 的相关规定进行鉴定，工业建筑按照《工业厂房可靠性鉴定标准》GB 50144—2008 的相关规定进行鉴定。

7.1.3 可靠性鉴定的程序和内容

建筑结构鉴定应就委托方提出的鉴定原因和鉴定要求，进行初步调查并确定鉴定目的、范围和内容，其具体程序如图 7-1 所示。

1）初步调查包括：

（1）图纸及施工资料；（2）建筑物历史；（3）考察现场；（4）填写初步调查表；（5）制定详细调查计划和检测试验工作大纲，并提出需要由委托方合作完成的准备工作。

2）详细调查包括：

（1）结构基本情况勘查；（2）结构使用条件调查核实；（3）地基基础检查；（4）材料

性能检测分析；（5）承重结构检查；（6）围护系统使用功能检查；（7）易受结构位移影响的管道系统检查。

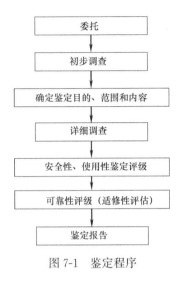

图 7-1　鉴定程序

7.2　可靠性鉴定评级

7.2.1　可靠性评级程序

进行建筑结构可靠性鉴定评级时，首先将待鉴定结构划分为构件、子单元和鉴定单元三个层次，然后再把每个层次按地基基础、上部承重结构和围护系统承重部分对每个层次进行安全性评级（4 个等级）和使用性评级（3 个等级），根据安全性和使用性评定结果，评定每个层次的可靠性等级（4 个等级）。其评级程序如图 7-2 所示。

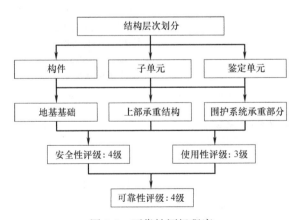

图 7-2　可靠性评级程序

7.2.2　可靠性鉴定评级标准

1）结构鉴定评级

（1）可靠性鉴定评级的层次、等级划分及工作内容，具体如表 7-1 所示。

可靠性鉴定评级的层次、等级划分及工作内容　　　　　　　　表 7-1

层次		一	二		三
层名		构件	子单元		鉴定单元
安全性鉴定	等级	a_u、b_u、c_u、d_u	A_u、B_u、C_u、D_u		A_{su}、B_{su}、C_{su}、D_{su}
	地基基础	—	地基变形评级 边坡场地稳定性评级 地基承载力评级	地基基础评级	鉴定单元安全性评级
	上部承重结构	按承载能力、构造、不适于承载的位移或损伤等检查项目评定单个构件等级	每种构件集评级 结构侧向位移评级	上部承重结构评级	
		—	按结构布置、支撑、圈梁、结构间连系等检查项目评定结构整体性等级		
	围护系统承重部分	按上部承重结构检查项目及步骤评定围护系统承重部分各层次安全性等级			
使用性鉴定	等级	a_s、b_s、c_s	A_s、B_s、C_s		A_{ss}、B_{ss}、C_{ss}
	地基基础	—	按上部承重结构和围护系统工作状态评估地基基础等级		鉴定单元正常使用性评级
	上部承重结构	按位移、裂缝、风化、锈蚀等检查项目评定单个构件等级	每种构件集评级 结构侧向位移评级	上部承重结构评级	
	围护系统功能	—	按屋面防水、吊顶、墙、门窗、地下防水及其他防护设施等检查项目评定围护系统功能等级	围护系统评级	
		按上部承重结构检查项目及步骤评定围护系统承重部分各层次使用性等级			
可靠性鉴定	等级	a、b、c、d	A、B、C、D		Ⅰ、Ⅱ、Ⅲ、Ⅳ
	地基基础 上部承重结构 围护系统	以同层次安全性和正常使用性评定结果并列表达，或按本标准规定的原则确定其可靠性等级			鉴定单元可靠性评级

注：1. 表中地基基础包括桩基和桩；
　　2. 表中使用性鉴定包括适用性鉴定和耐久性鉴定。
　　3.（1）根据构件各检查项目评定结果，确定单个构件等级；
　　　（2）根据子单元各检查项目及各构件集的评定结果，确定子单元等级；
　　　（3）根据各子单元的评定结果，确定鉴定单元等级。

（2）建筑安全性鉴定评级的各层次分级标准，应按表 7-2 的规定采用。

安全性鉴定分级标准   表 7-2

层次	鉴定对象	等级	分级标准	处理要求
一	单个构件或其检查项目	a_u	安全性符合本标准对 a_u 级的要求，具有足够的承载能力	不必采取措施
		b_u	安全性略低于本标准对 a_u 级的要求，尚不显著影响承载能力	可不采取措施
		c_u	安全性不符合本标准对 a_u 级的要求，显著影响承载能力	应采取措施
		d_u	安全性不符合本标准对 a_u 级的要求，已严重影响承载能力	必须及时或立即采取措施
二	子单元或子单元中的某种构件集	A_u	安全性符合本标准对 A_u 级的要求，不影响整体承载	可能有个别一般构件应采取措施
		B_u	安全性略低于本标准对 A_u 级的要求，尚不显著影响整体承载	可能有极少数构件应采取措施
		C_u	安全性不符合本标准对 A_u 级的要求，显著影响整体承载	应采取措施,且可能有极少数构件必须立即采取措施
		D_u	安全性极不符合本标准对 A_u 级的要求，严重影响整体承载	必须立即采取措施
三	鉴定单元	A_{su}	安全性符合本标准对 A_{su} 级的要求，不影响整体承载	可能有极少数一般构件应采取措施
		B_{su}	安全性略低于本标准对 A_{su} 级的要求，尚不显著影响整体承载	可能有极少数构件应采取措施
		C_{su}	安全性不符合本标准对 A_{su} 级的要求，显著影响整体承载	应采取措施,且可能有极少数构件必须及时采取措施
		D_{su}	安全性严重不符合本标准对 A_{su} 级的要求，严重影响整体承载	必须立即采取措施

（3）建筑使用性鉴定评级的各层次分级标准，应按表 7-3 的规定采用。

使用性鉴定分级标准   表 7-3

层次	鉴定对象	等级	分级标准	处理要求
一	单个构件或其检查项目	a_s	使用性符合本标准对 a_s 级的要求，具有正常的使用功能	不必采取措施
		b_s	使用性略低于本标准对 a_s 级的要求，尚不显著影响使用功能	可不采取措施
		c_s	使用性不符合本标准对 a_s 级的要求，显著影响使用功能	应采取措施

层次	鉴定对象	等级	分级标准	处理要求
二	子单元或子单元中的某种构件集	A_s	使用性符合本标准对 A_s 级的要求，不影响整体使用功能	可能有个别一般构件应采取措施
		B_s	使用性略低于本标准对 A_s 级的要求，尚不显著影响整体使用功能	可能有极少数构件应采取措施
		C_s	使用性不符合本标准对 A_s 级的要求，显著影响整体使用功能	应采取措施
三	鉴定单元	A_{ss}	使用性符合本标准对 A_{ss} 级的要求，不影响整体使用功能	可能有极少数一般构件应采取措施
		B_{ss}	使用性略低于本标准对 A_{ss} 级的要求，尚不显著影响整体使用功能	可能有极少数构件应采取措施
		C_{ss}	使用性不符合本标准对 A_{ss} 级的要求，显著影响整体使用功能	应采取措施

注：1. 表中关于"不必采取措施"和"可不采取措施"的规定，仅对使用性鉴定而言，不包括安全性鉴定所要求采取的措施；

2. 当仅对耐久性问题进行专项鉴定时，表中"使用性"可直接改称为"耐久性"。

（4）建筑可靠性鉴定评级的各层次分级标准，应按表 7-4 的规定采用。

可靠性鉴定分级标准   表 7-4

层次	鉴定对象	等级	分级标准	处理要求
一	单个构件或其检查项目	a	可靠性符合本标准对 a 级的要求，具有正常的承载功能和使用功能	不必采取措施
		b	可靠性略低于本标准对 a 级的要求，尚不显著影响承载功能和使用功能	可不采取措施
		c	可靠性不符合本标准对 a 级的要求，显著影响承载功能和使用功能	应采取措施
		d	可靠性极不符合本标准对 a 级的要求，已严重影响安全	必须及时或立即采取措施
二	子单元或子单元中的某种构件集	A	可靠性符合本标准对 A 级的要求，不影响整体承载功能和使用功能	可能有个别一般构件应采取措施
		B	可靠性略低于本标准对 A 级的要求，但尚不显著影响整体承载功能和使用功能	可能有极少数构件应采取措施
		C	可靠性不符合本标准对 A 级的要求，显著影响整体承载功能和使用功能	应采取措施，且可能有极少数构件必须立即采取措施
		D	可靠性极不符合本标准对 A 级的要求，已严重影响安全	必须立即采取措施
三	鉴定单元	I	可靠性符合本标准对 I 级的要求，不影响整体承载功能和使用功能	可能有极少数一般构件应在安全性或使用性方面采取措施
		II	可靠性略低于本标准对 I 级的要求，尚不显著影响整体承载功能和使用功能	可能有极少数构件应在安全性或使用性方面采取措施
		III	可靠性不符合本标准对 I 级的要求，显著影响整体承载功能和使用功能	应采取措施，且可能有极少数构件必须及时采取措施
		IV	可靠性极不符合本标准对 I 级的要求，已严重影响安全	必须及时或立即采取措施

（5）建筑适修性评定的分级标准，应按表 7-5 的规定采用。

子单元或鉴定单元适修性评定的分级标准 表 7-5

等级	评级标准
A_r	易修，修后功能可达到现行设计标准的要求；所需总费用远低于新建的造价；适修性好，应予修复
B_r	稍难修，但修后尚能恢复或接近恢复原功能；所需总费用不到新建造价的 70%；适修性尚好，宜予修复
C_r	难修，修后需降低使用功能，或限制使用条件，或所需总费用为新建造价 70% 以上；适修性差，是否有保留价值，取决于其重要性和使用要求
D_r	该鉴定对象已严重残损，或修后功能极差，已无利用价值，或所需总费用接近甚至超过新建造价，适修性很差，除文物、历史、艺术及纪念性建筑外，宜予拆除重建

2）构件鉴定评级

（1）构件的安全性鉴定评级

构件的安全性鉴定评级应根据构件的不同种类，应按照构件的承载力、构造和不适于继续承载的变形及裂缝进行鉴定评级，取其中最低一级作为该构件的安全性等级。其安全性鉴定评级的项目见表 7-6。

（2）构件的正常使用性鉴定评级

对于建筑构件正常使用性鉴定评级，应根据结构构件的不同种类，按照构件的位移、裂缝（锈蚀）检查项目进行鉴定评级，取其中最低一级作为该构件的正常使用性等级。其正常使用性鉴定评级的项目见表 7-7。

构件安全性鉴定评级的检查项目 表 7-6

构件种类	检 查 项 目			
混凝土结构构件	承载能力	构造	不适于承载的位移或变形	裂缝或其他损伤
钢结构构件	承载能力	构造	不适于承载的位移或变形	
砌体结构构件	承载能力	构造	不适于承载的位移	裂缝或其他损伤
木结构构件	承载能力	构造	不适于承载的位移或变形	裂缝	危险性的腐朽和虫蛀

构件正常使用性鉴定评级的检查项目 表 7-7

构件种类	检 查 项 目			
混凝土结构构件	位移或变形	裂缝	缺陷	损伤
钢结构构件	位移或变形	缺陷	锈蚀或腐蚀	
砌体结构构件	位移	非受力裂缝	腐蚀	
木结构构件	位移	干缩裂缝	初期腐朽	

3）子单元鉴定评级

（1）子单元安全性鉴定评级

子单元安全性鉴定评级属于民用建筑安全性的第二层次鉴定评级，应按地基基础、上部承重结构和围护系统承重部分进行鉴定评级。

① 地基基础

地基基础的安全性鉴定包括地基、桩基和斜坡三个检查项目。一般情况下，宜根据地基、桩基沉降观测资料，以及不均匀沉降在上部结构中反应的检查结果进行鉴定评级；当需对地基、桩基的承载力进行鉴定评级时，应以岩土工程勘察档案和有关检测资料为依据进行评定；对建造在斜坡场地上的建筑物，应根据历史资料和实地勘察结果，对边坡场地的稳定性进行评级。其评级标准见表7-8。

地基基础安全性评级标准 表7-8

级别	不均匀沉降与沉降裂缝	地基基础承载力	边坡场地稳定性
A_u级	不均匀沉降小于规范允许沉降差；建筑物无沉降裂缝、变形或位移	地基基础承载力符合现行国家标准的规定	建筑场地地基稳定，无滑动迹象及滑动史
B_u级	不均匀沉降不大于规范允许沉降差；且连续两个月地基沉降量小于每月2mm；建筑物的上部结构虽有轻微裂缝，但无发展迹象	地基基础承载力符合现行国家标准的规定	建筑场地地基在历史上曾有过局部滑动，经治理后已停止滑动，且近期评估表明，在一般情况下，不会再滑动
C_u级	不均匀沉降大于规范允许沉降差；或连续两个月地基沉降量大于每月2mm；或建筑物上部结构砌体部分出现宽度大于5mm的沉降裂缝，预制构件连接部位可能出现宽度大于1mm的沉降裂缝，且沉降裂缝短期内无终止趋势	地基基础承载力不符合现行国家标准的规定	建筑场地地基在历史上发生过滑动，目前虽已停止滑动，但若触动诱发因素，今后仍有可能再滑动
D_u级	不均匀沉降远大于现行规范允许沉降差；连续两个月地基沉降量大于每月2mm，且尚有变快趋势；或建筑物上部结构的沉降裂缝发展显著；砌体的裂缝宽度大于10mm；预制构件连接部位的裂缝宽度大于3mm；现浇结构个别部分也已开始出现沉降裂缝	地基基础承载力不符合现行国家标准的规定	建筑场地地基在历史上发生过滑动，目前又有滑动或滑动迹象

② 上部承重结构

上部承重结构的安全性鉴定评级，应根据其结构承载功能等级、结构的整体性等级和结构侧向位移等级进行确定。

构件安全性等级的评定标准见表7-9，结构整体牢固性等级评定标准见表7-10，结构侧向位移安全等级评定标准见表7-11。

③ 围护系统的承重部分

围护系统承重部分的安全性，应根据该系统专设的和参与该系统工作的各种构件的安全性等级，以及该部分结构整体性的安全性等级进行评定。

上部承重结构构件集安全性等级评定标准 表7-9

等级	主要构件集		一般构件集	
	多高层建筑	单层建筑	多高层建筑	单层建筑
A_u级	该构件集内，不含 c_u 级和 d_u 级，可含 b_u 级，但含量不多于25%	该构件集内，不含 c_u 级和 d_u 级，可含 b_u 级，但含量不多于30%	该构件集内，不含 c_u 级和 d_u 级，可含 b_u 级，但含量不应多于30%	该构件集内，不含 c_u 级和 d_u 级，可含 b_u 级，但含量不应多于35%

等级	主要构件集		一般构件集	
	多高层建筑	单层建筑	多高层建筑	单层建筑
B_u级	该构件集内,不含 d_u 级;可含 c_u 级,但含量不应多于 15%	该构件集内,不含 d_u 级,可含 c_u 级,但含量不应多于 20%	该构件集内,不含 d_u 级,可含 c_u 级,但含量不应多于 20%	该构件集内,不含 d_u 级,可含 c_u 级,但含量不应多于 25%
C_u级	该构件集内,可含 c_u 级和 d_u 级;若仅含 c_u 级,其含量不应多于 40%;若仅含 d_u 级,其含量不应多于 10%;若同时含有 c_u 级和 d_u 级,c_u 级含量不应多于 25%;d_u 级含量不应多于 3%	该构件集内,可含 c_u 级和 d_u 级;若仅含 c_u 级,其含量不应多于 50%;若仅含 d_u 级,其含量不应多于 15%;若同时含有 c_u 级和 d_u 级,c_u 级含量不应多于 30%;d_u 级含量不应多于 5%	该构件集内,可含 c_u 级和 d_u 级,但 c_u 级含量不应多于 40%;d_u 级含量不应多于 10%	该构件集内,可含 c_u 级和 d_u 级,但 c_u 级含量不应多于 50%;d_u 级含量不应多于 15%
D_u级	该构件集内,c_u 级或 d_u 级含量多于 C_u 级的规定数	该构件集内,c_u 级和 d_u 级含量多于 C_u 级的规定数	该构件集内,c_u 级或 d_u 级含量多于 C_u 级的规定数	该构件集内,c_u 级和 d_u 级含量多于 C_u 级的规定数

上部承重结构结构整体牢固性等级评定标准 表 7-10

检查项目	A_u级或B_u级	C_u级或D_u级
结构布置及构造	布置合理,形成完整的体系,且结构选型及传力路线设计正确,符合现行设计规范要求	布置不合理,存在薄弱环节,未形成完整的体系;或结构选型、传力路线设计不当,不符合现行设计规范要求,或结构产生明显振动
支撑系统或其它抗侧力系统的构造	构件长细比及连接构造符合现行设计规范要求,形成完整的支撑系统,无明显残损或施工缺陷,能传递各种侧向作用	构件长细比或连接构造不符合现行设计规范要求,未形成完整的支撑系统,或构件连接已失效或有严重缺陷,不能传递各种侧向作用
结构、构件间的联系	设计合理,无疏漏,锚固、拉结、连接方式正确、可靠,无松动变形或其他残损	设计不合理,多处疏漏;或锚固、拉结、连接不当,或已松动变形,或已残损
砌体结构中圈梁及构造柱的布置与构造	布置正确,截面尺寸、配筋及材料强度等符合现行设计规范要求,无裂缝或其他残损,能起封闭系统作用	布置不当,截面尺寸、配筋及材料强度不符合现行设计规范要求,已开裂,或有其他残损,或不能起封闭系统作用

上部承重结构侧向位移安全等级评定标准 表 7-11

检查项目	结构类别			顶点位移 C_u级或D_u级	层间位移 C_u级或D_u级
结构平面内的侧向位移 (mm)	混凝土结构或钢结构	单层建筑		$>H/150$	—
		多层建筑		$>H/200$	$>H_i/150$
		高层建筑	框架	$>H/250$ 或 $>300mm$	$>H_i/150$
			框架剪力墙	$>H/300$ 或 $>400mm$	$>H_i/250$
	砌体结构	单层建筑	墙 $H≤7m$	$>H/250$	—
			墙 $H>7m$	$>H/300$	
			柱 $H≤7m$	$>H/300$	—
			柱 $H>7m$	$>H/350$	
		多层建筑	墙 $H≤10m$	$>H/300$	$>H_i/300$
			墙 $H>10m$	$>H/330$	
			柱 $H≤10m$	$>H/330$	$>H_i/330$
	单层排架平面外侧倾			$>H/350$	

注:表中 H 为结构顶点高度;H_i 为第 i 层层间高度。墙包括带壁柱墙。

（2）子单元正常使用性鉴定评级

子单元正常使用性鉴定评级属于民用建筑正常使用性的第二层次鉴定评级，应按地基基础、上部承重结构和围护系统进行鉴定评级。

① 地基基础

地基基础的正常使用性，可根据其上部承重结构或围护系统的工作状态进行评估。若安全鉴定过程中已对基础进行了开挖，或鉴定人员认为有必要开挖时，也可开挖检查并评定单个基础及每种基础的使用性等级。

a. 当上部承重结构和围护系统的使用性检查未发现问题，或所发现问题与地基基础无关时，可根据实际情况认定为 A_s 级或 B_s 级；

b. 当上部承重结构或围护系统所发现的问题与地基基础有关时，可根据上部承重结构和围护系统所评的等级，取其中较低一级作为地基基础的使用性等级；

② 上部承重结构

上部承重结构子单元的使用性鉴定评级，应根据其所含各种构件集的使用性等级和结构的侧向位移等级评定，必要时还应对结构的振动影响进行评估。

当评定一种构件集的使用性等级时，应按下列规定评级：

a. 对单层房屋，以计算单元中每种构件集为评定对象；

b. 对多层和高层房屋，允许随机抽取若干层为代表层进行评定；代表层的选择应符合下列规定：

代表层的层数，应按 $\sqrt{m}$ 确定，m 为该鉴定单元的层数；当 $\sqrt{m}$ 为非整数时，应多取一层。随机抽取的 $\sqrt{m}$ 层中，若未包括底层、顶层和转换层，应另增这些层为代表层。

在计算单元或代表层中，评定一种构件集的使用性等级时，应根据该层该种构件中每一受检构件的评定结果，按下列规定评级：

a. A_s 级，该构件集内，不含 c_s 级构件，可含 b_s 级构件，但含量不多于 25%～35%；

b. B_s 级，该构件集内，可含 c_s 级构件，但含量不多于 20%～25%；

c. C_s 级，该构件集内，c_s 级含量多于 B_s 级的规定数。

上部结构使用功能的等级，应根据计算单元或代表层所评的等级，按下列规定进行确定：

a. A_s 级，不含 C_s 级的计算单元或代表层；可含 B_s 级，但含量不宜多于 30%；

b. B_s 级，可含 C_s 级的计算单元或代表层，但含量不多于 20%；

c. C_s 级，在该计算单元或代表层中，C_s 级含量多于 B_s 级的规定值。

结构侧向位移等级评定标准见表 7-12。

结构侧向位移等级评定标准 表 7-12

检查项目	结构类型		位移限值		
			A_s 级	B_s 级	C_s 级
钢筋混凝土结构或钢结构的侧向位移	多层框架	层间	$\leqslant H_i/500$	$\leqslant H_i/400$	$>H_i/400$
		结构顶点	$\leqslant H/600$	$\leqslant H/500$	$>H/500$
	高层框架	层间	$\leqslant H_i/600$	$\leqslant H_i/500$	$>H_i/500$
		结构顶点	$\leqslant H/700$	$\leqslant H/600$	$>H/600$

检查项目	结构类型		位移限值		
			A_s级	B_s级	C_s级
钢筋混凝土结构或钢结构的侧向位移	框架-剪力墙框架-筒体	层间	$\leqslant H_i/800$	$\leqslant H_i/700$	$> H_i/700$
		结构顶点	$\leqslant H/900$	$\leqslant H/800$	$> H/800$
	筒中筒剪力墙	层间	$\leqslant H_i/950$	$\leqslant H_i/850$	$> H_i/850$
		结构顶点	$\leqslant H/1100$	$\leqslant H/900$	$> H/900$
砌体结构侧向位移	以墙承重的多层房屋	层间	$\leqslant H_i/550$	$\leqslant H_i/450$	$> H_i/450$
		结构顶点	$\leqslant H/650$	$\leqslant H/550$	$> H/550$
	以柱承重的多房屋	层间	$\leqslant H_i/600$	$\leqslant H_i/500$	$> H_i/500$
		结构顶点	$\leqslant H/700$	$\leqslant H/600$	$> H/600$

注：表中 H 为结构顶点高度，H_i 为第 i 层的层间高度。

③ 围护系统

围护系统使用等级的评定标准见表 7-13。

围护结构使用等级的评定标准　　　　　　　　　表 7-13

检查项目	A_s级	B_s级	C_s级
屋面防水	防水构造及排水设施完好，无老化、渗漏及排水不畅的迹象	构造设施基本完好，或略有老化迹象，但尚不渗漏或积水	构造设施不当或已损坏，或有渗漏，或积水
吊顶	构造合理，外观完好，建筑功能符合设计要求	构造稍有缺陷，或有轻微变形或裂纹，或建筑功能略低于设计要求	构造不当或已损坏，或建筑功能不符合设计要求，或出现有碍外观的下垂
非承重内墙	构造合理，与主体结构有可靠联系，无可见位移，面层完好，建筑功能符合设计要求	略低于 A_s 级要求，但尚不显著影响其使用功能	已开裂、变形，或已破损，或使用功能不符合设计要求
外墙	墙体及其面层外观完好，无开裂、变形；墙脚无潮湿迹象；墙厚符合节能要求	略低于 A_s 级要求，但尚不显著影响其使用功能	不符合 A_s 级要求，且已显著影响其使用功能
门窗	外观完好，密封性符合设计要求，无剪切变形迹象，开闭或推动自如	略低于 A_s 级要求，但尚不显著影响其使用功能	门窗构件或其连接已损坏，或密封性差，或有剪切变形，已显著影响其使用功能
地下防水	完好，且防水功能符合设计要求	基本完好，局部可能有潮湿迹象，但不渗漏	有不同程度损坏或有渗漏
其他防护设施	完好，且防护功能符合设计要求	有轻微缺陷，但尚不显著影响其使用功能	有损坏，或防护功能不符合设计要求

4）鉴定单元鉴定评级

（1）安全性评级

民用建筑鉴定单元的安全性鉴定评级，应根据地基基础、上部承重结构和围护系统承重部分的安全性等级，依据下列原则确定：

a. 一般情况下，鉴定单元安全性等级取地基基础和上部承重结构的较低等级；

b. 对于评为 A_{su} 或 B_{su} 级，但围护系统承重部分的等级为 C_u 或 D_u 级时，可根据实际情况降低一级或二级，但不得低于 C_u 级；

c. 对于存在下列情况的，可直接评定为 D_{su} 级建筑：建筑物处于有危房的建筑群中，且直接受到其威胁；建筑朝一方向倾斜，且速度开始变快；

d. 建筑动力特性与原先记录或理论分析的计算值相比有明显变化的，例如建筑物基本周期显著变长或基本频率显著下降，或建筑物振型有明显改变或振幅分布无规律，可以判断其承重结构可能有异常，应进一步检查、鉴定和评级。

（2）使用性评级

民用建筑鉴定单元的正常使用性鉴定评级，应根据地基基础、上部承重结构和围护系统的使用性等级，以及建筑结构整体的使用功能进行评定。一般情况下取三个子单元中最低等级作为鉴定单元的使用性等级。对于评为 A_{ss} 级或 B_{ss} 级的单元，若存在以下情况的，宜将所评等级降为 C_{ss} 级。

a. 房屋内外装修已大部分老化或残损；

b. 房屋管道、设备已需全部更换。

7.2.3 民用建筑可靠性鉴定

1）可靠性鉴定评级

民用建筑的可靠性鉴定，按构件、子单元、鉴定单元三个层次，以安全性和正常使用性的鉴定结构为依据进行。若不要求给出可靠性等级时，各层次的可靠性可采取直接列出其安全性等级和使用性等级的形式表明。若需要给出各层次的可靠性等级（表 7-14）时，可按下列原则确定：

a. 当该层次安全性等级低于 b_u 级、B_u 级或 B_{su} 级时，应按安全性等级确定；

b. 除上述情形外，可按安全性等级和正常使用性等级中较低等级确定；

c. 当考虑鉴定对象的重要性和特殊性时，允许对评定结果作不大于一级的调整。

民用建筑可靠性鉴定评级　　　　　　　　　　　　　　表 7-14

检查项目	各层次等级				
安全性等级	A_u		B_u	C_u	D_u
使用性等级	A_s	B_s	A_s	A_s,B_s,C_s,D_s	A_s,B_s,C_s,D_s
可靠性等级	A		B	C	D

在民用建筑可靠性鉴定过程中，若委托方要求对 C_{su} 级和 D_{su} 级的鉴定单元，或 C_u 级和 D_u 级的子单元，提出处理建议时，宜对其适修性进行评估。

2）鉴定报告

结构可靠性鉴定工作完成后，应提出鉴定报告。鉴定报告的内容包括：

（1）工程概况；

（2）鉴定目的；

（3）鉴定依据；

（4）鉴定内容；

（5）仪器设备；

（6）检测方法；

（7）检测方案；

（8）检测结果：各类构件检查结果及相应评级，给出评级表和构件编号示意图；

（9）鉴定评级：根据构件评级表进行单元评级，然后再确定结构鉴定评级，给出评级表，并给出 c_u 级、d_u 级构件分布图；

（10）结论与建议：结构鉴定评级等级和处理建议；

（11）附录：检查检测照片等。

对于承重结构或构件的安全性问题，可根据其严重程度和具体情况采取相应的处理措施：

（1）减少结构上的荷载；

（2）加固或更换构件；

（3）临时支撑；

（4）停止使用；

（5）拆除部分结构或全部结构。

对于承重结构或构件的使用性问题，可根据实际情况有选择地采取下列措施：

（1）考虑经济因素而接受现状；

（2）考虑耐久性要求而进行修补、封护或化学药剂处理；

（3）改变使用条件或改变用途；

（4）全面或局部修缮、更新；

（5）进行现代化改造。

7.3 可靠性鉴定实例1——钢结构厂房

7.3.1 项目概况及鉴定内容

某维护车间（图 7-3）现为单层单跨门式刚架钢结构厂房，基础形式为钢筋混凝土条形基础，采用实腹式 H 型钢柱、H 型钢梁，屋面板及墙板均采用彩色压型钢板，外墙 1m 以下采用砖围护墙，1m 以上采用彩色压型钢板，建于 2012 年，建筑面积为 1249m²，主体结构设计使用年限为 50 年。

本次鉴定根据委托方提供的设计图纸对该车间结构现状进行全面检查，对结构体系、传力途径、构件属性进行识别；对车间的 H 型钢柱、H 型钢梁、拼接板、柱间支撑、墙面檩条、墙拉条、屋面支撑、屋面檩条、刚性系杆、屋面拉条、隔撑的截面尺寸进行抽样检测；采用里氏硬度计抽检 H 型钢材料极限强度；对钢构件的节点、构造做法进行检查；对车间各钢结构构件外观锈蚀状况进行检查；对基础进行局部开挖检查；根据现场检测数据，对结构承载能力进行复核验算，进行结构可靠性鉴定和抗震鉴定。

图 7-3　钢结构厂房实例

7.3.2 现场检测项目

1）H 型钢钢材强度检测

现场抽取部分 H 型钢柱、钢梁、抗风柱采用里氏硬度计检测 H 型钢材料极限强度，检测结果表明，所检 H 型钢柱、钢梁、H 型钢抗风柱的钢材极限强度达到钢材 Q345B 的国家标准及设计要求。

2）钢构件截面尺寸检查

钢构件截面尺寸检查主要内容包括 H 型钢柱、钢梁、抗风柱截面尺寸检查，柱、梁拼接节点及梁拼接节点节点板截面尺寸检查，支撑构件截面尺寸检查，屋面檩条、拉条及梁隅撑构件检查，纵向水平刚性系杆检查。

检测结果表明，所检纵向水平刚性系杆截面尺寸较设计要求小，所检屋面水平支撑的截面尺寸比设计值偏大，其余所检钢构件的截面尺寸符合设计图纸和验收规范的要求。

3）钢构件连接节点检查

钢构件连接节点检查主要内容包括柱梁拼接节点及梁拼接节点检查，柱脚节点检查，隅撑与钢梁及檩条连接节点检查，水平刚性系杆与钢柱、钢梁腹板连接节点检查，支撑系统节点检查和檩条节点检查。

检测结果表明，该车间柱脚节点、隅撑与钢梁及檩条连接节点、系杆连接节点、柱间支撑连接节点、屋面水平支撑连接节点和屋面檩条与钢梁做法符合设计要求。但是柱梁拼接节点存在钢梁上下翼缘未采用焊接连接，节点做法不符合设计图纸要求；部分节点螺栓未完全拧紧现象。

4）地基基础

该车间设计采用钢筋混凝土条形基础，现场抽取基础进行局部开挖检查截面尺寸，结果发现实测结果与设计锥型截面现浇钢筋混凝土条形基础不符，且截面尺寸偏小（图 7-4）。

图 7-4 某基础开挖现状图

7.3.3 结构可靠性鉴定

1）上部结构安全性评定

根据现场检测结果按单层门式刚架对刚架进行承载力验算。计算时，钢柱的平面外计算长度按刚性系杆高度取值，钢梁平面外计算长度按其檩条隅撑的间距取值；材料强度按设计钢材牌号 Q345B 取值；荷载计算时压型钢板屋面（含檩条）恒荷载取为 $0.2kN/m^2$，屋面活载取为 $0.3kN/m^2$，夹层楼面活荷载取为 $4.0 kN/m^2$，基本风压取为 $1.0N/m^2$，地面粗糙度为 A 类；风荷载体型系数按《门式刚架轻型房屋钢结构技术规范》GB 51022—2015 取用；计算中所需其余计算参数均按原设计或相关规范要求取值。承载力验算结果表明，该车间上部承重结构承载能力项目的安全性等级评为 B 级。

此外，该车间上部承重构件的构造和连接项目的安全性等级评为 B 级；上部承重结构整体性项目的安全性等级评为 B 级；上部结构钢构件偏差及腐蚀项目的使用性等级评为 B 级。综合上部结构的安全性、使用性鉴定结果，该车间上部承重结构可靠性等级评为 B 级。

2）围护系统

该车间的围护系统使用性等级评定为 B 级。

3）地基基础

该车间地基基础可靠性等级间接评定为 B 级。

4）可靠性评级

综合上述鉴定结果，该维护车间的结构可靠性等级评为二级，满足结构可靠性要求。

7.3.4 结构抗震鉴定

1）鉴定依据

该维护车间建于 2012 年，参考《建筑抗震鉴定标准》GB 50023—2009 第 1.0.4 条第 3 款规定，该车间后续使用年限按 50 年，根据《建筑抗震鉴定标准》GB 50023—2009 第 1.0.5 条属于 C 类建筑，按现行国家标准《建筑抗震设计规范》GB 50011—2010 的要求进行抗震鉴定。

2）抗震设防基本要求

该房屋为单层单跨门式刚架钢结构，场地类别为Ⅲ类，抗震设防烈度为 7 度，基本地震加速度为 0.10g，设计地震分组第三组，现使用功能为围护车间，根据《建筑工程抗震设防分类标准》GB 50223—2008，该房屋抗震设防类别为丙类，参考《建筑抗震鉴定标准》GB 50023—2009 第 1.0.3 条按本地区设防烈度的要求核查其抗震措施并进行抗震验算。

3）上部结构的抗震鉴定

根据《建筑抗震设计规范》GB 50011—2010 第 9.2 节"一般规定"与"抗震构造措施"的相关条文，对该房屋的抗震构造措施进行评定，结果表明，结构体系、屋盖支撑和柱间支撑均符合鉴定要求。

承载力验算结果表明，部分 H 型钢柱的抗震承载力不满足计算要求。

4）抗震鉴定结论

综合上部结构及地基基础的抗震鉴定结果，该车间综合抗震能力满足现行《建筑抗震设计规范》的要求。

7.4 可靠性鉴定实例 2——钢筋混凝土结构房屋

7.4.1 项目概况及鉴定内容

某小区 23、25 号楼（图 7-5）为地下一层地上三十四层现浇钢筋混凝土剪力墙结构房屋，建筑地上部分由结构缝分为两个结构单元，其中（1-25）轴为 25 号楼，（26-50）轴为 23 号楼，地上建筑总高度约为 99.15m。

本次鉴定对结构体系、传力途径、构件属性进行识别，绘制现状平面示意图及进行裂缝检查；采用回弹法抽检部分混凝土构件抗压强度；测量部分墙、梁构件截面尺寸，扫描钢筋分布，检测钢筋直径；对建筑物进行侧向位移观测。在现场检测的基础上，对该房屋进行结构安全性鉴定。

图 7-5　钢筋混凝土结构实例

7.4.2　现场检测项目

1）混凝土构件抗压强度检测

现场采用回弹法抽检部分混凝土墙、梁构件抗压强度。构件混凝土抗压强度计算结果表明，该房屋所检混凝土构件抗压强度均达到设计强度等级。

2）剪力墙构件钢筋扫描

现场抽检部分混凝土剪力墙构件，测量墙厚、扫描钢筋分布情况，检测钢筋直径，检测结果表明，该房屋部分梁构件端部箍筋加密区平均间距较设计值偏大，部分梁端箍筋无加密与设计不符。

7.4.3　结构可靠性鉴定

1）建筑、结构布置和构造

所检结构为地下一层地上三十四层现浇钢筋混凝土剪力墙结构房屋，建筑地上部分由结构缝分为两个结构单元，其中（1-25）轴为 25 号楼，（26-50）轴为 23 号楼；地下一层周边局部车库为板-柱结构，基础采用 PHC 管桩。据现场构件截面尺寸检测结果，该房屋混凝土剪力墙及梁构件实际截面与设计截面无明显偏差。现场检查该房屋负一层层高为 4.8m，一至三十四层层高均为 2.9m，梯间屋面层高为 2.9m，外填充墙体均采用加气混凝土砌块砌筑。

2）上部承重结构安全性鉴定

（1）静力作用下承载力项目评定（含风荷载）

根据现场实际检测结果进行墙、梁构件承载力验算。在验算中，不考虑地震作用，50年一遇的基本风压值为 $0.7kN/m^2$，地面粗糙度为 B 类。计算时，墙构件和梁构件的截面尺寸、混凝土强度及钢筋强度均按设计值取用；楼、屋面恒荷载根据板厚和实际装修面层取值；楼、屋面活荷载按现行《建筑结构荷载规范》GB 50009—2012 规定取值，住宅楼面活荷载取为 $2.0kN/m^2$，阳台、卫生间活荷载取为 $2.5kN/m^2$，走廊活荷载取为 $2.0kN/m^2$，楼梯活荷载取为 $3.5kN/m^2$，电梯机房活荷载取为 $7.0\ kN/m^2$，上人屋面活荷载取为 $2.0kN/m^2$，不上人屋面活荷载取为 $0.5kN/m^2$；在竖向荷载的作用下，钢筋混凝土框架梁考虑混凝土的塑性变形内力重分布，适当减少支座负弯矩，梁端弯矩调幅系数取为 0.85；其余计算参数均按设计说明或相关规范进行取值。

根据结构电算结果和设计图纸对该房屋混凝土墙、梁构件的钢筋实际检测结果进行核对，结果表明该房屋混凝土墙、梁构件承载能力均满足安全性要求。

（2）裂缝及缺陷检查

现场对进行回弹的墙、梁混凝土构件结构面层检查，所检构件均未发现存在明显的蜂窝、孔洞、露筋等施工质量缺陷。现场对该房屋混凝土构件的现状进行检查，结果表明所检部分板构件出现裂缝且多数裂缝均已采用碳纤维布进行粘贴处理（图 7-6），除现场条件限制无法测读的裂缝外，所测读的裂缝最大宽度为 0.19mm，尚未超出《民用建筑可靠性鉴定标准》GB 50292—2015 规定的室内正常环境钢筋混凝土一般构件的最大裂缝宽度限值 0.7mm；所检部分卫生间楼板构件板底均有渗水修复痕迹，所检部分板底局部露筋锈蚀。该房屋上部承重结构的混凝土墙构件、梁构件及板构件裂缝项目安全性等级均评为

b_u 级。

（3）上部结构的承载功能安全性等级

综合以上鉴定结果，该房屋上部承重结构各代表层混凝土墙构件集、梁构件集及板构件集的安全性等级均评为 B_u 级，该房屋各代表层的安全性等级均评为 B_u 级。该房屋上部结构的承载功能安全性等级评为 B_u 级。

（4）上部承重结构整体性的评价

该房屋建筑形体平面、立面规则，结构布置合理，形成完整系统，传力路线明确合理，符合现行设计规范要求。该房屋上部承重结构整体性的安全性等级评为 B_u 级。

（5）上部承重结构侧向位移

现场采用全站仪对该房屋进行整体侧向位移观测，检测结果表明，该房屋所检各测点的顶点位移均未超出《民用建筑可靠性鉴定标准》GB 50292—2015 表 7-3.10 规定的安全性限值，且各测点的侧移方向不具有明显一致性，表明现阶段该房屋尚未产生明显的整体倾斜。该房屋上部承重结构侧向位移的安全性等级评为 B_u 级。

（6）上部结构安全性评级

综合上部结构的检查、鉴定结果，该房屋上部承重结构的安全性等级评为 B_u 级。

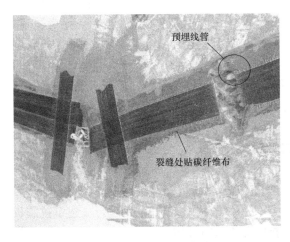

图 7-6　混凝土板底裂缝现状

3）围护系统

现场对该房屋围护系统的现状进行检查，结果表明该房屋上部结构部分填充墙体开裂且所检大部分裂缝均已修补，裂缝主要表现为腻子粉刷层的无规律开裂以及部分剪力墙与填充墙交接处的粉刷层开裂，此外所检个别吊顶出现细微裂纹，其余所检围护构件的工作状态均未见明显异常。

4）地基基础安全性鉴定

（1）场地情况及桩端持力层

根据委托方提供的岩土工程勘察报告，场地地貌单元主要为冲积平原地貌单元，地势较平坦，局部起伏较大，场地内覆盖层主要为第四系不同成因类型的岩土层（成因类型分别为人工堆填，冲、淤积与残积等），基底为不同风化程度的花岗岩。

根据现场勘察成果结合室内土工试验成果，该场地按地质成因、沉积年代及岩性特征自上而下划分为几个工程地质层：①层素填土、②层中砂、②-1 层淤泥质土、③层淤泥质土、③-1 层粉质黏土、④层粉质黏土、④-2 层中砂、⑤层残积砂质黏性土、⑥层全风化花岗岩、⑦层强风化花岗岩、⑦-1 层砂土状强风化花岗岩、⑦-2 层碎块状强风化花岗岩、⑧层中风化花岗岩。

该房屋设计采用 PHC 管桩，设计桩端持力层为砂土状强风化花岗岩；根据委托方提供的桩基竣工图，实际桩端持力层与设计相符。

（2）基桩

① 桩身质量

根据委托方提供的基桩低应变法检测报告，检测结论为：Ⅰ类桩 259 根，占 93.8％，Ⅱ类桩 17 根，占 6.2％。

② 单桩竖向承载力

根据委托方提供的单桩竖向抗压静载检测报告，检测结论为：19、45、72、187、237 及 261 号桩单桩竖向抗压极限承载力及单桩承载力特征值均满足设计要求。

（3）地基基础安全性评级

该房屋建于 2016 年，受现场条件限制未对基础进行局部开挖检查。上部承重结构侧向位移观测结果表明该房屋现阶段尚未产生明显整体倾斜，且现阶段上部承重结构及围护墙体检查也未产生因基础不均匀沉降引起的裂缝及变形。该房屋现阶段地基基础结构安全性等级间接评为 B_u 级。该房屋为新建建筑，建筑物沉降尚未稳定，建议定期进行沉降观测。

5）结构安全性评级

根据以上检查、鉴定结果，该房屋的结构安全性等级综合评为 B_{su} 级，满足安全性要求。

7.4.4 结构抗震鉴定

1）鉴定依据

该房屋建于 2016 年，依据《建筑抗震鉴定标准》GB 50023—2009 第 1.0.4 及 1.0.5 条，属 C 类建筑，其后续使用年限按 50 年，采用现行《建筑抗震设计规范》GB 50011—2010（2016 年版）对其抗震能力进行评定。

2）抗震设防基本要求

该房屋抗震设防烈度为 7 度，基本地震加速度为 $0.10g$，设计地震分组第二组，场地类别为Ⅲ类，该房屋为高层住宅建筑，根据《建筑工程抗震设防分类标准》GB 50223—2008，该房屋抗震设防类别为丙类，应按本地区设防烈度的要求核查其抗震措施。

3）地基基础抗震鉴定

该房屋为抗震设防烈度为 7 度的丙类建筑，且现场检查地基基础无严重静载缺陷，根据《建筑抗震鉴定标准》GB 50023—2009 第 4.2.2 条可不进行其地基基础的抗震鉴定。

4）上部承重结构抗震鉴定

（1）一般规定

根据《建筑抗震鉴定标准》GB 50023—2009 第 6.1 节"一般规定"的相关条文，对该房屋进行外观及内在质量评定，结果表明，所检混凝土梁、墙构件、填充墙体均符合鉴定要求。

（2）抗震措施鉴定

该房屋抗震设防烈度为 7 度，房屋总高度约为 99.15m，抗震等级为二级，根据《建筑抗震设计规范》GB 50011—2010（2016 年版）第 6.1 节"一般规定"、6.3 节"框架的基本抗震构造措施"及 6.4 节"抗震墙结构的基本抗震构造措施"的相关条文，对该房屋进行抗震措施鉴定，结果表明高度、结构体系、剪力墙钢筋配置和框架梁箍筋均符合鉴定要求。

（3）抗震承载力验算

在验算中，抗震设防烈度为 7 度，基本地震加速度值为 0.10g，设计地震分组为第二组，Ⅲ类场地，其余相关参数同前述 7.4 节结构安全性鉴定的承载能力计算。上部承重结构承载力验算结果表明，该房屋上部承重结构混凝土墙、梁构件的抗震承载力均满足抗震鉴定要求；楼层最大弹性层间位移角满足钢筋混凝土剪力墙结构的弹性层间位移角限值 1/1000 要求；墙肢的最大轴压比满足《建筑抗震设计规范》GB 50011—2010（2016 年版）的限值要求。

5）房屋的综合抗震能力

根据以上检测、鉴定结果，该房屋的综合抗震能力满足抗震鉴定要求。

7.5　可靠性鉴定实例 3——砖混结构房屋

7.5.1　项目概况及鉴定内容

某旧教学楼（图 7-7）现为五层砖混结构房屋，建于 1989 年，总建筑面积约为 1500m²。该房屋原使用功能为教学楼，现拟将三、四层改造为宿舍，五层（4-6）轴区域拟改造为教工活动室。

图 7-7　砌体结构实例

本次鉴定工作首先了解房屋的修缮历史以及房屋建造年代；对该房屋结构现状进行全面检查，对结构体系、传力途径、构件属性进行识别；采用贯入法检测部分砌体砂浆抗压强度；采用回弹法检测部分柱、梁构件混凝土抗压强度；扫描柱、梁构件钢筋分布，检测钢筋直径；抽取使用功能改变区域的部分楼板，测量板厚，扫描板底及支座钢筋分布；对主要受力构件进行有针对性的裂缝检查；对该房屋进行整体倾斜度观测；在现场检测的基础上，对该房屋现状进行结构安全性鉴定。

7.5.2 现场检测项目

1）墙体砌筑砂浆抗压强度检测

现场在该房屋共抽取 18 片墙体，采用贯入式砂浆强度检测仪检测其现龄期砌筑砂浆抗压强度，检测结果表明，该房屋所检一层墙、二至三层及四至五层墙批构件砌筑砂浆抗压强度换算值变异系数均不大于 0.3，满足按批评定要求。根据《贯入法检测砌筑砂浆抗压强度技术规程》JGJ/T 136—2017 第 5.0.5 条规定，所检一层墙、二至三层及四至五层墙批构件现龄期砂浆抗压强度推定值分别为 1.7MPa、1.7MPa 及 1.4MPa。

2）混凝土构件抗压强度检测

现场采用回弹法抽检部分混凝土柱、梁构件抗压强度，其中柱、梁构件各抽检 5 根；在每根构件布置十个测区，检测结果表明，所检一至五层柱、二至屋面层梁批构件现龄期混凝土抗压强度具有 95％保证率的标准值的推定区间上限值分别为 27.9MPa、29.1MPa，且推定区间上下限值的差值均小于 5MPa 和上下限值算术平均值的 10％两者中的较大值，满足《混凝土结构现场检测技术标准》GB/T 50784—2013 第 4.2.12 条规定，判定所检一至五层柱、二至屋面层梁批构件现龄期混凝土抗压强度均达到 C25 强度等级。

3）柱、梁构件截面尺寸及钢筋检测

现场抽取部分柱、梁构件，测量截面尺寸，扫描钢筋分布情况，抽检钢筋直径。

4）楼板构件检测

现场抽取部分局部使用功能改变区域的楼板，量测楼板厚度，扫描钢筋分布情况，抽检钢筋直径。

7.5.3 结构可靠性鉴定

1）建筑、结构布置和构造

现场检查该房屋主要承重墙体为 240mm 厚实心砖墙，混凝土柱截面尺寸均为 300mm×400mm，混凝土梁主要截面尺寸为 150mm×250mm、200mm×300mm 及 250mm×500mm，横墙与纵墙交接处、外墙及楼梯间四角均设置构造柱，各层承重墙体顶部均设置闭合混凝土圈梁。该房屋原使用功能为教学楼，现拟将三、四层改造为宿舍，五层（4-6）轴区域拟改造为教工活动室，现场实测一至五层层高均为 3.6m，屋面为不上人屋面，设置架空隔热层。

2）上部承重结构安全性评定（含三、四层楼板鉴定）

（1）承载力项目评定

验算中，墙体砌筑砂浆抗压强度按现场实测值取用；房屋整体依据《砌体结构设计规范》GB 50003—2011 根据楼、屋盖类别及最大横墙间距按刚性方案计算内力。计算时，楼面和屋面恒荷载按板厚和实际装修面层取值，拟改造区域的恒载按拟改造的装修面层取值；楼面活载按现行《建筑结构荷载规范》GB 50009—2012 规定取值，教室活荷载取 2.5kN/m²，宿舍活荷载取 2.0kN/m²，活动室活荷载取 3.0kN/m²，走廊活荷载取 3.5kN/m²，楼梯活荷载取 3.5kN/m²，不上人屋面活荷载取 0.5kN/m²，其余计算参数均按相关规范进行取值。

上部结构构件承载力验算结果表明，该房屋部分门窗间墙肢的受压承载力及部体墙体的局部受压承载均不满足安全性要求，评为 C$_u$ 级构件，其余承重墙体的受压承载力、局部受压承载力及高厚比均满足安全性要求。该房屋所检混凝土梁构件承载能力均满足安全性要求；所检二至五层结构混凝土楼板构件承载能力均不满足安全性要求。

（2）裂缝及缺陷检查

现场对剥开粉刷层采用贯入法检测的墙体进行检查，结果表明该房屋墙体砌筑质量较为平整，砌筑砂浆为混合砂浆。现场对该房屋承重墙体进行裂缝检查结果表明，所检部分墙体出现裂缝，最大裂缝宽度为 1.26mm，未超出现行鉴定标准的要求，其余墙体及纵横墙交接处均未发现肉眼可见的明显裂缝。该房屋上部承重墙体构件裂缝项目安全性等级均评为 b_u 级。

现场对该房屋混凝土柱、梁、板构件现状进行检查，结果表明所检柱、梁、板构件均未发现肉眼可见的明显裂缝。该房屋混凝土柱构件、梁构件、板构件裂缝项目安全性等级均评为 b_u 级。

综合以上检测、鉴定结果，该房屋二至五层结构楼板的安全性等级评为 C_u 级，不满足安全性要求。该房屋上部结构一至五各承重墙构件集的安全性等级均评定为 B_u 级；一至五层各混凝土柱构件集、梁构件的安全性等级均评为 B_u 级，该房屋一层至五代表层的安全性等级均评为 C_u 级。该房屋上部结构的承载功能安全性等级评为 C_u 级。

（3）结构整体性分析

该房屋为五层砖混结构房屋，结构布置较合理，采用纵横墙共同承重体系，传力路线较为明确，承重墙体上下连续，门窗洞口上下对齐，形成完整系统；该房屋各层承重墙体顶部均设置闭合混凝土圈梁，纵横墙交接处、外墙和楼梯间四角均设置构造柱，符合现行规范要求。该房屋上部结构结构整体性项目安全性等级评为 B_u 级。

（4）上部结构倾斜度观测

采用全站仪对该楼进行整体倾斜度观测，各观测点倾斜方向为建筑物顶部相对于底部的偏移方向。观测结果表明，该房屋除部分测点外，其余所检各测点的顶点位移均未超出《民用建筑可靠性鉴定标准》GB 50292—2015 规定的安全性侧向位移限值，但各测点的倾斜方向表现出一致性，表明现阶段该房屋已产生一定的整体倾斜。该房屋上部承重结构的结构侧向位移安全性等级评定为 C_u 级。

（5）上部结构安全性评级

综合上部结构的安全性鉴定结果，该房屋上部承重结构安全性等级评为 C_u 级。

3）围护系统

现场对该房屋栏杆、室内外地面及散水等围护构件的现状进行检查，结果表明部分栏杆细小开裂，五层栏杆上部装饰墙体局部瓷砖脱落（图 7-8），其余所检围护构件的工作状态未见明显异常。

4）地基基础安全性鉴定

该房屋建于 1989 年，因现场条件限制

图 7-8　装饰墙体瓷砖脱落

未对基础开挖检查，上部承重结构侧向位移观测结果表明该房屋现阶段已产生一定的整体

倾斜。综合上述检测、鉴定结果，该房屋地基基础结构安全性等级间接评为 C_u 级。

2）结构安全性评级

根据以上检测、鉴定结果，该房屋的结构安全性等级综合评为 C_{su} 级，不满足结构安全性要求。

7.5.4 结构抗震鉴定

1）鉴定依据

该房屋建于 1989 年，依据《建筑抗震鉴定标准》GB 50023—2009 第 1.0.4 及 1.0.5条，属 A 类建筑，采用《建筑抗震鉴定标准》GB 50023—2009 规定的 A 类建筑抗震鉴定方法对其抗震能力进行评定。

2）抗震设防基本要求

该房屋所在区域抗震设防烈度为 7 度，基本地震加速度为 0.10g，设计地震分组第三组，现该房屋一、二层使用功能为教室，根据《建筑工程抗震设防分类标准》GB 50223—2008，该房屋抗震设防类别为乙类，应按比本地区设防烈度提高一度的要求核查其抗震措施。

3）上部承重结构抗震鉴定

（1）一般规定

根据《建筑抗震鉴定标准》GB 50023—2009 第 5.1 节"一般规定"的相关条文，对该房屋的进行评定，结果表明，所检主要承重墙体、纵横墙交接处和梁柱构件符合鉴定要求。

（2）第一级鉴定

根据《建筑抗震鉴定标准》GB 50023—2009 第 5.3 节"抗震措施鉴定"的相关条文，对该房屋进行抗震措施鉴定，结果表明，房屋层数、结构体系不符合鉴定要求，实际材料强度和整体性连接构造符合鉴定要求。

（3）第二级鉴定

该房屋的第一级鉴定部分项目不满足要求，采用楼层综合抗震能力指数方法进行第二级鉴定。楼层综合抗震能力验算结果表明，该房屋各层纵横向的综合抗震能力指数均小于1.0。该房屋上部承重结构的抗震承载能力不满足抗震鉴定要求。

4）房屋的综合抗震能力

根据以上鉴定、验算结果，该房屋的综合抗震能力不满足抗震要求。

7.6 本章小结

建筑结构可靠性鉴定就是根据现场调查和检测结果对建筑结构的安全性和适用性进行鉴定，并对结构的可靠性进行评级。民用建筑按照《民用建筑可靠性鉴定标准》GB 50292—2015 的相关规定进行鉴定，工业建筑按照《工业厂房可靠性鉴定标准》GB 50144—2008 的相关规定进行鉴定。

根据不同的结构形式和用途，本章介绍了钢结构厂房、钢筋混凝土结构房屋和砖混凝土结构房屋三种不类型建筑的可靠性鉴定实例，及其各自进行可靠性鉴定时需要开展的检测项目，同时依据检测结果对这些建筑的结构可靠性和结构抗震性能进行了鉴定。

习题与思考题

1. 建筑结构可靠性鉴定的主要内容包括哪些?

2. 根据本章提供的工程实例,思考:如何进行钢结构建筑、钢筋混凝土建筑和砌体结构建筑的可靠性鉴定?如何编写建筑结构可靠性鉴定的鉴定报告?

本章参考文献

[1] 魏娟,张建国,邱涛. 基于改进的动态 Kriging 模型的结构可靠度算法 [J/OL]. 北京航空航天大学学报:1-9 [2018-12-11]. https://doi. org/10. 13700/j. bh. 1001-5965. 2017. 0301.

[2] 明泽文,单德山,傅杰. 基于改进的 JC 法求解结构可靠度指标 [J]. 四川建筑,2018,38 (04): 159-161.

[3] 邱智祥. 建筑结构设计可靠度的影响因素研究 [J]. 智能城市,2018,4 (10):40-41.

[4] 施柏楠,张新培. 混凝土异形柱抗剪承载力可靠度分析及公式调整 [J]. 土木工程学报,2017,50 (10):18-23,44.

[5] 方永锋,陈建军. 结构可靠性响应面法的改进遗传算法计算 [J]. 应用力学学报,2017,34 (05): 932-936,1016.

[6] 姚继涛,宋璨,刘伟. 结构安全性设计的广义方法 [J]. 建筑结构学报,2017,38 (10): 149-156.

[7] 张望喜,刘有,程超男. 考虑施工误差影响的 RC 框架结构可靠性分析 [J]. 湖南大学学报(自然科学版),2017,44 (07):69-77.

[8] 陶伟峰. 结构可靠度计算的自适应辅助域方法 [J]. 同济大学学报(自然科学版),2017,45 (04):459-465.

[9] 姚继涛,程凯凯. 我国混凝土构件的结构性能检验方法述评 [J]. 建筑结构学报,2015,36 (11): 142-147.

[10] 蒋正文,万水,李明鸿,等. 结构可靠度分析中的混合模拟法及应用 [J]. 浙江大学学报(工学版),2015,49 (04):782-791.

第8章 建筑结构拟静力试验

8.1 概　述

拟静力试验方法，又称为伪静力试验、低周往复荷载试验。拟静力试验的目的是为了研究建筑结构或构件在地震荷载作用下的恢复力特性，确定结构或构件恢复力的计算模型。通过低周反复荷载试验所得的滞回曲线和曲线所包的面积可以获得结构的等效阻尼比，以及结构的耗能能力。从恢复力特性曲线尚可得到和单调加载相接近的骨架曲线、结构的初始刚度和刚度退化等重要参数。同时通过拟静力试验还可以从强度、变形和能量等三个方面判别和鉴定建筑结构的抗震性能。

拟静力试验方法是一种低频率往复的循环加载试验方法。试验中控制加载的位移量与荷载量，使结构在正反两方向反复加载与卸载，模拟地震作用下结构的受力全过程：弹性—开裂—屈服—塑性发展—破坏。由于低周反复加载的每一个加载周期远远大于结构自身的基本周期，所以实质上是用静力加载方法来近似模拟地震作用，但不能模拟结构的地震反应过程。

拟静力试验方法可用于获取构件的数学模型，为结构的计算机分析提供构件模型，并通过地震模拟振动台试验对结构模型参数做进一步的修正。可以在试验过程中随时停下来观察结构的开裂的破坏状态；便于检验校核试验数据和仪器的工作情况；并可按试验需要修正和改变加载历程。

拟静力试验存在的不足：试验的加载历程是事先由研究者主观确定的，与地震记录不发生关系；由于荷载是按力或位移对称反复施加，因此与任一次确定性的非线性地震反应相差很远，不能反映出应变速率对结构的影响；拟静力试验控制软件还比较欠缺，大多数还是人工控制或半自动控制，与设备的发展不相适应。原因之一是拟静力试验比较复杂，试验软件与结构静力模型、结构类型、试件特征、作动器的位置安排、测量传感器的布置等均有密切关系。

8.2 拟静力试验方法

8.2.1 试验装置

试验装置是使被试验结构或构件处于预期受力状态的各种装置的总称，而拟静力试验装置包括以下几个部分：

（1）加载装置：作用是将加载设备施加的荷载分配到试验结构；

（2）支座装置：准确地模拟被试验结构或构件的实际受力条件或边界条件；

（3）观测装置：包括用于安装各种传感器的仪表架和观测平台；

（4）安全装置：用来防止试件破坏时发生的安全事故或损坏设备。

拟静力试验加载装置多采用反力墙或专用抗侧力构架。过去主要采用机械式千斤顶或液压式千斤顶进行加载，这类加载设备主要是手动加载，试验加载过程不容易控制，往往造成数据测量不稳定、不准确、试验结果分析困难。目前许多结构实验室主要采用电液伺服结构试验系统装置，并用计算机进行试验控制和数据采集。

常见的建筑结构与构件的拟静力试验加载装置如图 8-1 所示。其中，对于梁柱节点的

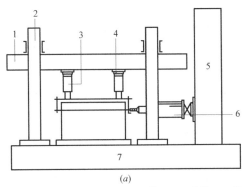

(a)

1—横梁；2—反力架；3—千斤顶；4—滚动导轨或平面导轨；5—反力墙；6—往复作动器；7—静力台座

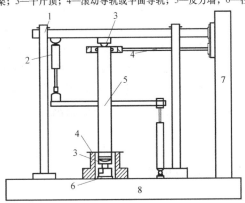

(b)

1—门架；2—往复作动器；3—铰；4—固定连接件；5—试件；6—千斤顶；7—反力墙；8—静力台座

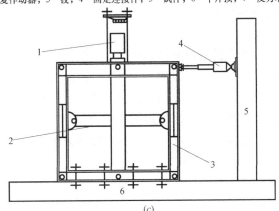

(c)

1—千斤顶；2—试件；3—试件架；4—往复作动器；5—反力墙；6—静力台座

图 8-1　常见的建筑结构或构件的拟静力试验

（a）墙体试验装置；（b）不考虑 P-Δ 效应的梁柱节点试验装置；（c）考虑 P-Δ 效应的梁柱节点试验装置

拟静力试验，当试件不要求考虑 $P-\Delta$ 效应时应采用图 8-1（b）的试验装置，当试件要求考虑 $P-\Delta$ 效应时应采用图 8-1（c）的试验装置。

对于上述拟静力试验装置，其设计应符合下列规定：

（1）试验装置与试验加载设备应满足试件的设计受力条件和支承方式的要求。

（2）试验台座、反力墙、门架、反力架等传力装置应具有足够的刚度、承载力和整体稳定性。试验台座应能承受竖向和水平向的反力。试验台座提供反力部位的刚度不应小于试件刚度的 10 倍，反力墙顶点的最大相对侧移不宜大于 1/2000。

（3）通过千斤顶对试件施加竖向荷载时，应在门架与加载器之间设置滚动导轨或接触面为聚四氟乙烯材料的平面导轨。设置滚动导轨时，其摩擦系数不应大于 0.01；设置平面导轨时，其摩擦系数不应大于 0.02。

（4）竖向加载用千斤顶宜有稳压装置，保证试件在往复试验过程中竖向荷载保持不变。

（5）作动器的加载能力和行程不应小于试件的计算极限承载力和极限变形的 1.5 倍。

（6）加载设备精度应满足试验要求。

8.2.2 加载方法

拟静力试验加载方法一般分为：变位移加载方法、变力加载方法和变力-变位移混合加载方法三种，如图 8-2 所示。试验中一般在结构达到屈服荷载前采用变力加载，屈服后采用变位移加载的程序。这种混合加载程序可以获得结构达到最大承载力后的下降段的受力特性。加载试验中每级荷载一般重复试验 2～3 次，以及确定开裂荷载、屈服荷载、屈服位移和极限荷载等特征点。在正式试验前，应先采用加载值不超过开裂荷载计算值30%的荷载进行预加反复荷载试验 2 次，可以检查试验模型安装就位是否存在问题、加载设备和量测设备能否正常工作、试验人员是否熟悉试验操作。

8.2.3 测量内容

拟静力试验的测量内容可根据试验目的而确定。一般要求量测的项目有：应变、结构或构件位移和荷载-位移曲线、裂缝和开裂、破坏荷载等。

1）应变

应变测量对于分析试件破坏机理是一个重要的内容，一般用电阻应变计量测，测点布置以梁柱相交处截面和截面突变处为主。

2）试件位移和荷载-位移曲线

试件位移主要是测量试件在低周反复荷载作用下的侧向位移，可以沿着试件高度在其中心线位置上均匀间隔布置测点，既可以测到试件顶部的最大位移，又可以得到试件的侧向位移曲线。同时，为了测量试件在反复荷载作用下产生的移动和平移，经常是通过侧向位移计算来消除影响，并布置相应测点来测定试件转动。

目前拟静力试验多使用电液伺服加载系统，其可自动记录试验中每个加载循环施加的荷载值和位移值，并生成相应荷载-位移曲线。

3）裂缝和开裂荷载

这是钢筋混凝土结构或试件拟静力试验中的一个主要测量项目，要求测量试件出现裂缝时的位置、开裂时的荷载数值、裂缝发展的过程和最后破坏时的裂缝形式。正确测定初始裂缝即可确定开裂荷载，也可通过记录得到的荷载-位移曲线上的转折点来发现并确定开裂荷载。

4）破坏荷载

可由作动器的荷载传感器的输出显示，或由荷载-位移曲线上荷载最大值来确定。此时必须同时记录轴力加载装置的荷载数值。

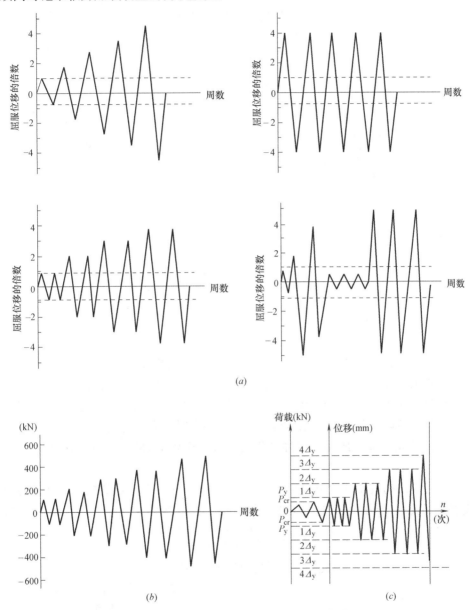

图 8-2　拟静力试验的加载规则
(*a*) 变位移加载规则；(*b*) 变力加载规则；(*c*) 变力-变位移加载规则

8.3　拟静力试验数据处理

8.3.1　滞回曲线和骨架曲线

通过拟静力试验得到的荷载-位移滞回曲线（图 8-3）综合反映了任意加载时刻试件的应力、变形、刚度退化及能量耗散能力，也反映了试件的混凝土开裂、钢筋屈服、钢筋与混凝土间的粘结退化及滑移、混凝土损伤等工作性能，是抗震试验分析的重要内容。

由荷载-位移滞回曲线可得到骨架曲线（图 8-4），骨架曲线是将滞回曲线中每级荷载第一个循环周期的特征点连接形成的轨迹，在任意时刻的运动中，峰值点不能超过骨架曲线，只能在到达骨架曲线后沿骨架曲线运动。

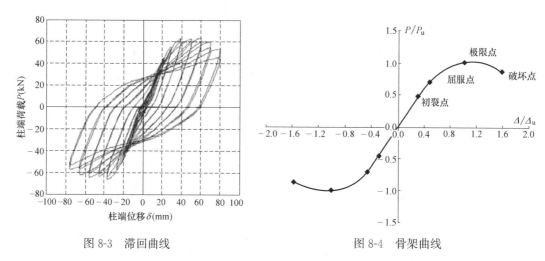

图 8-3　滞回曲线　　　　　　　　　　图 8-4　骨架曲线

8.3.2　强度与刚度

1）强度

根据《建筑结构抗震试验规程》JGJ/T 101—2015 的相关规定：

（1）试件的开裂荷载 P_c 取试件受拉区出现第一条裂缝时相应的荷载；

（2）试件的屈服荷载 P_y 应取受拉区纵向钢筋或钢管达到屈服应变时相应的荷载；

（3）试件的极限荷载 P_{max} 应取试件承受荷载最大时相应的荷载；

（4）试件的破坏荷载 P_u 应取试件在荷载下降至最大荷载的 85% 时的荷载。

2）刚度

根据《建筑结构抗震试验规程》JGJ/T 101—2015 第 4.5.3 条的规定：试件的刚度可用割线刚度来表示，即图 8-5 中直线 AB 的斜率，按下式计算：

$$K_i = \frac{|+F_i| + |-F_i|}{|+X_i| + |-X_i|} \tag{8-1}$$

式中：$+F_i$、$-F_i$——第 i 次正、反向峰值点的荷载值；

$+X_i$、$-X_i$——第 i 次正、反向峰值点的位移值。

8.3.3　位移延性

1）屈服位移的确定

屈服位移的确定一般比较困难，因为在荷载-位移曲线上通常没有明显的屈服点，这是与材料的非线性特征、不同部位的钢筋进入屈服的时间不同等原因有关。

目前常用的屈服位移确定方法如图 8-6 所示：

（a）屈服开始时的位移；（b）与实际结构具有相

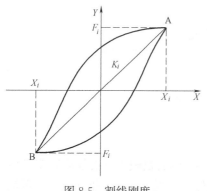

图 8-5　割线刚度

同弹性刚度和极限强度的弹塑性系统的屈服位移；（c）与实际结构有相同耗能能力的等效弹塑性系统的屈服位移；（d）刚度为实际结构在 75% 极限强度处的割线刚度的等效弹塑性系统的屈服位移。

试验过程中判别试件屈服通常采用第一种方法。值得注意的是，根据骨架曲线拐点确定的试件屈服位移值，明显不同于试验过程中判定的屈服位移值。这说明试验中采用的以控制截面受拉主筋达到屈服时相应位移作为屈服位移的判别方法存在一定程度的误差。误差的原因可能有以下两个方面：第一、量测应变的电阻片不一定正好贴在受力最大的截面处，即钢筋发生屈服的位置；第二、通常同一截面的受拉主筋不一定会同时达到屈服，此时存在到底采用哪根钢筋的应变为准的问题。

2）极限位移的确定

根据《建筑结构抗震试验规程》JGJ/T 101—2015 的有关规定，极限变形是取试件极限荷载出现之后，荷载下降到极限荷载的 85% 时所对应的变形值。

3）试件的延性

延性指的就是结构在达到屈服状态后，承载能力没有显著下降的情况下继续承受变形的能力。由于抗震设计的基本原则是利用结构进入塑性阶段后的变形来吸收和耗散地震的能量，因此就要求结构必须具有良好的延性，才能避免结构的脆性破坏，使结构能抵御偶然发生的地震作用或冲击荷载。因此，延性是抗震设计中最重要的参数之一。

结构的延性通常用延性指标来表示。延性指标可以用不同的参数，如位移、转角、曲率或应变来表示，而其中以位移延性系数 μ_Δ 最为常用。按照上述方法确定了试件的极限位移和屈服位移，试件的延性系数即可按式（8-2）确定：

$$\mu_\Delta = \Delta_u / \Delta_y \tag{8-2}$$

式中：Δ_u——结构的极限位移；

Δ_y——结构的屈服位移。

一般而言，延性系数越大，就判定结构的延性越好。但是现在采用延性系数判定结构的延性存在一个问题，就是在同样的配筋情况下，结构越柔，它的屈服位移也越大，虽然它的变形能力很大，延性很好，但是根据公式计算的延性系数却越小，这一点在预应力混凝土框架结构上就表现得非常明显。由于预应力混凝土框架结构通常采用高强钢筋和高强混凝土，在满足同样的强度要求情况下，一般可以采用较小的构件截面，也就是说其柔性更大。另外，目前判别结构屈服点的方法尚未统一，使得延性系数的计算具有相当的随意性。因此目前已经逐渐开始直接采用结构的变形能力来表示结构的延性，这一点也比较符合结构延性的定义。

8.3.4 耗能能力

结构的耗能能力是衡量结构抗震性能的另一个重要指标，可以采用功比系数、等效黏滞阻尼系数等指标来表示。

1）功比系数

功比系数 I_W 可以反映耗能能力的大小，其可按下式计算：

$$I_W = \sum_{i=1}^{n} \frac{P_i \Delta_i}{P_y \Delta_y} \tag{8-3}$$

式中：n——循环次数；

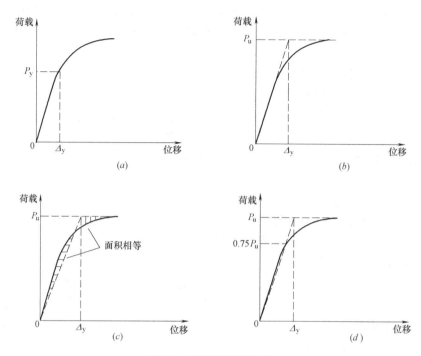

图 8-6 屈服位移的确定

(*a*) 基于初始屈服；(*b*) 基于初始刚度；(*c*) 基于等效耗能能力；(*d*) 基于割线刚度

i——循环序数；

P_y——屈服荷载；

Δ_y——屈服位移；

P_i——第 i 级循环的荷载；

Δ_i——第 i 级循环的位移。

功比系数主要是表征结构在加载后吸收能量的能力，由于功比系数的计算同时考虑了结构的强度和位移的情况，因此它可以避免像延性系数那样存在结构越柔、延性越差的问题。但是它采用的结构耗散能量是等效弹性体产生同样的荷载与位移所输入的能量，并没有像等效黏滞阻尼系数那样充分体现结构在加载和卸载的整个历程情况，因此在衡量结构在地震荷载作用下的耗能能力方面具有较大的局限性。

2）黏滞阻尼系数 h_e

1930 年，Jacobson 提出等效黏滞阻尼概念，即采用等效黏滞阻尼系数 h_e 作为判别构件的耗能能力的指标，计算公式如下：

$$h_e = \frac{1}{2\pi} \cdot \frac{S_1}{S_2} \tag{8-4}$$

式中：$S_1 = S_{ABC} + S_{CDA}$；$S_2 = S_{OBE} + S_{ODF}$（如图 8-7 所示）。h_e 越大，耗能能力也越大。滞回曲线是梭形的 h_e 比呈弓形、倒 S 形的 h_e 大。

正如前面所介绍的，抗震设计原则就是利用结构弹性后变形来吸收和耗散地震的能量，而结构的耗散能力一般采用等效黏滞阻尼系数来表征。等效黏滞阻尼系数等于结构滞回耗散的能量与等效弹性体产生同样位移时输入的能量之比，再除以 2π。该系数充分体现了结构在反复荷载作用下，其滞回耗能能力受到强度和刚度退化的影响。由于该系数的计算利用的是滞回耗能，因此充分考虑了结构加载卸载的情况。由于预应力混凝土框架结构施加了预应力，其恢复性较好，而残余变形和损伤相对较小，因此其滞回耗能相对较小，目前一般通过配置适量的非预应力钢筋以及采用合理的结构形式来提高预应力混凝土框架结构的耗能能力，而且由于预应力混凝土框架结构的损伤较小，残余变形较小，在震后不需要进行复杂的修复工作，结构能够尽快重新投入使用。因此，单纯地从耗能角度来考虑某种结构的抗震性能是不足的。

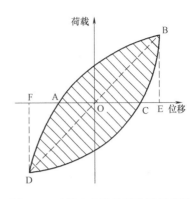

图 8-7　面积法求等效黏滞阻尼系数

8.4　拟静力试验实例 1——预应力混凝土平面框架的单向拟静力试验

8.4.1　试验模型概况

实例 1 进行拟静力试验的对象是两榀无粘结部分预应力扁梁框架。两榀框架的扁梁、柱尺寸均相同，模型的轴线跨度为 3.0m，层高 1.5m。框架柱截面为 250mm×300mm，扁梁截面尺寸为 450mm×200mm。试件尺寸详见图 8-8。

为保证柱底端为固定端，框架结构采用刚度较大的系梁，其截面尺寸为 300mm×450mm。试件设计还根据现有台座条件对基础梁和扁梁端分别延伸出一段长度，以固定框架结构。扁梁框架 UPPCF-1 的预应力配筋为 1Φ15，扁梁框架 UPPCF-2 的预应力配筋为 2Φ15。预应力筋的固定端采用挤压锚，张拉端采用 OVM 夹片锚，具体布置详见图 8-9。混凝土为 C40 等级。

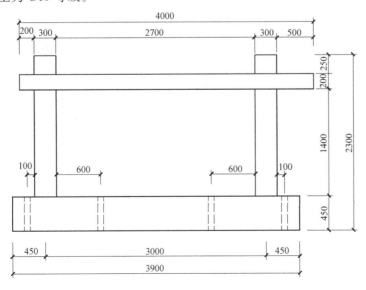

图 8-8　无粘结部分预应力扁梁框架试件尺寸

149

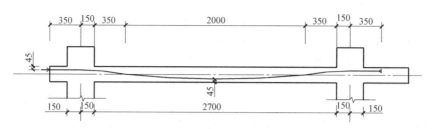

图 8-9　框架梁中预应力筋的布置

8.4.2　试验加载装置

拟静力试验开始前，在框架模型的柱顶先施加垂直荷载产生一定的轴压，本例中柱顶轴压比均为 0.1。拟静力试验时，在扁梁端部施加低周反复水平荷载，水平荷载由 MTS 电液伺服加载系统实现。作动器的静态承载能力为 ±750kN，额定加载能力为 ±500kN，最大行程为 ±250mm。试件加载装置图见图 8-10，图 8-11 为试验现场照片。

8.4.3　试验测量内容

拟静力试验过程中，电液伺服加载系统可自动记录施加每个加载循环的荷载值和位移值，并生成相应的曲线。但除了系统自动记录与生成的荷载位移曲线外，还需要量测预应力筋、非预应力钢筋的应力增量、节点核心区剪切变形以及节点转角等。因此，必要的测点布置是需要的。这些测点的试验数据由另外的数据采集系统处理。拟静力试验中构件的塑性铰区域的转动可以用截面的平均曲率 ϕ 来表示。试验中为了校核截面转角的量测值，还在梁面上布置了倾角仪，以便数据处理时将倾角仪量测数据和位移计测得的计算数据相比较。

试验中裂缝的观测采用裂缝量测仪观测。为便于观测，在梁、柱塑性铰区域及节点核心区等可能出现裂缝的混凝土表面刷一层稀释的白灰，然后画上 100mm×100mm 的方格网。裂缝出现时即可观测与描绘裂缝的开展与裂缝宽度。

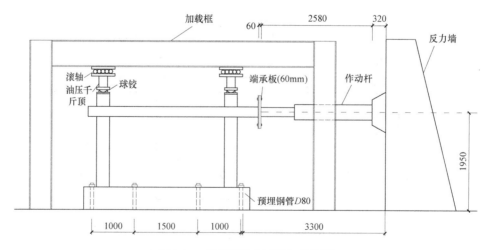

图 8-10　框架拟静力试验加载装置

8.4.4　试验结果分析

1）试验过程与现象

两榀无粘结部分预应力混凝土扁梁框架的拟静力试验都先以水平力荷载控制加载，在钢筋屈服后改为水平位移控制加载。对于框架试件 UPPCF-1，当施加的水平位移达到 ±48mm 时，两边柱脚均出现"X"形斜裂缝，柱侧扁梁端部混凝土出现压碎、剥落；水平位移达到 ±96mm 时，水平荷载值降至 $0.85P_{max}$，停止试验。此时扁梁节点核心区亦出现较宽的"X"形斜裂缝。框架试件 UPPCF-2 与试件 UPPCF-1 相类似，水平位移达到 +45mm 时，柱脚塑性铰区裂缝附近混凝土开始剥落，"X"形裂缝十分明显（见图 8-12）。当水平位移达到 ±105mm 时，水平荷载值降至 $0.85P_{max}$，停止试验。

图 8-11　框架拟静力试验照片

图 8-12　UPPCF-2 近作动器端柱底"X"形裂缝

试验过程中，结构构件第一次出现裂缝时的荷载为开裂荷载，而屈服荷载则是指试验结构构件在某一截面上多数的受拉主钢筋应力达到屈服强度，而不是指某一根主钢筋应力达到屈服强度时的荷载，此时认为该截面上已初步形成塑性铰。因此，在试验数据处理时以等能量法来校核试验中确定的试件屈服荷载及对应位移值。两榀框架的实测开裂荷载、屈服荷载、极限荷载及最大位移值见表 8-1。

试件实测开裂荷载、屈服荷载、极限荷载及最大位移　　　　　表 8-1

试件编号	开裂点		屈服点		极值点		破坏点	
	水平力（kN）	位移（mm）	水平力（kN）	位移（mm）	水平力（kN）	位移（mm）	水平力（kN）	位移（mm）
UPPCF-1	30(2)	0.9	−130(1)	−11.8	233.89 −196.16	35.3 −82.3	188.76 −182.06	95.7 −96.1
UPPCF-2	−60(1)	−2.0	−160(2)	−14.5	253.02 −211.78	29.6 −75.2	189.23 −165.91	104.5 −105.2

注：1. 括号内数字为同级荷载的循环序数；
　　2. 负号表示反向加载（拉）。

按等能量法计算的试件屈服荷载与试验中按拐点法及钢筋屈服法相结合确定的屈服荷载的比较见表 8-2。由表 8-2 可见按等能量法（等面积法）计算的屈服荷载较试验中按拐点法和钢筋屈服相结合确定的试件屈服荷载大，分析认为这是因为虽然试件某个控制截面的多数钢筋屈服，但超静定结构中一个截面屈服还不能表明整个结构已经进入屈服阶段。

等能量法计算的屈服荷载与试验中确定的屈服荷载的比较　　表 8-2

试件编号	拐点法及钢筋屈服法		等能量法			
			正向加载		反向加载	
	水平力 (kN)	位移 (mm)	水平力 (kN)	位移 (mm)	水平力 (kN)	位移 (mm)
UPPCF-1	−130	11.8	159.10	13.3	−154.34	−22.1
UPPCF-2	−160	14.5	165.02	10.5	−167.88	−21.4

2）滞回曲线与骨架曲线

结构的荷载-位移滞回曲线是结构在反复荷载下的受力性能变化（混凝土裂缝的开展、钢筋的屈服和强化、局部混凝土的酥裂剥落以致破坏等）的综合反映，是结构抗震性能的综合表现之一，也是分析结构抗震性能的基础。滞回环对角线的斜度可以反映构件的总体刚度，滞回环包围的面积则是荷载正反交变一周时结构所吸收的能量。两榀无粘结部分预应力扁梁框架试件的滞回曲线见图 8-13、图 8-14。

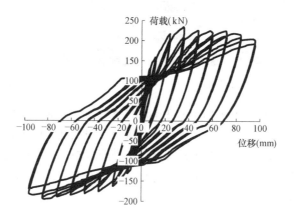

图 8-13　框架 UPPCF-1 滞回曲线

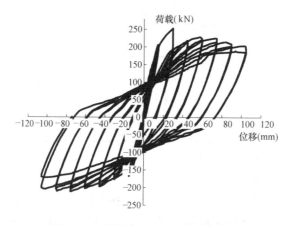

图 8-14　框架 UPPCF-2 滞回曲线

骨架曲线是每次循环的荷载-变形曲线达到的最大峰值的轨迹。图 8-15 为两试件的骨架曲线。从形状上可以看出两榀无粘结部分预应力扁梁框架的骨架曲线的差别并不十分明显。骨架曲线的屈服点比较明显，但屈服段并不是很长。进入下降段后，由于预应力筋的作用结构呈现出良好的变形恢复性能，骨架曲线下降缓慢。

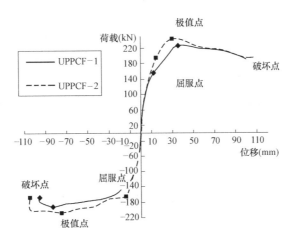

图 8-15　两榀框架的骨架曲线对比

3）耗能能力

表 8-3 比较了两榀试验框架的耗能能力及延性性能。从表 8-3 可知，随着输入地震波的增大，两个试件的耗能相应增加。当输入地震波较小的时候，二者耗能几乎相同，但是在进入塑性阶段前期，UPPCF-1 略大于 UPPCF-2，而进入塑性阶段后期，前者总体耗能大于后者。

试件耗能能力及延性性能计算　　　　　　　　　　表 8-3

试件		UPPCF-1	UPPCF-2
屈服点	P_y(kN)	−154.34	−167.88
	Δ_y(mm)	−22.1	−21.4
	相对变形值 $|\Delta_y|/H$	1/68.2	1/70.1
极值点	P_{max}(kN)	233.89	253.02
	Δ(mm)	35.3	29.6
	滞回环面积(kN·mm)	7425.998	6802.25
	h_e	0.162	0.169
	功比指数 I_w	2.754	2.245
	相对变形值 $|\Delta|/H$	1/98.0	1/50.7
破坏点	P_u(kN)	−180.61	−168.77
	Δ_u(mm)	−96.0	−105.1
	滞回环面积(kN·mm)	30755.85	33702.39
	h_e	0.287	0.256
	功比指数 I_w	11.465	7.797
	相对变形值 $|\Delta_u|/H$	1/15.6	1/14.3

153

试件	UPPCF-1	UPPCF-2
位移延性系数 μ_Δ	7.2(正向加载) 4.3(反向加载)	9.9(正向加载) 4.9(反向加载)
最大环线刚度(kN/mm)	13.48	14.05

4）强度退化与刚度退化

两试件在各循环下的承载力降低系数见表 8-4。由计算结果易见无粘结部分预应力扁梁框架结构在屈服之前其同级荷载的每次循环的承载力降低不多。结构屈服后其承载力明显退化，且退化程度随着荷载的增大而加剧。

两试件在不同延性系数下的环线刚度变化曲线见图 8-16。二者没有太大的差异，UP-PCF-1 略大于 UPPCF-2。

试件承载力降低系数计算 表 8-4

荷载级数	UPPCF-1		UPPCF-2		荷载级数	UPPCF-1		UPPCF-2	
	正向加载	反向加载	正向加载	反向加载		正向加载	反向加载	正向加载	反向加载
1	0.980	1.000	1.000	0.998	10	0.931	0.971	1.000	1.000
2	0.999	1.005	0.999	0.998	11	0.891	0.937	0.972	0.966
3	1.001	0.997	0.998	1.000	12	0.940	0.960	0.765	0.937
4	0.999	1.000	1.001	0.999	13	0.952	0.961	1.028	0.975
5	1.000	0.999	0.999	1.000	14	0.943	0.979	0.966	0.983
6	1.000	1.000	1.001	1.000	15	0.962	0.972	0.958	0.969
7	0.999	0.999	1.000	0.999	16	0.939	0.920	0.939	0.962
8	0.999	1.000	0.999	0.999	17	/	/	0.910	0.845
9	0.967	0.979	1.000	0.999					

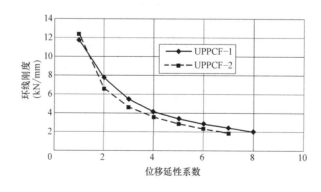

图 8-16　不同位移延性系数下环线刚度变化曲线

8.5 拟静力试验实例2——框架梁柱节点的单向拟静力试验

8.5.1 试验模型概况

梁柱节点是结构抗震的核心区，同时节点区域受力复杂，因此，开展节点的抗震性能试验研究具有更重要的意义。实例2介绍了四个无粘结预应力混凝土扁梁框架梁柱节点的拟静力试验。四个框架节点拟静力试验的试件，两个为中节点（编号分别为 UPPCJ－1和 UPPCJ－2），另外两个为边柱节点（编号分别为 UPPCJ－3 和 UPPCJ－4）。各试件考虑的因素主要是在相同预应力度下，预应力筋分别布置在内核芯区和外核芯区对节点抗剪承载力的影响，并且比较中柱节点和边柱节点的抗震性能。各节点试件的尺寸和配筋如图8-17、图 8-18 所示。节点试件混凝土设计强度 C40，预应力筋极限强度 1860MPa。

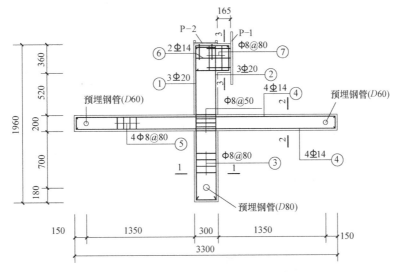

图 8-17 中柱节点试件尺寸及配筋详图

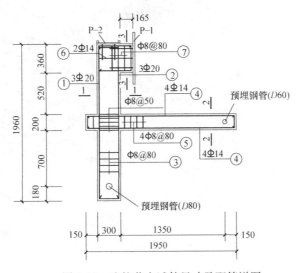

图 8-18 边柱节点试件尺寸及配筋详图

8.5.2 试验加载装置

节点模型拟静力试验时柱底铰支，框架柱的轴向压力采用可水平移动的液压伺服千斤顶施加。梁反弯点处用链杆铰接于刚性地面，允许梁有水平自由度，近似限制梁反弯点上下移动以模拟竖向剪力。柱顶水平低周反复荷载由 MTS 伺服作动器施加，加载装置如图 8-19 所示，图 8-20 为试验现场照片。节点试验的加载程序以及试验破坏荷载的确定与上节的框架拟静力试验相同。

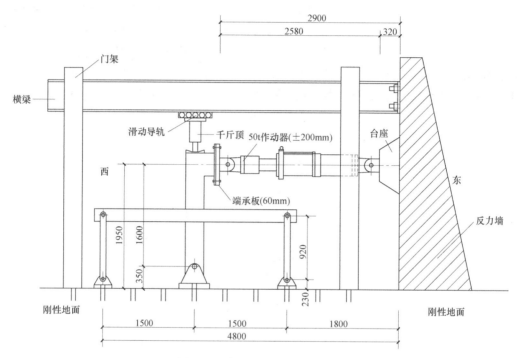

图 8-19　中柱节点加载装置简图

图 8-20　中柱节点加载装置实图

156

8.5.3 试验测量内容

节点拟静力试验除了获取柱端荷载-位移滞回曲线外，节点核心区的剪切变形、受力主筋、箍筋等的应变都是主要量测项目。仪表布置如图 8-21（a）所示。

梁端塑性铰区的转动用截面的平均曲率 ϕ 表示。仪表布置如图 8-21（b）所示。

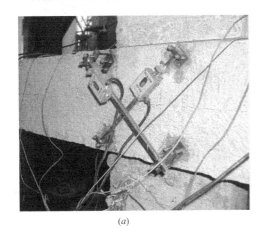

（a）　　　　　　　　　　　　　　　　　（b）

图 8-21　量测仪器布置
（a）导杆引伸仪；（b）位移计

8.5.4 试验结果分析

1）节点破坏特征

扁梁框架节点的可能破坏形态主要有四种：梁铰破坏、柱铰破坏、节点核芯区剪切破坏和钢筋粘结滑移破坏。与扁梁框架节点破坏形态相关的参数有三个：柱-扁梁抗弯强度比、节点剪压比和柱截面高度与扁梁纵向钢筋直径比值（或扁梁截面高度与柱纵向钢筋直径的比值）。通过控制上述这三个参数可以控制扁梁框架节点的塑性铰形成次序。各个构件的试验参数列于表 8-5 中，无粘结预应力扁梁框架中节点与边节点核芯区的开裂情况和破坏形态如图 8-22 与图 8-23 所示。

无粘结预应力扁梁框架节点试验特征值　　　　　　　表 8-5

试件编号	UPPCJ－1 （中节点）	UPPCJ－2 （中节点）	UPPCJ－3 （边节点）	UPPCJ－4 （边节点）
预应力筋布置	内核芯区	外核芯区	外核芯区	内核芯区
初裂荷载 P_{cr}(kN)	－30.06	－30.42	－40.06	－49.89
屈服荷载 P_y(kN)	59.05	57.67		53.61
峰值荷载 P_{max}(kN)	143.75	108.48		61.94
极限荷载 P_u(kN)	131.18	91.16		59.99
破坏形态	核芯区剪切破坏	核芯区剪切破坏	梁端弯剪破坏	梁端弯剪破坏

2）滞回曲线与骨架曲线

图 8-24 与图 8-25 分别绘制了中柱和边柱节点试件的柱端荷载-位移滞回曲线。对比中柱与边柱节点的滞回曲线可以看出：边柱节点的滞回曲线要比中柱节点的滞回曲线相对饱满，这主要是因为，扁梁框架中柱节点发生核芯区剪切破坏，随着低周水平荷载的反复作用，交叉斜裂缝大量发展，降低扁梁框架节点的刚度和抗剪承载力；而扁梁框架边柱节点

发生梁端弯剪破坏，扁梁框架节点外核芯区的交叉斜裂缝发展较少，主要由柱根附近的梁端裂缝耗散能量。从本批节点试件的滞回曲线的饱满程度看，无粘结预应力混凝土扁梁框架节点具有较好的耗能能力。

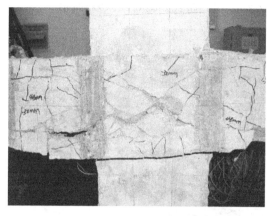

图 8-22　UPPCJ－1 中节点核芯区剪切破坏

图 8-23　UPPCJ－4 边节点梁端弯剪破坏

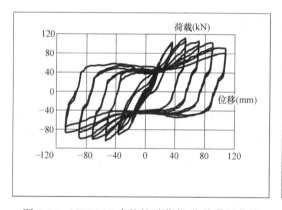

图 8-24　UPPCJ-2 中柱柱端荷载-位移滞回曲线

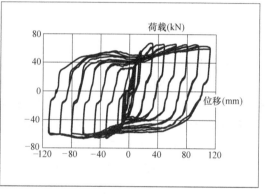

图 8-25　UPPCJ-4 边柱柱端荷载-位移滞回曲线

由荷载-位移滞回曲线可得到骨架曲线。无粘结预应力混凝土扁梁框架中柱与边柱节点试件的滞回骨架曲线如图 8-26 和图 8-27 所示。结构或构件在拟静力非线性分析中，需

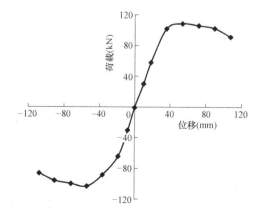

图 8-26　UPPCJ-2 中柱端荷载-位移骨架曲线

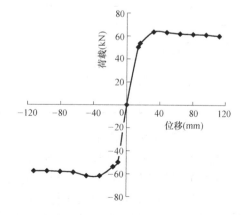

图 8-27　UPPCJ-4 边柱端荷载-位移骨架曲线

要恰当描述结构或构件的非弹性性质，即合理选取骨架曲线的函数表达式。目前，骨架曲线的表达式主要有两种：函数曲线拟合；根据骨架曲线特征点，采用折线形式近似表达。无粘结预应力扁梁框架节点构件破坏时的骨架曲线主要有 4 个特征点，其特征参数列于表 8-6 中。从表中可以看出，无粘结预应力扁梁框架节点的位移延性系数 $\Delta_u/\Delta_y \geqslant 4$，满足延性抗震设计要求。与中柱节点相比，边柱节点的下降段比较平缓，延性较好，但强屈比小，结构设计中，应在强度方面重点控制，以免发生强度破坏。

骨架曲线特征参数统计表　　　　　　　　　　　　　表 8-6

试件		UPPCJ—1	UPPCJ—2	UPPCJ—4
荷 载 (kN)	初裂 P_{cr}	−30.06	−30.42	−49.89
	屈服 P_y	90.23	79.73	54.82
	峰值 P_{max}	143.75	108.48	61.94
	极限 P_u	131.18	91.16	59.99
位 移 (mm)	初裂 Δ_{cr}	−3.59	−7.55	−10.00
	屈服 Δ_y	23.99	27.04	16.42
	峰值 Δ_{max}	63.77	54.01	64.04
	极限 Δ_u	95.99	107.52	112.04
剪切变形 ($\times10^{-3}$rad)	初裂	0.68	0.85	0.68
	屈服	0.34	1.02	0.34
	峰值	1.36	4.07	1.70
	极限	102.50	301.09	32.42
刚 度 (kN/mm)	初始 K_0	8.37	4.03	4.99
	初裂 K_{cr}	2.92	2.53	0.77
	屈服 K_y	1.35	1.07	0.15
位移延性	Δ_u/Δ_y	4.00	3.98	6.82
强屈比	P_u/P_y	1.45	1.14	1.09

3）耗能能力分析

图 8-28 比较了三个节点试件在各级控制位移作用下的功比指数。从功比指数变化图可以看出：中柱节点 UP-PCJ-1 与 UPPCJ-2 的功比指数要比边柱节点 UPPCJ-4 高，即从功比指数来看中柱节点的耗能能力要比边柱节点强，但从滞回曲线的饱满程度上看边柱节点 UPPCJ-4 更饱满，这是由于边柱节点的峰值荷载和极限荷载比中柱节点小得较多，对比之下采用考虑承载力因素的功比指数来评价构件的耗能能力比较合理；另外还可以看出中柱节点 UPPCJ-1

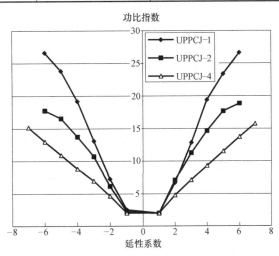

图 8-28　功比指数随加载历程的变化图

的试验轴压比大于 UPPCJ-2，因此，功比指数的数值也高。

8.6 本章小结

拟静力试验是目前最为常见的抗震试验方法，主要目的是为了研究建筑结构或构件在地震荷载作用下的恢复力特性，确定结构或构件恢复力的计算模型；同时可以获得结构的等效阻尼比，以及结构的耗能能力，可得到结构的骨架曲线、初始刚度和刚度退化等重要参数；还可以从强度、变形和能量等三个方面判别和鉴定建筑结构的抗震性能。本章详细介绍了拟静力试验的试验目的、加载制度和数据处理；还介绍了两个拟静力试验的实例。本章对拟静力试验的介绍还处在初步阶段，期望对今后的建筑结构拟静力试验研究有所启发，大家能够进一步拓广拟静力试验的应用范围。

习题与思考题

1. 拟静力试验方法与传统静力试验方法有何区别与联系？
2. 简述拟静力试验常用的加载装置和设备。
3. 拟静力试验有哪些常见的加载制度？不同加载制度的适用情况如何？
4. 拟静力试验主要获取哪些数据？如何处理这些数据？

本章参考文献

[1] 朱伯龙. 结构抗震试验 [M]. 北京：地震出版社，1989.

[2] 邱法维，钱稼茹，陈志鹏. 结构抗震试验方法 [M]. 北京：科学出版社，2000.

[3] 姚振纲，刘祖华. 建筑结构试验 [M]. 上海：同济大学出版社，1996.

[4] 唐九如. 钢筋混凝土框架节点抗震 [M]. 南京：东南大学出版社，1994.

[5] 中华人民共和国国家标准. JGJ/T 101—2015 建筑抗震试验方法规程 [S]. 北京：中国建筑工业出版社，2015.

[6] 余琼，孙佳秋，许雪静，等. 钢筋套筒灌浆搭接连接的预制剪力墙抗震试验 [J]. 同济大学学报（自然科学版），2018，46（10）：1348-1359＋1373.

[7] 韩启浩，汪大洋，张永山. 考虑多块混凝土板拼装的组合钢板剪力墙抗震性能试验研究 [J]. 振动与冲击，2018，37（18）：193-200.

[8] 樊晓伟，徐龙河，李忠献. 预压弹簧自恢复耗能支撑非线性原理模型参数识别及试验验证 [J]. 土木工程学报，2018，51（07）：29-35.

[9] 杜轲，骆欢，孙景江，等. 考虑弯剪耦合作用的 RC 剪力墙拟静力试验研究 [J]. 土木工程学报，2018，51（07）：50-60.

[10] 朱柏洁，张令心，王涛. 轴力作用下剪切钢板阻尼器力学性能试验研究 [J]. 工程力学，2018，35（S1）：140-144.

[11] 张冬芳，贺拴海，赵均海，等. 考虑楼板组合作用的复式钢管混凝土柱-钢梁节点抗震性能试验研究 [J]. 建筑结构学报，2018，39（07）：55-65.

[12] 卢林枫，徐莹璐，郑宏，等. 带悬臂梁段的弱轴连接组合节点循环荷载试验研究 [J]. 建筑结构学报，2018，39（07）：66-75.

[13] 孙晓岭，郝际平，薛强，等. 壁式钢管混凝土柱抗震性能试验研究 [J]. 建筑结构学报，2018，39（06）：92-101.

[14] 石宇，周绪红，管宇，等. 冷弯薄壁型钢-石膏基自流平砂浆组合楼盖滞回性能试验研究 [J]. 建筑结构学报，2018，39（04）：110-118.

[15] 崔钦淑，王建东，郭颜恺. 高强箍筋高强混凝土 Z 形截面柱框架节点抗震性能试验研究 [J]. 建筑结构学报，2018，39（03）：56-66.

[16] 杨俊芬，陈雷，程锦鹏，等. 一种新型装配式梁柱节点抗震性能试验研究 [J]. 工程力学，2017，34（12）：75-86.

[17] 曹万林，王如伟，刘文超，等. 装配式轻型钢管框架-轻墙共同工作性能 [J]. 哈尔滨工业大学学报，2017，49（12）：60-67.

[18] 房晨，郝际平，樊春雷，等. 两种密肋框格屈曲约束低屈服点钢板剪力墙抗震性能试验研究 [J]. 建筑结构学报，2017，38（10）：38-50.

第9章　建筑结构拟动力试验

9.1　概　述

拟动力试验方法是计算机-加载器联机的试验，将结构动力学的数值解法同电液伺服加载有机结合起来的试验方法。拟动力试验首先通过计算机将实际地震波的加速度转换成作用在结构或构件上的位移和与此位移相应的加载力；随着地震波加速度时程曲线的变化，作用在结构上的位移和加载力也跟着变化。这样一来就可以得出某一实际地震波作用下的结构连续反应的全过程，并得到结构实际的荷载-变形的关系曲线，也即是结构的恢复力特征曲线。

拟动力试验和拟静力试验的目的不同，拟静力试验主要是采用大比例的单自由度试件和周期性的加载方法，对材料或结构的表现进行深入的了解，从而发展抽象的、概括性的结构数学模型。而拟动力试验则是将已存在的数学模型应用于结构或构件，真实模拟地震对结构的作用，从而根据试验结果对预期响应进行验证。拟动力试验能作较大型结构模型试验，并能缓慢重现地震时结构物的反应，便于观察结构的破坏过程。其不足之处在于不能反映实际地震时材料应变速率的影响。

拟动力试验实际上是计算机与加载器联机求解结构动力学方程的方法，因此，它对试验装置要求比较高，试验系统需由试验台、反力墙、加载设备、计算机、数据采集仪器等组成。拟动力试验的加载装置与拟静力试验相近，本章不再赘述。拟动力试验除必要的装置外，试验前还应根据结构所处的场地类型选择具有代表性的地震加速度时程曲线，并准备好计算机的输入数据文件。

9.2　拟动力试验方法

9.2.1　拟动力试验的基本原理

拟动力试验的基本工作原理为：在联机加载试验中，首先通过计算机将实际地震波的加速度转换成作用在结构或构件上的位移和与此位移相应的加振力；随着地震波加速度时程曲线的变化，作用在结构上的位移和加振力也跟着变化。这样一来就可以得出某一实际地震波作用下的结构连续反应的全过程，并绘制出荷载-变形的关系曲线，也即是结构的恢复力特征曲线。拟动力试验也被称为计算机-加载器联机试验。

联机试验的加载任务是由计算机和电液伺服加载器联合工作来完成的，整个试验加载连续循环进行，全部由计算机自动控制操作执行。图 9-1 为联机试验计算机加载工作流程框图。

具体步骤如下：

（1）在计算机系统中输入某一确定的地震地面运动加速度。

在加速度的时程曲线中，加速度的幅值随时间 t 的改变而变化。为便于利用数值积分方法来计算求解线性或非线性的运动方程式，可将实际地震加速度的时程曲线按 Δt 划分成许多微小的时段，并认为在这 Δt 时间段内的加速度呈直线变化。

（2）以单自由度为例，由计算机按输入第 n 步的地面运动加速度 $\ddot{X}_{0n}$，求得第 $n+1$ 步的指令位移 X_{n+1}。

当输入 $\ddot{X}_{0n}$ 后，由运动方程 $M\ddot{X}_n + C\dot{X}_n + F_n = -M\ddot{X}_{0n}$ 在 Δt 时间内由第 $n-1$ 和 n 步的位移 X_{n-1} 和 X_n 以及第 n 步的恢复力 F_n，求第 $n+1$ 步的位移 X_{n+1}。

（3）按指令位移 X_{n+1} 对结构施加荷载。

由加载控制系统的计算机将位移值 X_{n+1} 转换成电压信号，输入加载系统的电液伺服加载器，用准静态方法对结构施加与 X_{n+1} 的位移相应的荷载。

（4）量测结构的恢复力 F_{n+1} 和加载器的位移值 X_{n+1}。

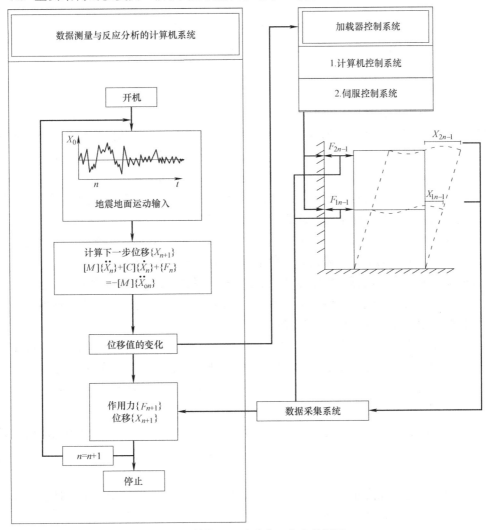

图 9-1　结构联机试验的工作流程框图

由电液伺服加载器的荷载传感器和位移传感器直接测量结构的恢复力 F_{n+1} 和加载器活塞行程的位移反应值 X_{n+1}。

（5）重复上述步骤，按输入第 $n+1$ 步的地面运动加速度 $\ddot{X}_{0n+1}$ 求位移 X_{n+2} 和恢复力 F_{n+2}，连续进行加载试验。

将实测的 F_{n+1} 和 X_{n+1} 的数值连续输入数据采集和反应分析系统的计算机，利用位移 X_n，X_{n+1} 和恢复力 F_{n+1} 按上述同样方法重复运行并进行计算、加载和测量，求得位移 X_{n+2} 和恢复力 F_{n+2} 连续对结构进行加载试验，直到输入地震加速度时程所指定的时刻。

9.2.2 拟动力试验的前期准备

1）模型的相似条件

从国内外试验研究来看，由于原型结构的试验规模大，要求试验设备的规模和试验费用也大。因此，目前采用较多的还是缩小比例的模型试验。模型是根据结构的原型，按照一定比例制成的缩尺结构，它具有原型结构的全部或部分特征。对模型进行试验可以得到与原结构相似的工作情况，从而可以对原结构的工作性能进行了解和研究。模型必须和原型相似，并符合相似理论的要求。任何结构模型都必须按照模型和原型结构相关联的一组相似要求来设计、加载和进行数据整理。

2）地震波的选择

地震地面加速度记录是反映地震动特性的重要信息。地震波具有强烈的随机性，观测结果表明，即便是同次地震在同一场地上得到的地震记录也不尽相同。而结构的弹塑性时程分析表明，结构的地震反应随输入地震波的不同而差距很大，相差高达几倍甚至十几倍之多。故要保证时程分析结果的合理性，必须在综合考虑了场地条件、现有地震波记录的持时、峰值及频谱特性等因素之后，才能选定拟动力试验的输入波。

一般而言，供结构时程分析使用的地震波有三种：（1）拟建场地的实际地震记录；（2）人造地震波；（3）典型的有代表性的过去强震记录。

如果在拟建场地上有实际的强震记录可供采用，是最理想、最符合实际情况的。但是，许多情况下拟建场地上并未得到这种记录，所以至今难以实际应用。

人造地震波是采用电算的数学方法生成的符合某些要求的地面运动过程，这些指定的条件可以是地面运动加速度峰值、频谱特性、震动持续时间和地震能量等。显然，这是获取时程分析所用地震波的一种较合理途径。

目前，在工程中应用较多的是一些典型的强震记录。国外用得最多的是埃尔森特罗（El-Centro 1940，n-s）强震记录，如图 9-2（a）所示。它具有较大的加速度值（$A_{max}=341gal$，$1gal=1cm/s^2$），而且在相同的加速度时，它的波形能产生更大的地震反应。其次塔夫特（Taft）地震与台湾集集地震的记录也用得较多。

考虑到不同的地震波对结构产生影响差异很大，故选择使用典型的过去强震记录时应保证一定数量并应充分考虑地震动三要素（振幅、频谱特性与持时）。

（1）地震动的幅值

地震动幅值可指峰值加速度、峰值速度及峰值位移，对一般结构常用的是直接输入动力方程的加速度曲线，这主要是为了与结构动力方程相一致，便于对试验结构进行理论计算和分析。此外采集的地震加速度记录较多且加速度输入时的初始条件容易控制，对选用

164

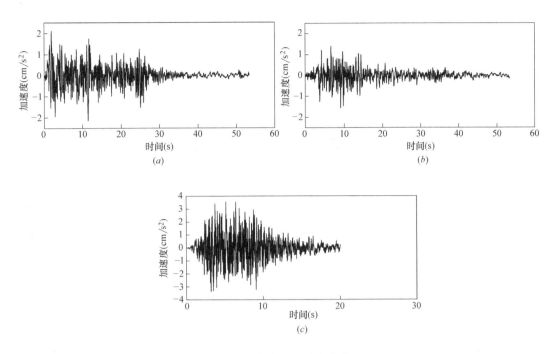

图 9-2 各输入地震波波形

(a) El-Centro 波；(b) Taft 波；(c) 集集波

的地震记录峰值加速度应按比例放大或缩小，使峰值加速度相当于设防烈度相应的峰值加速度。表 9-1 列出了烈度与峰值加速度对应关系。

烈度与峰值加速度对应关系 表 9-1

烈度	6	7	8	9	10
峰值加速度	0.05g	0.1g	0.2g	0.4g	0.8g

（2）地震动频谱

地震动频谱特征包括谱形状、峰值、卓越周期等因素。研究表明，在强震发生时，一般场地地面运动的卓越周期将与场地土的特征周期相接近。因此，在选用地震波时，应使选用的实际地震波的卓越周期乃至谱形状尽量与场地土的谱特征相一致。

因此考虑到地震动频谱时，选择的地震波应与两个因素相接近：（1）场地土特征周期与实际地震波的卓越周期尽量一致；（2）考虑近、远震的不同。现行《建筑抗震设计规范》GB 50011—2010（2016 年版）给出不同场地、远近震下的特征周期，见表 9-2。

场地土特征周期 表 9-2

场地类别	1	2	3	4
近震	0.2	0.3	0.4	0.65
远震	0.25	0.4	0.55	0.85

（3）地震动持续时间

地震时，结构进入非线性阶段后，由于持续时间的不同使得结构能量损耗积累不同，从而影响结构反应。持续时间的选择有三点要素：①保证选择的持续时间内包含地震记录最强部分；②对结构进行弹性最大地震反应分析时，持续时间可选短些，若对结构进行弹塑性最大地震反应分析或耗能过程分析时，持续时间可取长些；③一般取 $T \geqslant 10T_1$（T_1为结构的基本周期）。

3）阻尼比的确定

阻尼是振动体系的重要动力特征之一，是用来描述结构振动过程中某种能量耗散方式的术语。时程动力分析中的阻尼是指结构在地震时，结构与支撑之间的摩擦、材料之间的内摩擦以及周围介质的阻力等引起的振动振幅的衰减作用。对于建筑结构来说，对结构动力效应有较大影响的主要是内阻力。试验的阻尼比通过动载试验测定，在每次拟动力试验前后各进行一次试验。

9.3 拟动力试验数据处理

9.3.1 结构刚度与阻尼比

对于拟动力试验来说，结构刚度的变化直接影响着整个框架结构的动力特性。因此，结构刚度是分析建筑结构在地震作用下地震反应的重要因素之一；同时，结构的刚度也是拟动力试验必须输入的主要参数之一。故在每种工况试验之前必须进行静力试验，测定结构当前的刚度值。当试件开裂或破坏后，其刚度有很大的退化。随着输入荷载的增大，结构破坏加剧，试件的刚度也不断退化，直至试验完全结束。

阻尼的大小和建筑物的材料、结构类型以及非结构构件的类型有关。阻尼大小用临界阻尼百分比表示，即阻尼比。在地震作用下，结构阻尼受到一些外部和内部因素的影响，主要是：由建筑物周围空气产生的外部阻尼；与材料黏滞性有关的内部阻尼；在结构的连接和支承部位发生的摩擦阻尼；当结构在非弹性状态下承受反复荷载时产生的滞回阻尼；由建筑物所在场地耗散的能量产生的辐射阻尼；基础周围的滞回阻尼。在进行结构动力分析时，通常的做法是把各种来源的阻尼汇集为一个，统称为黏滞阻尼。要精确计算黏滞阻尼，而且能有效地考虑前述的各种性能是不实际的。

本书列出的试验实例中，考虑到结构损伤引起的结构阻尼特性的变化，因此采用动载试验的方法进行测量。

9.3.2 加速度与位移反应

已有的研究表明，试件的加速度时程响应与输入地震波并不是同时达到最大值。这主要是由于结构本身自振周期与输入地震波频率存在差异，随着结构累积损伤和刚度下降，结构自身的动力特性发生了变化，从而导致结构加速度响应发生变化。另外，加速度反应幅值随着结构的损伤累计及结构刚度的退化而有所改变，当输入地震波较小的时候，输入地震波加速度与结构的加速度时程反应的幅值相差非常大，随着输入地震波的增大，二者的幅值就非常接近了。

试件的位移时程响应与输入地震波并不是同时达到最大值，这是由于输入波的频谱与结构的自振周期决定的，只有当结构当前的自振周期与输入波的频谱相近时，其位移响应才会达到最大值。另外，与加速度响应一样，结构的位移响应也会随着结构的损伤累积及刚度退化而有明显的改变。当输入地震波较大时，试件正、反向位移并不对称，这是因为正反向加载时结构的受拉和受压刚度不相等，并且还受许多因素的影响，如开裂、受压后裂缝闭和、钢材的包辛格效应等。

9.3.3　滞回曲线与累积滞回耗能

框架结构的恢复力曲线（滞回曲线）是结构在反复荷载下的受力性能变化（裂缝的开展、钢筋的屈服和强化、局部混凝土的酥裂剥落以至破坏等）的综合反映，它概括了强度、刚度和延性等力学特性。但是，拟动力试验得到的恢复力曲线与拟静力试验的有所不同。对于拟静力试验来说，它的加载制度是规则的，它所获得恢复力曲线体现了结构抗震性能的规律性，研究人员则可以根据其规律性通过统计分析的方法归纳出结构的恢复力模型，而这数学模型正是结构非线性分析的基础；但是对于拟动力试验而言，由于输入的地震波具有随机性，它所测得的结构恢复力曲线更多的是表现结构在具体某个地震下所表现出来的抗震能力，以能量为例，随着拟动力试验工况的增大，地震波所施加在结构上的地震能量在不断加大，此时结构通过进入塑性阶段，产生不可恢复残余变形的方式来耗散掉地震能量，其恢复力曲线的丰满程度决定了其抵御地震荷载的能力，而这正是结构自身抗震能力的体现。简单地说就是：拟静力试验的恢复力曲线是揭示试件受荷与变形关系的规律，拟动力试验的恢复力曲线是验证试件的承载能力。

在不同峰值加速度地震作用下的累积滞回耗能，可采用累加的形式计算，即：

$$E_h = \sum_{i=0}^{n} \frac{1}{2}(F_{i+1}+F_i)(X_{i+1}-X_i) \tag{9-1}$$

式中：F_{i+1}、F_i——相邻两点的恢复力；

　　　　X_{i+1}、X_i——恢复力对应的位移。

9.4　拟动力试验实例1——预应力混凝土平面框架的单向拟动力试验

9.4.1　试验概况

实例1介绍的预应力混凝土框架拟动力试验采用的框架试件的尺寸、混凝土强度、钢筋强度等与本章前面介绍的无粘结部分预应力混凝土扁梁框架拟静力试验试件的基本相同，所不同的是，进行拟动力试验的框架在梁端（加载侧）设置 300mm×450mm×700mm 的加载端，通过拉杆将试验框架与施加水平反复地震荷载的作动器联系在一起。框架结构具体尺寸见图 9-3。框架试件的预应力筋的配筋为 $2\Phi^j15$，预应力筋布置与前述的拟静力试验的框架试件一样，曲线布置。试验采用强度概念的预应力度 $PPR = f_{py}A_p/(f_{py}A_p + f_yA_s)$，框架梁的预应力度为 0.67。

9.4.2　试验加载装置

拟动力试验的无粘结部分预应力扁梁框架的轴压比选用 0.3，框架梁上的竖向集中荷载为 20kN。柱顶竖向荷载 N 由固定在柱顶的两个油压千斤顶施加。梁中竖向集中荷载 P 由固定在梁三分点处的千斤顶施加。竖向荷载加载满载后由液压系统保持荷载不变，然后在梁端施加水平荷载，进行拟动力试验，水平荷载由 MTS 电液伺服系统作动器施加。作动器的静态（非冲击）承载能力为 ±750kN，额定加载能力为 ±500kN，最大行程为 ±250mm。框架结构加载装置见图 9-4，框架拟动力试验的照片见图 9-5。

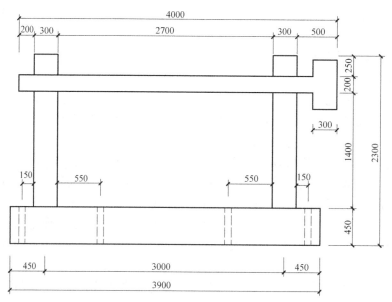

图 9-3　拟动力试验中使用的预应力混凝土框架

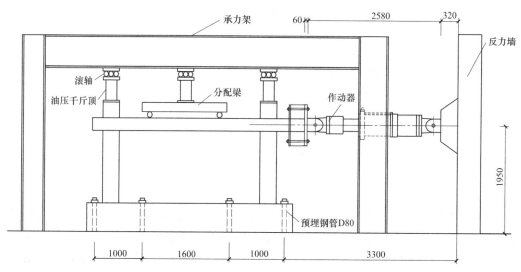

图 9-4　框架拟动力试验加载装置图

图 9-5　框架拟动力试验照片

9.4.3　试验方案设计

1）地震波的选择

本框架试件拟动力试验的地震动加载采用较为通用的 El-Centro 波（图 9-2a），它是 1940 年 Imperil Valley 地震的强震记录，是第一次完整记录到的最大加速度超过 300gal 的地震地面加速度记录。选取它作为本次拟动力试验的输入波，主要出于三个方面的考虑：①El-Centro 波的强震持续时间较长，地震动冲击能量比较分散，且后续峰值仍然较大。采用该地震波，结构须能承受连续冲击的影响，其反应过程中累积效应的因素就显得尤为明显；②El-Centro 波的反应谱分布频带较窄，其周期范围为0.1~0.6s，而在 0.5s 附近形成峰值，因此只对自振周期在某一范围内的结构有较大影响；③El-Centro 波的震级为 6.7 级，Ⅳ类场地土，地震的震级高，破坏性较大。

2）试验主要参数的确定

（1）质量取值

本次拟动力试验将框架结构简化为单自由度体系，结构质量视为集中在楼层标高处，其值在综合考虑了框架结构的几何尺寸、实际工程的荷载情况及试验的相似条件之后，取为 150kN。

（2）阻尼取值

阻尼是振动体系的重要动力特征之一，是用来描述结构振动过程中某种能量耗散方式的术语。时程动力分析中的阻尼是指结构在地震时，结构与支撑之间的摩擦、材料之间的内摩擦以及周围介质的阻力等引起的振动振幅的衰减作用。对于建筑结构来说，对结构动力效应有较大影响的主要是内阻力。本次试验中，考虑到结构损伤引起的结构阻尼特性的变化，因此采用动载试验的方法进行量测。

3）试验加载方案

正式试验前先施加反复荷载两次，以检查试验装置及各测量仪表的反应是否正常。具体试验加载方案详见表 9-3。

试验加载方案 表 9-3

试验编号	试 验 内 容
FLT-1	在框架梁截面高度中心处的水平加载试验
DL-1	框架结构水平方向的动载试验
PDT-1	输入 El-Centro 波(加速度峰值为 0.05g)
PDT-2	输入 El-Centro 波(加速度峰值为 0.1g)
PDT-3	输入 El-Centro 波(加速度峰值为 0.2g)
PDT-4	输入 El-Centro 波(加速度峰值为 0.4g)
PDT-5	输入 El-Centro 波(加速度峰值为 0.8g)
PDT-6	输入 El-Centro 波(加速度峰值为 1.2g)
PDT-7	输入 El-Centro 波(加速度峰值为 1.6g)
PDT-8	输入 El-Centro 波(加速度峰值为 2.0g)
PDT-9	输入 El-Centro 波(加速度峰值为 2.4g)
PDT-10	输入 El-Centro 波(加速度峰值为 3.0g)
PDT-11	输入 El-Centro 波(加速度峰值为 4.0g)

试验中框架梁截面高度中心处的水平加载试验，是为了获得试验框架的初始刚度，为拟动力试验分析计算提供必要的数据。在每次拟动力试验前后各进行一次试验，前后两次试验是为了比较框架经过弹塑性阶段前后刚度退化的性质。试验方法是根据结构刚度的基本定义，在框架梁截面高度中心处水平施加单位位移，根据所需的水平荷载值，最终计算框架刚度。而水平方向的动载试验则是为了测试框架结构的周期、频率及阻尼。而拟动力试验主要是为了获得试件从开裂到屈服后的变形、裂缝出现及发展等性态；同时，也可了解试验框架在不同加速度峰值、频谱组成及其时间历程的地震加速度记录输入后的反应大

小，变形累积及其能量耗散、刚度退化、周期变长等性质。

9.4.4 试验结果分析

1）试验过程

在加速度峰值 $a_{max}=0.05g$ 和 $a_{max}=0.1g$ 这两个工况的地震作用下，框架结构基本上处于弹性阶段，并未发现任何裂缝出现。当加速度峰值 $a_{max}=0.2g$ 的地震作用下，肉眼观察并未发现有裂缝出现，但是从框架结构的其他反应可以察觉到结构已开裂，分析可能是裂缝尚小，在反复荷载的作用下，裂缝又闭合，故肉眼未发现裂缝的出现。当输入加速度峰值 $a_{max}=0.4g$ 时，柱脚两侧均出现肉眼可见的细小水平裂缝，在反向荷载作用时，裂缝尚可闭合。当输入加速度峰值 $a_{max}=0.8g$ 时，柱脚的部分钢筋进入屈服状态。在随

图 9-6 柱脚混凝土压碎近照

后进行的试验工况中，原有裂缝继续扩展延伸，同时，梁端顶面、底面及侧面均出现了许多裂缝。当输入加速度峰值 $a_{max}=2.4g$ 时，框架结构达到极限荷载，结构损伤不断加剧。随着输入加速度峰值的继续增大，结构的承载能力进入下降阶段。当输入加速度峰值 $a_{max}=4.0g$ 时，结构承载能力下降至极限荷载的 90%，由于此时框架结构破坏较为严重，柱脚混凝土已经压碎破坏（图 9-6），试验结束。

2）试验结果分析

以下选择三个典型试验工况的主要结果比较预应力混凝土框架结构在不同等级地震波作用下的反应情况，即对试件的加速度反应、位移反应以及恢复力特性进行分析。其中，工况 1（加速度峰值 $a_{max}=0.1g$）为弹性工作阶段；工况 2（加速度峰值 $a_{max}=0.8g$）为纵向受力钢筋屈服阶段；工况 3（加速度峰值 $a_{max}=2.4g$）为极限荷载阶段。

（1）加速度反应

图 9-7 为 $a_{max}=2.4g$ 时预应力混凝土扁梁框架结构在地震动荷载下的加速度反应的实测值与输入值的比较。从图中可看出：框架结构的加速度时程反应与输入地震波并不是同时达到最大值。在输入的 El-Centro 波中，最大的加速度峰值出现在 $t=0.648s$（考虑模型相似比，时间间隔进行了压缩）时，且出现在正向；而加速度反应最大的峰值点出现在 $t=$

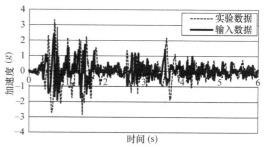

图 9-7 加速度时程曲线（$a_{max}=2.4g$）

$0.654s$ 时，且出现在正向。这主要是由框架结构自振周期与输入地震波的频率的差异所导致的不同。而且加速度反应幅值则随着结构的损伤积累及结构刚度的退化而有所改变。

（2）位移反应

图 9-8 为 $a_{max}=2.4g$ 时预应力混凝土扁梁框架结构在输入地震波荷载作用下的位移反应实测数据，即位移时程曲线。从图中可以看出：结构位移反应的最大值与输入波加速度的最大值并不发生在同一时刻，这是由于输入波的频谱与结构的自振周期决定的，只有

当结构当前的自振周期与输入波的频谱相近时，其位移反应才会达到最大值。与结构加速度反应一样，结构的位移反应也会随着结构的损伤积累及结构刚度的退化而有明显的改变。

（3）滞回曲线

图 9-9 为 $a_{max}=2.4g$ 时框架荷载-水平位移曲线，即框架结构在反复荷载作用下的恢复力特性的表现，这也是框架结构抗震性能研究的主要问题之一。

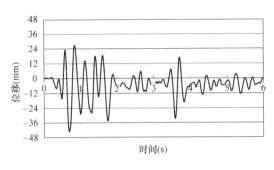

图 9-8 位移时程曲线（$a_{max}=2.4g$）　　　　图 9-9 滞回曲线（$a_{max}=2.4g$）

9.5 拟动力试验实例 2——砌体结构预应力体系抗震加固系列抗震性能试验

9.5.1 试验概况

为了系统研究砌体结构预应力体系抗震加固的抗震性能，本次实验首先设计了 1 座两层单开间的预制板砌体房屋结构试验模型（未抗震加固，试件编号 SJ1），接着制作了 1 座相同的预制板砌体房屋结构试验模型（试件编号 SJ2），对该结构试验模型分别沿纵向、横向以及竖向张拉了预应力，完成了体系的抗震加固；然后又制作了 1 座相同的预制板砌体房屋结构试验模型（试件编号 SJ3），对该结构试验模型沿墙体对角线方向斜向张拉了预应力，完成了体系的抗震加固；最后利用 MTS 电液伺服加载系统对这三个结构试验模型进行了双层双向拟动力试验。

采用双向拟动力试验研究其抗震性能，其主要内容如下：

1) 对模型结构进行振动测试，获得房屋结构水平两个方向前两阶横向振型，为有限元模型修正提供参数依据；

2) 进行两层砌体结构模型在不同类型和不同强度地震波作用下双向拟动力试验，考察其抗震性能及其变化；

3) 两层砌体结构模型的破坏试验，考察其破坏模式和破坏机理。

9.5.2 试验模型设计

按照现行《砌体结构设计规范》、《混凝土结构设计规范》和《建筑抗震设计规范》，设计的模型首层高度取为 1.7m（未含首层 0.25m 连接底座混凝土层），二层高度 1.5m，总高度 3.2m；平面开间尺寸为 1.5m，进深尺寸为 2m。梁柱为钢筋混凝土构造柱，楼板为预制钢筋混凝土楼板。为保证墙体与构造柱及墙体的整体性，墙体及构造柱设有拉结钢筋，每层墙体砌筑结束再行浇筑构造柱及圈梁，然后吊装预制板，并做楼层找平层。

根据模型比例 1：2，墙体厚度采用 120mm，砖块采用 240mm×115mm×53mm 的 MU10 实心黏土砖，砂浆采用 M5 砌筑砂浆；相应柱截面为 120mm×120mm，圈梁截面为 120mm×150mm，柱和圈梁纵筋为 HPB235 级钢 4Φ10，箍筋均为 HPB235 级钢 Φ6@100，加密区箍筋为 Φ6@50，墙体与构造柱每隔 300mm 设有 2Φ6 拉结钢筋，构造柱、圈梁、楼板均为 C20 细石混凝土。具体模型尺寸以及相应配筋情况详见图 9-10。底座高度

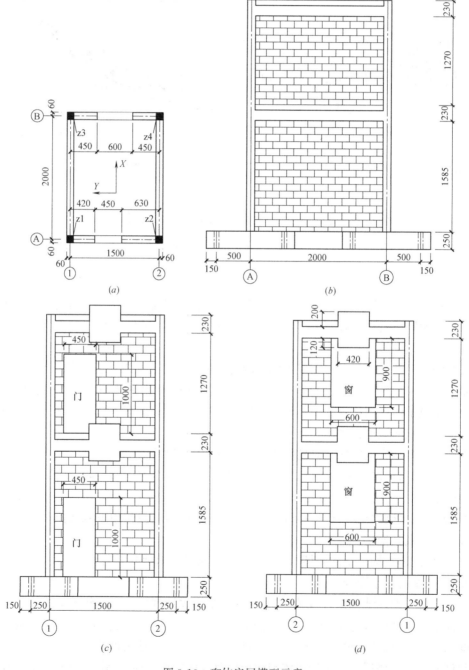

图 9-10　砌体房屋模型示意

(a) 一、二层平面图；(b) 东、西立面图；(c) 南立面图；(d) 北立面图

为 250mm，混凝土强度等级设计值为 C30，钢筋采用 HPB235 级。预制楼板的设计参考福建省工业民用建筑设计院编写的《预应力混凝土平板》，门洞口上方的过梁设计参考《钢筋混凝土过梁》。

SJ2 预应力加固方案是在未经加固的砌体结构试验模型（SJ1）上施加纵向、横向以及竖向的体系加固方法（详见图 9-11）。在本试验中，采用沿承重墙外侧加固，不破坏承重墙。

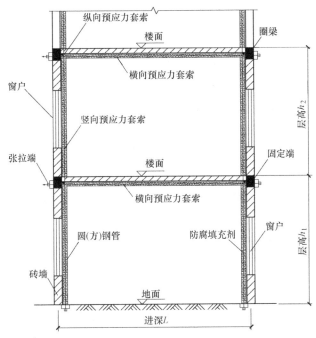

图 9-11　SJ2 的加固方式

SJ3 预应力加固方案是在未经加固的砌体结构试验模型（SJ1）上施加对角线斜向的体系加固方法。在本试验中，采用沿承重墙外侧加固，不破坏承重墙。本预应力加固方案采用图9-12的预应力抗震加固方式。

9.5.3　试验加载装置

水平加载采用美国 MTS 系统公司生产的电液伺服系统对模型进行 X、Y 方向同步加载。测试的主要设备有：应变片、挠度计、WBD-50 百分表以及 DH-3816 数据采集系统。具体加载布置如图 9-13 所示，在模型房屋一层和二层圈梁位置沿 X 及 Y 方向各安装一台 ±500kN 行程 ±250mm 的 MTS 电液伺服作动器，

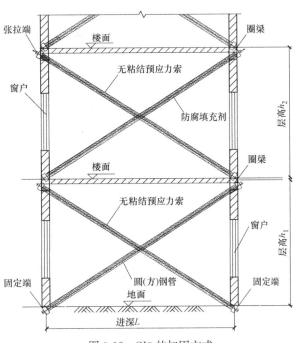

图 9-12　SJ3 的加固方式

总计采用 4 个水平加载作动器，如图 9-14 所示。在模型房屋一、二层楼板上采用标准砝码铁砖施加竖向荷载，每个楼层加载至 6kN，以满足一、二层墙体配重要求。

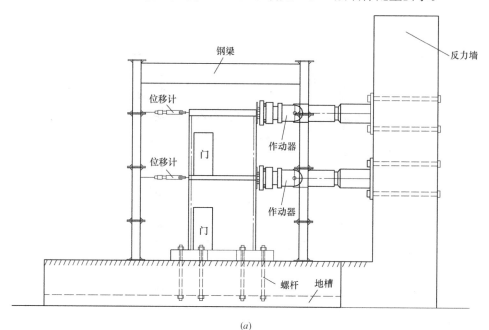

(a)

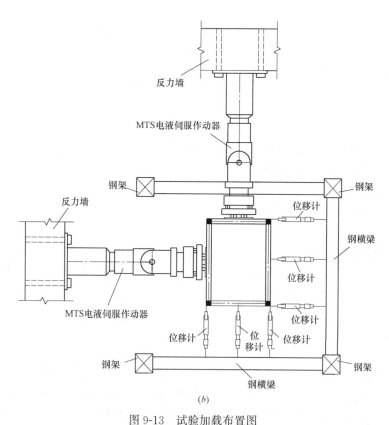

(b)

图 9-13　试验加载布置图

(a) Y 方向试验加载装置立面布置图；(b) 试验加载装置平面布置图

(a)   (b)

图 9-14　水平加载装置

（a）X 向水平加载装置；（b）Y 向水平加载装置

本试验采用的 El-Centro 波。假定框架所在场地类别为 II 类（按沿海地区），场地土的特征周期在 0.35～0.45s 左右。由图 9-15 可知，El-Centro 波南北向的卓越周期约为 0.3s 和 0.6s，东西向的卓越周期约为 0.2s 和 0.5s。因此场地土的特征周期与试验波的卓越周期相近，满足地震动频谱的选择要求。El-Centro 地震波在此之前的许多结构地震反应试验都被采用，具有代表性，因此采用 El-Centro 波进行试验有利于与其他试验结果进行比较。

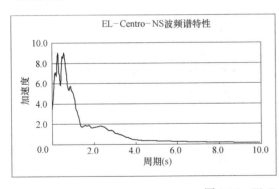
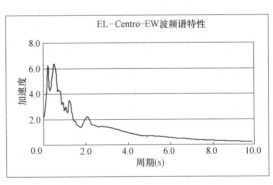

图 9-15　El-Centro 波频谱曲线

9.5.4　试验结果分析

1）破坏形态

SJ1：400gal El-Centro 波作用后，一层门洞过梁上方由于出现众多裂缝，大片的粉刷层脱落，左侧过梁下方墙体被过梁压碎、崩离、局部粉刷层脱落，门洞左下角与右下角也有类似的情况，墙体底座压碎、崩离。结构内部墙脚与底座接触的墙体，大部分墙体被底座压碎、崩离。一层构造柱 Z1、Z4 中部形成塑性铰，构造柱 Z2、Z3 靠近柱端的地方形

175

成塑性铰，各构造柱弯曲变形明显，由于塑性变形，试验结束构造柱的中心线不能恢复到一条垂直线上。一层轴①纵墙的对角线斜裂缝将墙体划分成两部分，在地震波峰值作用下，裂缝左上侧墙体在 Y 向波作用下向外凸出明显，左下侧墙体平面外运动不明显，致使裂缝左右两侧墙体错动明显，缝宽足有 2cm。轴②纵墙的 X 形裂缝交叉点位置，应力集中，墙体被压碎。墙体与构造柱拉结钢筋位置处，容易出现应力集中，墙体被压碎，粉刷剥落。详见图 9-16。

(a)　　　　　　　　　　　　　　(b)

图 9-16　SJ1 模型房屋震害图
(a) 400gal B 轴横墙裂缝；(b) 400gal A 轴横墙裂缝

SJ2：600gal El-Centro 波作用时，首先是门洞过梁附近裂缝迅速开展，首层左上角墙体随之向里凹陷，导致砖块崩落，后方横墙洞口左侧中部墙体裂缝迅速展开，局部墙体向外突出。两侧纵墙裂缝宽度进一步加深。随着进一步的加载，门洞上过梁因周边墙体崩落脱出导致受力过大而遭到严重破坏，最后脱离墙体。两侧纵墙错动明显，缝宽足有 3cm，已不适于进一步加载。试验后的模型破坏形态详见图 9-17。不难看出，左下侧墙体平面外运动不明显，致使裂缝左右两侧墙体错动明显，缝宽足有 2cm。轴②纵墙的 X 形裂缝交叉点位置，应力集中，墙体被压碎。墙体与构造柱拉结钢筋位置处，容易出现应力集中，墙体被压碎，粉刷剥落。

SJ3：400gal 地震波作用过程中，SJ3 的破坏情况基本上和 SJ2 一致，但是由于 SJ3 的实测刚度明显小于 SJ2，它在地震荷载作用下的响应位移也比 SJ2 大一些，因此它的损伤情况介于同一级荷载工况下的 SJ1 和 SJ2 之间。图 9-18 展示了模型房屋试验后的震害情况。

从以上的震害情况比较，我们可以得到以下结论：

（1）未进行预应力体系加固的砌体框架结构（SJ1）在地震荷载作用下，破坏明显比经过预应力体系加固的砌体框架结构（SJ2、SJ3）严重得多，试验证明预应力体系加固对于砌体结构抗震能力的提高是非常显著的。

（2）同为预应力体系加固的 SJ2 和 SJ3 采取不同的加固形式，SJ2 采取的纵向、横向以及竖向加固，对砌体结构形成了整体加固，结构的刚度得到了很大提高，特别是对圈梁

(a)　　　　　　　　　　　　　　　　(b)

图 9-17　SJ2 模型房屋试验震害图

（a）600gal A 轴横墙裂缝；（b）600gal B 轴横墙裂缝

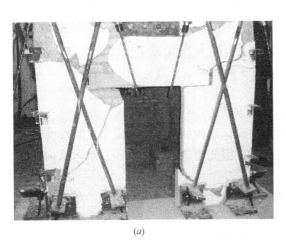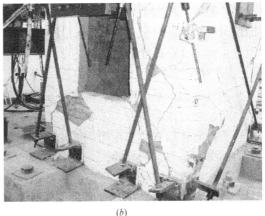

(a)　　　　　　　　　　　　　　　　(b)

图 9-18　SJ3 模型房屋试验震害图

（a）400gal A 轴横墙裂缝；（b）400gal B 轴横墙裂缝

和构造柱的加强作用是非常明显的，因此在试验过程中 SJ2 的震害是最小的，最终完成了 600gal 地震波的作用后，砌体结构仍然屹立不倒。而 SJ3 采取的斜向加固虽然对墙体的加固效果比较有效，但是对于一个完整的空间框架，缺乏纵横向以及竖向的整体加固效应，构造柱和圈梁破坏较为明显，因此其加固效果明显不如 SJ2。

2）能量耗能分析

滞回耗能是在地震作用下由于结构构件的变形而吸收耗散的地震能量，它是衡量结构抗震性能的重要指标之一，主要包括弹性应变能以及塑性应变能。滞回耗能是以结构或构件的塑性发展（如开裂、屈服）为代价来吸收耗散地震能量的。为了进一步研究体系加固方案的性能，以下给出体系加固方案（SJ2 和 SJ3）与未加固方案（SJ1）在相同地震加速度下耗能时程曲线的比较。

由图 9-19 的比较，可以得到以下结论：

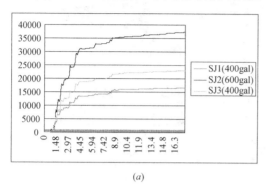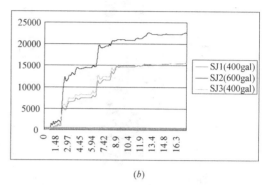

图 9-19 破坏工况下 El-Centro 波作用后耗能曲线图
(a) X 向耗能曲线；(b) Y 向耗能曲线

（1）通过对砌体结构的预应力体系加固，可以大大提高砌体结构的耗能能力，这点可以从 SJ2 和 SJ3 的耗能曲线优于 SJ1 的现象得出该结论。

（2）同为体系加固的 SJ2 和 SJ3 的耗能也明显不同，由于 SJ2 的整体加固效果显著，其结构刚度明显大于 SJ3，在地震作用下其位移反应明显小于 SJ3，其震害也明显较轻，即使最终破坏的时候，SJ2 对构造柱和圈梁的增强作用，从而保证了砌体框架最终不倒。因此虽然 SJ2 在耗能方面不如 SJ3，但是从加固的效果而言，应当是 SJ2 优于 SJ3。

3）结论

通过之前一系列的试验研究，我们可以得到以下结论：

（1）通过试验表明，采取预应力体系加固后，砌体结构的整体性增强了，其震害明显减轻了，而在地震荷载作用下的耗能也明显提高了。因此预应力体系加固对砌体结构抗震能力的提高是非常明显的。

（2）采取纵横竖三向预应力体系加固的砌体结构，其整体加固效果明显，对构造柱和圈梁的增强作用明显，对空间砌体结构的抗震能力提高显著。而采取斜向加固的砌体结构，虽然对墙体加强不少，倒是未能形成一个完整的空间整体加固，因此斜向加固的抗震加固效果明显不如纵横竖三向的抗震加固效果。

值得一提的是，之前收集到的文献资料中提到的斜向加固在平面砌体试件中加固效果更佳的结论有待讨论，因为它们完成的试验只是在平面内完成，缺乏空间方面的讨论，而本中心完成的空间砌体结构更加接近现实情况，纵横竖三向加固在空间方面的整体完整加固效果是非常显著的，结论是不容置疑的。

9.6　本章小结

拟动力试验是目前常见的抗震试验方法之一，它是将已存在的数学模型应用于结构或构件，真实模拟地震对结构的作用，从而根据试验结果对预期响应进行验证。虽然拟动力试验方法本身还有很多方面需要进一步的完善，但是在大型复杂结构抗震试验中应用比较广泛，取得了很大的发展。另外，动态的实时拟动力试验方法也开始受到重视和发展，越来越多的科研人员投入到这方面的研究工作。本章着重介绍了拟动力试验的试验目的、基本原理、前期准备和数据处理；还详细介绍了两个拟动力试验的实例。本文只是初步介绍了拟动力试验，期望后续者能够将拟动力试验方法发扬光大。

习题与思考题

1. 拟动力试验方法与拟静力试验有什么区别？
2. 简述拟动力试验的工作原理。
3. 拟动力试验需要做哪些前期准备？
4. 拟动力试验主要获取哪些数据？如何处理这些数据？

本章参考文献

[1] 薛建阳，李亚东，戚亮杰，等. 传统风格建筑钢框架结构拟动力试验及弹塑性时程分析 [J]. 土木工程学报，2018，51（09）：37-46.

[2] 王涛，张锡朋，解晋珍，等. 钢框架减震结构拟动力试验 [J]. 沈阳建筑大学学报（自然科学版），2018，34（05）：838-846.

[3] 薛建阳，戚亮杰，葛鸿鹏，等. 仿古建筑钢框架结构拟动力试验及静力推覆分析 [J]. 振动与冲击，2018，37（11）：80-88.

[4] 马磊，隋龑，强一，等. 基于 MTS 加载系统及 OpenFresco 网络平台的远程协同子结构拟动力试验方法研究 [J]. 地震工程与工程振动，2018，38（02）：115-120.

[5] 丁发兴，朱江，罗靓，等. 钢-混凝土组合空间框架拟动力有限元分析 [J]. 建筑结构学报，2018，39（05）：18-26.

[6] 钱稼茹，韩文龙，赵作周，等. 钢筋套筒灌浆连接装配式剪力墙结构三层足尺模型子结构拟动力试验 [J]. 建筑结构学报，2017，38（03）：26-38.

[7] 王静峰，潘学蓓，彭啸，等. 两层钢管混凝土柱与组合梁单边螺栓端板连接框架拟动力试验研究 [J]. 土木工程学报，2016，49（10）：32-40.

[8] 王贞，王照然，吴斌. 采用位移外环控制的拟动力试验方法及验证 [J]. 地震工程与工程振动，2016，36（02）：9-15.

[9] 张爱林，张艳霞，赵微，等. 可恢复功能的装配式预应力钢框架拟动力试验研究 [J]. 振动与冲击，2016，35（05）：207-215.

[10] 王贞，王照然，杨婧，等. MTS 控制系统的二次开发及其在混合试验中的应用 [J]. 地震工程与工程振动，2015，35（02）：22-29.

第10章　建筑结构地震模拟振动台试验

10.1　概　　述

地震是地壳快速释放能量过程中造成的振动，期间会产生地震波的一种自然现象。全球每年大约发生500万次地震，大部分发生在大构造板块的边界上，小部分发生在板块内部的活动断裂上，全球主要地震活动带有三个：环太平洋地震带、欧亚地震带和海岭地震带。环太平洋地震带是地震活动最强烈的地带，全球约百分之八十的地震都发生在这里。表10-1和表10-2分别列出全球伤亡和损失排名前十位的地震。

全球伤亡排名前十位的地震　　　　　　　　　　　　　表 10-1

排名	时间	地点（国家）	伤亡人数 （单位：人）	震级
1	1556	陕西华县（中国）	820,000～830,000	8.0
2	1976	河北唐山（中国）	242,769～700,000	7.8
3	1920	宁夏海源（中国）	273,400	7.8
4	526	安提阿（土耳其）	250,000	7.0
5	2004	苏门答腊岛（印度尼西亚）	227,898	9.1～9.3
6	1138	阿勒波（叙利亚）	230,000	
7	2010	海地（海地）	100,000～316,000	7.0
8	1303	陕西洪洞（中国）	200,000	8.0
9	856	达姆甘（伊朗）	200,000	7.9
10	893	阿尔达比勒（伊朗）	150,000	

全球损失排名前十位的地震　　　　　　　　　　　　　表 10-2

排名	时间	地点	经济损失 （单位：美元）	震级
1	2011	东日本地区（日本）	＄235 万	9.1
2	1995	阪神·淡路（日本）	＄200 万	6.9
3	2008	四川汶川（中国）	＄86 万	8.0
4	1994	洛杉矶（美国）	＄13 万～44 万	6.7
5	1980	皮尼亚（意大利）	＄15 万	6.9
6	1976	河北唐山（中国）	＄10 万	7.8
7	2011	克莱斯特彻奇（新西兰）	＄15 万～40 万	6.3
8	2004	新潟（日本）	＄28 万	6.8

排名	时间	地点	经济损失 （单位:美元）	震级
9	1999	伊兹米特(土耳其)	＄20万	7.6
10	2010	康塞普西翁(智利)	＄15万～30万	8.8

由于地震机理和结构抗震性能的复杂性，仅以理论手段不能完全把握结构在地震作用下的性能、反应过程和破坏机理，还需要通过结构试验来模拟地震作用从而达到研究结构抗震性能的目的。地震模拟振动台试验是一项综合有土建、机械、液压、电子、计算机控制技术以及振动量测技术的系统工程。通过向地震模拟振动台输入地震波，激励起地震模拟振动台上结构的反应，可以测得不同结构的动力特性、地震响应、震害特征、破坏机理，可以验证结构本构关系、健康诊断技术、抗震加固技术等，为地震设防和抗震设计提供依据，提高综合抗震水平。

一般说地震模拟振动台试验研究的主要任务是：验证理论和计算方法的合理性和有效性；确定弹性阶段的应力与变形状态；寻求弹塑性和破坏阶段的工作性状。地震模拟振动台试验的具体内容如下：

（1）确定结构的动力特性，主要是结构各阶的自振周期、阻尼和振型等动力特性参数；

（2）研究结构在地震荷载作用下的破坏机理和破坏特征；

（3）在给定的模拟地震作用下测定结构的地震反应，验证理论试验模型和计算方法的合理性和可靠性；

（4）验证所采取的抗震措施或加固措施的有效性。

本章主要基于福州大学地震模拟振动台三台阵系统，分别介绍地震模拟振动台特点与试验原理、试验模型动力相似比设计、试验模型安装与加载等，并介绍建筑模型试验实例。

10.2 地震模拟振动台

10.2.1 地震模拟振动台的基本情况

1）控制原理

在地震模拟振动台上进行动力试验，具有其他抗震动力与静力试验不同的特点，地震模拟振动台能再现各种形式的地震波，它为试验的多波输入分析提供了可能，它可以模拟若干次地震现象的初震、主震以及余震的全过程，因此就可以了解试验结构在相应各个阶段的力学性能，从而可使人们直观了解和认识地震对结构产生的破坏现象。它可以按照人们的要求，借助于人工地震波的研究及输入，模拟在任何场地上的地面运动特性。

地震模拟振动台在早期多为机械式，且多数只能进行正弦波试验，个别的可以进行随机波试验，但也只能是某些固定的格式。目前，最广泛的是电液伺服控制的地震模拟振动台，具有出力大、低频下大位移易实现、能够进行各种波形试验、容易控制等优点。对于电液伺服控制的地震模拟振动台的模拟控制方式，目前主要有两种，一种是以位移控制为基础的 PID 控制方式，另一种是以位移、速度和加速度组成的三参量反馈控制方式。

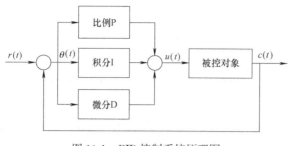

图 10-1　PID 控制系统原理图

（1）PID 控制法

PID 控制方法开始于 20 世纪 50 年代，主要由比例单元 P、积分单元 I 和微分单元 D 组成，其原理如图 10-1 所示。电液伺服控制系统设计基本上采用基于工作点附近的增量线性化试验模型对系统进行综合分析，以位移控制为基础的 PID 控制技术因其控制规律简单而被广泛运用。

（2）三参量控制法

随着对控制精度的进一步提高，1972 年日本日立公司首先运用三参量控制原理，利用加速度、速度和位移三参量反馈控制。其中加速度反馈可以提高系统阻尼，速度反馈可以提高油注共振频率，运用三参量反馈控制方法对提高系统的动态特性和系统的频带宽度有很大的促进作用，其原理如图 10-2 所示。一个典型三参量控制过程为：控制系统中给出地震波，经过三参量发生器，与由台面上的反馈控制位移、加速度传感器经归一放大后的三参量反馈信号形成闭环控制、经伺服放大、象限控制合成后形成各个激振器的控制信号，经阀控器驱动电液伺服阀，在液压源高压液流的推动下，由激振器带动地震模拟振动台台面运动。

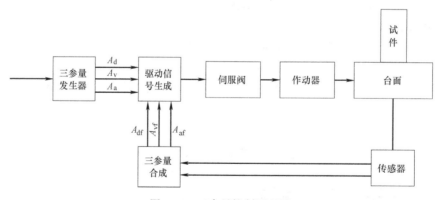

图 10-2　三参量控制原理图

2）限制因素

（1）台面尺寸和台面最大负载

台面尺寸决定了进行试验的结构试验模型平面尺寸。台面尺寸越大，结构试验模型的尺寸就可以越大，试验结构的性能也就越接近真实结构的性能。大型地震模拟振动台多采用电液伺服作动器作为驱动单元，试验中，电液伺服作动器的最大推力和试验模型的质量决定了试验模型的最大加速度。因此，试验结构试验模型的平面尺寸受地震模拟振动台平面尺寸限制，试验结构试验模型的重量也要受到地震模拟振动台最大负载能力的限制。在仅是水平向振动时，最大的台重与试验模型重之比可达 1：5，而水平和垂直同动时，一般选取 1：2 为宜。

（2）台面运动自由度

地震模拟振动台的运动方向可以是单水平向、单垂直向、双水平向，水平和垂直二向、三向六自由度即三个平移加三个转动。就地震而言，它是一种空间运动，包含有三个平移分量及三个转动分量。理想的地震模拟振动台应是三向六自由度地震模拟振动台，也就是说，基于现代工业技术制造的地震模拟振动台可以使地震模拟振动台再现全部地震地面运动。但在工程实践中，由于地震运动的复杂性，目前可用的地震记录大多为观测点的地面直线运动（观测点的速度和加速度），地震记录很少有地面运动的旋转分量相应的。因此，在工程结构抗震设计、分析和试验中，一般也不考虑地面运动的旋转分量，以水平方向和垂直方向的振动为主。

（3）频率范围

已有的地震记录的最高频率一般不超过 10Hz，考虑试验结构试验模型的特点，地震模拟振动台的频率范围大多为 0～50Hz，对于水工结构试验模型，其最高工作频率范围可达 100～120Hz。有的地震模拟振动台的最高频率响应可以达到 80～120Hz，主要用于较小比例的结构试验模型的地震模拟振动台试验。

（4）振动波形

地震模拟振动台试验的主要目的是检验结构在遭遇地震时的性能。一般要求地震模拟振动台能够模拟地震地面运动，输入的振动波形应为不规则的地震波。此外，地震模拟振动台可以用来对结构施加各种振动激励，输入的波形还包括正弦波、三角波等规则波，以及随机的不规则白噪声波等。

（5）机械系统刚度

台面板的刚度包括板整体刚度，反映为板的固有频率；台面上板与试验模型固定的局部刚度；与水平激振器或垂直激振器连接部件刚度等。

在连接部分及台面上板刚度保证情况下，最关心的是板的整体刚度，包括横向刚度和弯曲刚度。板的横向刚度容易保证，而其弯曲刚度在设计时必须严格考虑。台面板的弯曲刚度直接反映为板的弯曲频率。如果弯曲频率落于使用频率范围内，则会影响到台面上的不均匀度指标。

3）发展趋势

（1）大型化

按承载能力和台面尺寸可分为大、中、小三种规模。其中，小型振动承载能力一般小于 10t、台面尺寸小于 2m×2m；中型地震模拟振动台承载能力一般达到了 30t、台面尺寸约为 6m×6m；大型地震模拟振动台承载能力可达到 100t，台面最大尺寸超过 10m×10m。通过加大地震模拟振动台的台面尺寸，提高地震模拟振动台的承载能力，以进行大比例模型试验，甚至原型模型试验，从而克服试验模型尺寸效应的影响。如前述提及的中国 80t 地震模拟振动台、法国 100t 地震模拟振动台、日本 1500t 地震模拟振动台等。

（2）台阵化

组建台阵系统，既可以使多台地震模拟振动台同步振动，等效于一个大型地震模拟振动台，进行大型结构或构件的抗震试验，克服试验模型尺寸效应的影响；又可以使多台地震模拟振动台异步运动，考虑地面地震动不均匀特性，从而大大提高人们对结构抗震性能的认识水平。如重庆交通科研院 3m×6m 六自由度地震模拟振动台两台阵、福州大学

2.5m×2.5m+4m×4m+2.5m×2.5m 水平双向三台阵、同济大学 4m×6m 水平三自由度四台阵、北京工业大学 1m×1m 单自由度九台阵等。

（3）网络化

为了解决土木工程结构试验日趋大型化和复杂化与单个实验室的规模及试验能力有限的矛盾，达到充分的资源共享，世界上许多国家已经开展了基于互联网技术的远程协同结构试验研究，并取得很大的进展。如美国 Network for Earthquake Engineering Simulation（NEES）计划，欧洲"减轻地震风险的欧洲网络"协同研究计划，以及日本建造了世界上最大的地震模拟振动台 E-Defence 和开展了结构远程协同拟动力试验的研究。

（4）全数字控制技术

全数字控制技术使试验的过程简单，易于操作，消除模拟控制中电子元器件受温度湿度影响等缺陷，可以提高系统的稳定性、可靠性和准确性。全数字控制技术完全代替模拟控制技术是发展的必然趋势。我国的湖南大学、清华大学和哈尔滨工业大学也积极致力于该方面的研究。

（5）混合试验技术

受到地震模拟振动台台面尺寸、加载能力等因素的影响，结构模型缩尺较大，重力失真效应等容易给试验结果造成误差。但是，地震模拟振动台价格昂贵，无法无限制地扩张，因此，将子结构技术与地震模拟振动台试验相结合，混合试验技术应运而生。地震模拟振动台混合试验将结构分为试验子结构和数值子结构两部分，试验子结构部分为结构的复杂部分在地震模拟振动台上进行试验，数值子结构部分为结构的简单部分进行数值模拟。试验子结构部分可以进行足尺或者大比例缩尺模型试验，子结构试验解决以往的试验方法在实验设备的规模和加载速率上的限制难题，准确反映速度相关型结构或装置的力学性能，避免了拟动力试验中采取集中质量处加载所产生的误差。同时可以降低试验对加载设备的行程和推力的要求，降低能耗的总量和峰值。我国的清华大学、北京工业大学在此方面均有所贡献。

10.2.2 地震模拟振动台的发展简史

1）概述

现实需求是科技进步的巨大推动力，位于太平洋沿岸地震带上的日本和美国早在 20 世纪 60 年代中期就开始建造地震模拟振动台，目前已形成规模，但还在发展中。迄今为止，据有关资料的不完全统计，世界上已经建成了近百座地震模拟振动台，主要分布在美国、日本和中国三个国家，其余的一部分地震模拟振动台分布在韩国、墨西哥、加拿大、法国、英国、葡萄牙、南非和德国等一些国家。表 10-3 列出了国内外具有代表性的地震模拟振动台及其关键技术参数。

国内外部分典型地震模拟振动台系统 表 10-3

序号	单位	台面尺寸 （m）	最大荷载 （t）	频率范围 （Hz）	最大位移 （mm）	最大速度 （cm/s）	最大加速度 （g）	驱动方式	振动方向
1	中国建筑科学研究院	6.1×6.1	60	0～50	±150 ±250 ±100	100 120 800	1.5 1.0 0.8	电液伺服	X、Y、Z

序号	单位	台面尺寸 （m）	最大荷载 （t）	频率范围 （Hz）	最大位移 （mm）	最大速度 （cm/s）	最大加速度 （g）	驱动方式	振动方向
2	中国核动力研究设计院	6×6	60	0.1～50	±250 ±250 ±250	80 80 80	1.0 1.0 1.0	电液伺服	X、Y、Z
3	同济大学	4.0×4.0	25	0.1～50	±100 ±50 ±50	100 600 600	1.2 0.8 0.7	电液伺服	X、Y、Z
4	苏州电器科学研究院股份有限公司	10.0×4.0	80	0.1～100	±300 ±300 ±150		1.5 1.5 1.0	电液伺服	X、Y、Z
5	中国地震局工程力学研究所	5×5	30	0.5～40	±80 ±80 ±50	60 30 30	1.0 1.0 0.7	电液伺服	X、Y、Z
6	重庆交通科研设计院	2×3.0×6.0	2×35	0.1～50	±150 ±150 ±100	80 80 60	1.0 1.0 1.0	电液伺服	X、Y、Z
7	福州大学	2×2.5×2.5 +4.0×4.0	10+22+10	0.1～50	±250 ±250	150 100	1.5 1.2	电液伺服	X、Y
8	同济大学	4×6.0×4.0	30+70+70+30	0.1～50	±500 ±500	100 100	1.5 1.5	电液伺服	X、Y
9	中南大学	4×4.0×4.0	30+30+30+30	0.1～50	±250 ±250 ±160	100 100 100	0.8 0.8 1.6	电液伺服	X、Y、Z
10	北京工业大学	9×1.0×1.0	9×5	0.4～40	±75 ±75	60 60	1.0 0.8	电液伺服	X、Z
11	日本防灾科学技术研究所	20.0×15.0	1200	0～50	±1000 ±1000 ±500	200 200 70	0.9 0.9 1.5	电液伺服	X、Y、Z
12	日本国立防灾科学技术中心	15.0×15.0	X：500 Z：200	0～50	±30 ±30	37 37	0.55 1.00	电液伺服	X、Z
13	日本原子能工程试验中心	15.0×15.0	1000	0～30	±200 ±100	37.5 75	1.8 0.9	电液伺服	X、Z
14	日本国有铁道研究所	12.0×8.0	400	0～20	±50	40	0.8	电液伺服	X
15	日本公共工程研究所	8.0×8.0	300	0～50	±600 ±600 ±300	200 200 100	2.0 2.0 1.0	电液伺服	X、Y、Z
16	美国加州大学圣地亚哥分校	7.6×12.2	400	0～33	±750	180	1.2	电液伺服	X
17	美国内华达大学雷诺分校	3×4.3×4.5	50+50+50	0～50	±300 ±300	127 127	1.0 1.0	电液伺服	X、Y

序号	单位	台面尺寸（m）	最大荷载（t）	频率范围（Hz）	最大位移（mm）	最大速度（cm/s）	最大加速度（g）	驱动方式	振动方向
18	美国纽约州立大学布法罗分校	2×3.6×3.6	50＋50	0～50	±1500 ±1500 ±750	125 125 50	1.15 1.15 1.15	电液伺服	X、Y、Z
19	美国伊利诺大学	3.65×3.65	4.5	0～50	±75	38	5.0	电液伺服	X
20	加州大学伯克利分校	6.1×6.1	45	0～50	±152 ±51	63.5 25.4	0.67 0.22	电液伺服	X、Z
21	罗马尼亚建筑科学院	15.0×15.0	80	0.25～12	±250		0.7	水压伺服	X
22	阿尔及利亚 CGS 实验室	6.1×6.1	60	0～100	±150 ±250 ±100	110 110 100	1.0 1.0 0.8	电液伺服	X、Y、Z
23	法国地震工程研究中心	7.6×12.2	100	0～100	±125 ±125 ±100	100 100 100	1.0 1.0 1.0	电液伺服	X、Y、Z
24	意大利欧洲地震工程研究中心	5.6×7.0	140	0～50	±500	220	5.9	电液伺服	X
25	葡萄牙国家工程实验室	5.6×5.6	40	0～20	±175 ±175 ±175	20 20 20	1.8 1.1 0.6	电液伺服	X、Y、Z
26	俄罗斯工程科学研究所	5.0×5.0	50	0～40	±70 ±70 ±40	60 60 60	2.0 2.0 2.0	电液伺服	X、Y、Z

2）国外地震模拟振动台发展状况

日本作为一个多地震国家，是世界上最早建成地震模拟振动台的国家。1966 年在东京大学生产技术研究所建成了 10m×2m 的地震模拟振动台；1968 年在电力中央研究所建成了 6m×6.5m 水平地震模拟振动台；1970 年三菱公司为日本国家防灾中心建成了世界上第一台最大的单向大型地震台（15m×15m 水平或垂直向切换）；1984 年三菱公司成功研制了采用三参量控制方法的 6m×6m 的三向六自由度大型地震台，实现了地震模拟振动台的加速度控制，并在理论上首次解决了六自由度独立控制问题；2005 年 1 月 15 日由日本防灾科学技术研究所（NIED）建成的目前世界上最大地震模拟振动台 E-Defense，全称是"足尺三维振动破坏实验设施"，如图 10-3 所示，台面尺寸为 20m×15m，该地震模拟振动台水平两个方向上各有 5 个激振器，垂直方向有 14 个，该地震模拟振动台台体重量重达 775t，最大载荷 1200t，工作频率可达 15Hz，水平和垂直方向上的最大加速度分别为 1.5g 和 0.9g，水平和垂直方向上的最大速度分别为 2m/s 和 0.7m/s，水平和垂直方向上的最大位移分别为 2m 和 1m，该地震模拟振动台可模拟包括正弦波、其他规则波和地震波在内的多种波形。到目前为止，日本已建成 3m×3m 以上的地震模拟振动台 30 余座，是世界上拥有地震模拟振动台规模最大数量最多的国家之一。

美国也是研制地震模拟振动台较早的国家之一。20世纪50年代，美国Wyle实验室就已经开始投身于电液地震模拟振动台的研制中，在当时研制出的W2000、W4500、W10000和W20000四种型号的单轴电液地震模拟振动台就能保证较高的工作频率和较低的位移失真。20世纪60年代初期，美国就开始了多向地震模拟振动台的研制，1968年在伊利诺大学建成了单水平方向3.65m×3.65m地震模拟振动台；70年代成功研制了工作频率较高、失真度较小的多向振动系统，1971年加州大学Berkeley分校建成了世界上第一台6.1m×6.1m水平和垂直两向地震模拟振动台；世界第一座大型户外地震模拟振动台由美国加州大学圣地亚哥分校建造，如图10-4所示，台面尺寸：7.6m×12.2m，最大加速度：4.2g（空载）和1.2g（负载400t），最大速度：1.8m/s，最大位移：±0.75m，最大试验模型重量400t，这也是除日本外最大的地震模拟振动台。

图10-3　日本E-Defence地震模拟振动台

图10-4　美国加州大学圣地亚哥分校地震模拟振动台

此外，美国建造了世界上前两套地震模拟振动台台阵系统，美国内华达大学雷诺分校建造了三台相同的双向地震模拟振动台，如图10-5所示，台面尺寸4.3m×4.5m，最大试验模型重量50t，水平向最大加速度为1.0g，水平向最大速度为1.27m/s，水平向最大位移为0.3m；美国纽约州立大学布法罗分校建造了两台可以移动的三向六自由度地震模拟振动台，如图10-6所示，台面尺寸3.6m×3.6m，最大试验模型重量50t，中心距离最远达30.5m，水平和垂直方

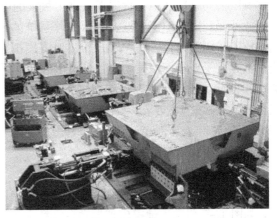

图10-5　美国内华达大学雷诺分校地震模拟振动台

向上的最大加速度为1.015g，水平和垂直方向上的最大速度分别为1.25m/s和0.5m/s，水平和垂直方向上的最大位移为0.15m和0.075m。这两套台阵系统的建立，极大地推动了地震模拟振动台的发展。

3）我国地震模拟振动台发展状况

图10-6 美国纽约州立大学布法罗分校地震模拟振动台

我国在地震模拟振动台的发展较晚，相关研究开始于20世纪70年代，之后随着电液高频地震模拟振动台应用得到迅速发展。机械部和电子部经过三年的合作研制，完成我国第一台国防系统专用的地震模拟振动台。之后国内的许多高等院校以及研究所也自行研制了地震模拟振动台，并引进了一批地震模拟振动台加以研究和改进，用于满足抗震实验的需要。

中国建筑科学研究院研制了3m×3m单水平向地震模拟振动台；甘肃天水红山试验机厂、国家地震局和机电部抗震研究室联合研制了3m×3m双激振器单水平向地震模拟振动台，并于1988年在哈尔滨建成了5m×5m双水平向地震模拟振动台；中国地震局工程力学研究所与哈尔滨工业大学联合研制了5m×5m三向六自由度地震模拟振动台，负载质量30t，最大加速度1g，频宽0.5～50Hz，该试验台的建成填补了我国三向六自由度大型地震模拟振动台研制的空白，其主要性能指标均达到国际先进水平。同济大学也将引进的美国MTS公司的4m×4m双向水平电液驱动地震模拟振动台改进为三向六自由度地震模拟振动台。在工作频率上，目前中国航空工业总公司303研究所研制大推力Y2T.IOC地震模拟振动台最高能达到1000Hz，同时在20～1000Hz频率范围内，振动控制能实现2dB的精度。2006年哈尔滨工业大学研制出搭配自主知识产权的电液伺服振动仿真实验控制系统的多轴液压地震模拟振动台，摆脱了我国地震模拟振动台系统对国外的依赖。2012年江苏苏州东菱振动试验仪器有限公司首次建造了世界单台推力最大的电磁地震模拟振动台。

此外，我国在地震模拟振动台台阵系统的研制方面成绩斐然，2004年重庆交通研究院建成了我国首台台阵——6m×3m地震模拟振动台双台阵；2006年，北京工业大学建造了世界上子地震模拟振动台数量最多的台阵系统——九子积木式地震模拟振动台台阵系统；2012年，中南大学建造了我国首台三向六自由度台阵——4m×4m地震模拟振动台四台阵系统。近10年来，我国地震模拟振动台设备建设迅猛，建成、在建和拟建的地震模拟振动台50余套。

下面介绍几个典型例子：

（1）中国建筑科学研究院地震模拟振动台

中国建筑科学研究院地震模拟振动台是当时国内最大的三向六自由度地震模拟振动台，如图10-7所示。地震模拟振动台系统由美国MTS公司总承包建设，台面由MTS设计后委托首都钢铁公司制造，采用4台油源并列供油，流量2000l/min，设置蓄能器阵；竖向采用4台MTS作动器，两个水平向分别采用4台作动器。主要技术指标为：台面尺寸6.1m×6.1m，最大试验模型重量60t，水平和垂直方向上的最大加速度分别为1.5g和0.8g，水平和垂直方向上的最大速度分别为1m/s（x方向）、1.2m/s（y方向）和0.8m/s（z方向），水平和垂直方向上的最大位移为0.15m（x方向）、0.25m（y方向）和0.1m （z 方向）。

（2）同济大学地震模拟振动台

同济大学地震模拟振动台 1983 年建成，原为 X、Y 两向地震模拟振动台，如图 10-8 所示。该地震模拟振动台的核心部件由美国 MTS 公司生产，部分部件由国内配套，具体为：控制部分和数据采集部分由 MTS 生产；钢结构台面由 MTS 设计，国内红山材料试验机厂通过兰州化工总厂生产；油源部分的核心部件 MTS 提供，其他油箱、硬管道等部分由红山生产；作动器均采用 MTS 产品。整个系统由 MTS 总承包。20 世纪 90 年代进行了多次改造，主要改造内容为：双向地震模拟振动台升级至三向六自由度；试验模型重量由 15t 升级至 25t；控制系统和数据采集系统的升级等。是国内最早投入使用的地震模拟振动台之一，目前已经运行了 30 余年，使用效率名列世界前茅。主要技术指标为：台面尺寸 4.0m×4.0m，最大试验模型重量 25t，水平和垂直方向上的最大加速度分别为 1.2g（x 方向）、0.8g（y 方向）和 0.7g（z 方向），水平和垂直方向上的最大速度分别为 1m/s（x 方向）、0.6m/s（y 方向）和 0.6m/s（z 方向），水平和垂直方向上的最大位移为 0.1m（x 方向）、0.05m（y 方向）和 0.05m（z 方向）。

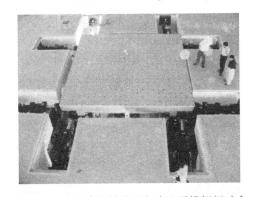 

图 10-7　中国建筑科学研究院地震模拟振动台　　　　图 10-8　同济大学地震模拟振动台

（3）大连理工大学水下地震模拟振动台

海岸和近海工程国家重点实验室水下地震模拟振动台是国内首个水下地震模拟振动台，如图 10-9 所示。地震模拟振动台处在水池中央，水池长度 15m，宽度 7.5m，深 1m。其一侧设有造波和造流装置。水池边缘设置吸能消波网，可以吸收消减波浪和水流的反射散射，能够反映实际工程结构无限边界水域的真实情况，如图 10-9 所示。准椭圆形台面（长轴 4m，短轴 3m），台面工作区为 3m×3m，最大荷载质量为 10t，水平最大位移±75mm，水平最大速度±50cm/s，水平满载加速度 1.0g，垂直最大位移±50mm，垂直最大速度±35cm/s，垂直满载加速度 0.7g，工作频率范围 0.1～50Hz，最大荷载重心高度 1.0m，最大荷载偏心距 0.5m，激振方向为水平、垂直及其同平面内摇摆。

（4）河海大学水下地震模拟振动台

河海大学水下地震模拟振动台为国内首个 5.6m 直径三向六自由度水下地震模拟振动台，放置于 20m×30m×1.5m 的水池内，如图 10-10 所示。地震模拟振动台最大载重 20t，倾覆力矩 60t·m，水平和垂直方向上的最大加速度分别为 2.0g 和 1.9g，水平和垂直方向上的最大速度分别为 0.94m/s 和 1m/s，水平和垂直方向上的最大位移为 0.15m 和 0.10m。

图 10-9　大连理工大学水下地震模拟振动台　　　　图 10-10　河海大学水下地震模拟振动台

（5）重庆交通科研设计院双台阵系统

2004 年重庆交通科研设计院建成我国首套台阵系统，为地震模拟振动台双台阵，如图 10-11 所示，此台阵采用一台地震模拟振动台固定，其余一台运动的方式进行工作，移动距离为 2.0～20m。台阵系统采用了世界首创的台阵组合工作模式及台子轨道移动方式和国际上最先进的数字控制系统以及数据采集、振动测试分析系统，总体技术水平和性能指标处于国际先进水平。主要技术指标为：台面尺寸 3.0m×6.0m，最大试验模型重量 35t，水平和垂直方向上的最大加速度为 1.0g，水平和垂直方向上的最大速度分别为 0.8m/s 和 0.6m/s，水平和垂直方向上的最大位移为 0.15m 和 0.1m。

（6）同济大学四台阵系统

同济大学四台阵系统由 A（边台 30t）、B（主台 70t）、C（主台 70t）、D（边台 30t）四个地震模拟振动台，两条槽道（长度各为 70m 和 30m）和一道"一字形"反力墙组成，如图 10-12 所示。每个地震台可以在两条槽道中任意移动、组合，试验总能力可以高达 200t，可以完成各种类型的桥梁、大型建筑结构件的抗震工程研究，是世界上规模最大、实验能力最强的地震模拟振动台实验系统之一。

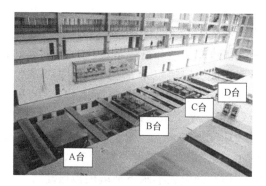

图 10-11　重庆交通科研设计院地震模拟振动台阵　　　图 10-12　同济大学地震模拟振动台阵

（7）中南大学四台阵系统

中南大学"高速铁路多功能地震模拟振动台试验系统"总体投资规划是由一个 4m×4m 六自由度固定台和三个 4m×4m 六自由度移动台所组成，四个地震模拟振动台均建在同一直线上，可独立使用，也可组成多种间距台阵，单个地震模拟振动台具有三向六自由度、大行程、宽频带等特点。如图 10-13 所示，该实验系统分期建设，一期建设现已基本完成，即 3 台六自由度地震模拟振动台试验系统，由一个固定台和两个移动台组成，台阵间距在 6～50m 可调，如图 10-13 所示。二期将添加额外 1 个六自由度移动台，台阵地坑已预留基础及移动轨道，构建完整的高速铁路多功能 4 台阵试验系统。主要技术指标为：台面尺寸 4.0m×

图 10-13　中南大学地震模拟振动台阵

4.0m，最大试验模型重量 30t，水平和垂直方向上的最大加速度分别为 $0.8g$ 和 $1.6g$，水平和垂直方向上的最大速度为 1.0m/s，水平和垂直方向上的最大位移分别 0.25m 和 0.16m。

（8）北京工业大学九台阵系统

北京工业大学九台阵系统 2006 年建成投入使用，由 9 个 1m×1m 的子台组成，如图 10-14 所示。每个子台可以任意组合成不同自由度的单台地震模拟振动台，既可进行单台试验，也可视试验需要进行各种不同的组合而实现多台试验，故又称为积木式台阵系统，在 2009 年将作动器从 12 套增加为 16 套。主要技术指标为：单台最大试验模型重量 5t，水平和垂直方向上的最大加速为 $1.0g$ 和 $0.8g$，水平和垂直方向上的最大速度为 0.6m/s，水平和垂直方向上的最大位移为 0.075m。

（9）福州大学三台阵系统

福州大学地震模拟振动台阵系统于 2006 年开展论证，于 2010 年初开始调试，2011 年 6 月正式投入使用，如图 10-15 所示。目前，该系统已完成近 100 项重大科研项目。该台阵系统包括三个地震模拟振动台，其中中间为固定的 4m×4m 水平双向地震模拟振动台，两边为 2.5m×2.5m 可移动的水平双向地震模拟振动台各一个，三个台在 10m×30m 的基坑内呈直线布置，三个台面的顶平面与实验室地坪相平，小台与大台的最小距离不应大于 0.5m。该三台阵系统总共可承受超过 42t 重的试验模型荷载，其中大台最大承载为 22t、小台为 10t，台面满载时加速度可达到 $1.5g$，也即可模拟烈度超过 10 度的地震动试验。

图 10-14　北京工业大学地震模拟振动台阵

图 10-15　福州大学地震模拟振动台阵

10.2.3 地震模拟振动台的基本构成

地震模拟振动台是一个集控制、测试和软件分析于一体的现代振动测试系统，主要由台面及支承导向系统、激振系统、液压源系统和控制系统组成。除此之外，地震模拟振动台还应配备相应的电力系统、冷却水系统等配套系统。试验馆内还应配备用于试验模型安装及运送试件的起重设备。

1）台面及支承导向系统

（1）台面

台面按尺寸大小可分为大、中、小三种规模，其中小型地震模拟振动台台面尺寸小于2m×2m，中型地震模拟振动台台面尺寸在3m×3m到10m×10m之间，而大型地震模拟振动台台面尺寸超过10m×10m。

台面按材质可分为三大类，即钢筋混凝土结构、钢焊结构、铝合金或镁铝合金铸造结构。这三种结构各有优缺点见表10-4。

台面结构比较 表 10-4

结构形式	内阻尼	成本	重量	频率	有效荷载
钢筋混凝土结构	大	低	大	低	小
钢焊结构	小	中	中	高	中
铝/镁铝合金结构	小	高	小	高	大

钢筋混凝土台面结构优点是内阻尼大、成本低，但是台面重量大、振动频率低，有效荷载小，因此采用的较少，如加州大学伯克力分校采用钢筋混凝土米字形梁板结构。

铝合金台面结构正好与钢筋混凝土结构相反，但应用也不多。日本鹿岛建设技术研究所采用网格型焊接结构。另外，镁铝合金铸造结构可铸造成放射形，蜂窝形，这种结构无底部封闭，刚度较小，有的为了提高刚度，采用有上下板的侧面掏孔的结构，类似于空心楼板形式。

目前，地震模拟振动台大多采用钢焊接结构。用薄钢板形成网格，上覆一块较厚的平板，下覆薄钢板，形成箱体形。在小型台面中，可以采用等厚的台面形式，如图 10-16（a）所示；在中型和大型地震模拟振动台中较多采用不等厚的台面形式，如图 10-16（b）和（c）所示。

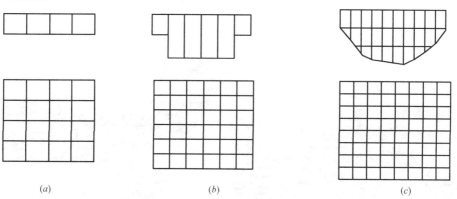

图 10-16 台面结构形式
（a）等厚台面；（b）中型台面；（c）大型台面

（2）支承导向装置

地震模拟振动台台面的无限制运动形式是六自由度的运动形式，即平动的三个自由度运动形式：沿 X 向的横向运动（X 向）、沿 Y 向的纵向运动（Y 向）和沿 Z 向的垂直运动（Z 向）；旋转的三个自由度运动形式：绕 X 轴的转动（Roll）、绕 Y 轴的转动（Pitch）以及绕 Z 轴的转动（Yaw），图 10-17 所示为六自由度的运动形式和作动器布置。

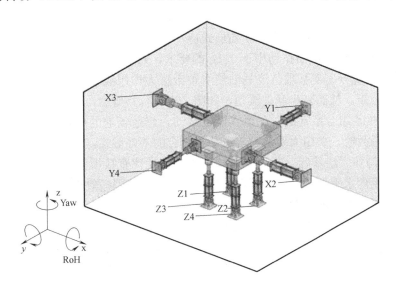

图 10-17　六自由度的运动形式和作动器布置

台面支承导向装置包括连杆铰接方式和静压轴承连接方式，其中连杆铰接方式又包括激振器固定型和激振器摆动型两种，如图 10-18 所示。连杆铰接方式构造简单、成本小、维护简单、接头刚性容易保证，但是横向负荷大、稳定性差、对基础影响大且铰与铰间的间隙较大；静压轴承连接方式的优缺点则刚好与连杆铰接方式相反。

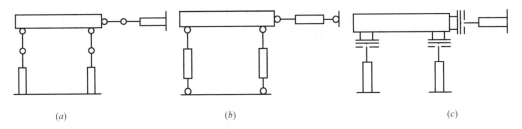

（a）　　　　　　　　　　　（b）　　　　　　　　　　　（c）

图 10-18　不同连接装置

（a）激振器固定型连杆铰接；（b）激振器摆动型连杆铰接；（c）静压轴承连接

（3）导轨

导轨是基础与台面间的连接装置，需要保证地震模拟振动台在振动运行方向能自由运动，在多自由度地震模拟振动台中更要保证各自由度方向能运转自如。因此，导轨需要有很高的刚性，同时在运动方向摩擦系数要很低。

（4）反力基础

反力基础的选择在地震模拟振动台建设过程中具有重要的地位，若选择不当，将造成基础振动大，造成的影响主要有三个：一是对台面运动性能有影响，二是对周围建筑物有影响，三是对操作人员身体健康有损。要减少基础的振动主要考虑三个方面的问题：一是选择大重量的基础；二是选择合理的基础几何尺寸，以提高基础的阻尼比和固有频率；三是使基础重心尽量与力的作用线重合。同时，基础频率要尽量高，尽量避免台面与建筑物产生共振。

因此，地震模拟振动台的基础主要有以下五种形式：

① 整体式开口箱形基础。这种基础形式应用广泛，一般只要选取重量为最大激振力的 50 倍以上即可达到基础面振动小于 $0.1g$ 的要求，如图 10-19（a）和（b）所示。

② 水平和垂直分离型基础。该基础使水平激振力作用线基本通过基础重心，减小作用于基础上的力矩，从而减小基础振动，如图 10-19（c）所示。

③ 基础和桩基组合型基础。在地震模拟振动台建造场地的地基较差，且需保证地基承载力的安全系数时，采用大块基础与桩基相结合的基础形式，如图 10-19（d）所示。

④ 带隔振沟的大块基础。这种形式基础本身振动比直接埋置型基础大，而且基础周围的振动，近距离水平振动有一定隔振效果，但垂直振动隔振效果不佳。一定距离后其在地表的振动传递与直接埋置型基础相当，如图 10-19（e）所示。

⑤ 双层隔振型基础。这种形式基础包括有内基础和外基础。内基础安装地震模拟振动台，外基础直接埋置于土中，内外基础之间加设隔振减振装置，如橡胶垫、空气弹簧等，如图 10-19（f）所示。这种基础隔振效果很好，可以使外基础面的振动达到常时脉动的量级，但造价高、长期维护难。

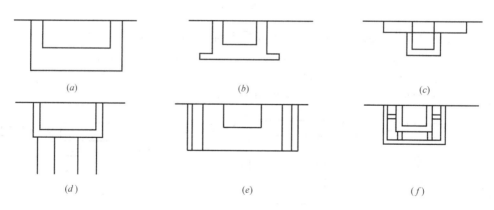

图 10-19　地震模拟振动台基础形式
(a) 整体式开口箱形基础；(b) 整体式开口箱形基础；(c) 水平和垂直分离型基础；
(d) 基础和桩基组合型基础；(e) 带隔振沟的大块基础；(f) 双层隔振型基础

2）激振系统

地震模拟振动台的激振器是驱动系统动作的直接执行元件。由于地震模拟振动台系统需要很高的动态性能，所以对激振器要求很高。激振器的选择依据是系统工作压力、加载值、有效面积及流量等相关因素，主要包括激振器主体、位移传感器和伺服阀三个部分，一般采用双作用双出杆的对称结构。

（1）激振器

激振器由缸体、活塞和端盖三部分组成，根据激振器端盖与缸体连接方式可分为薄壁式和厚壁式两种。图 10-20 为薄壁式结构，在二个端盖间用长螺栓连接。厚壁式则端盖直接用螺栓固定在缸壁上。两种相比较，薄壁式的重量要比厚壁式轻，但薄壁缸体的材质要好。

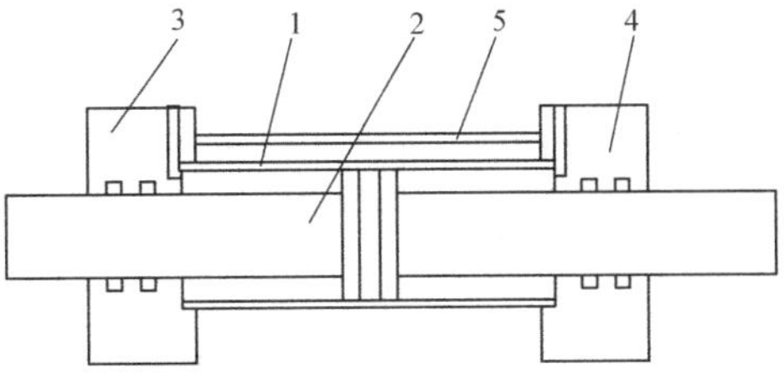

图 10-20　激振器示意图
1—液压缸体；2—活塞；3—端盖；
4—进出两端缸腔的油孔；5—固定螺栓

激振器的出力有几种表示方法，一种是表示静出力，即油源额定压力与活塞有效工作面积之乘积：

$$F = A_p \cdot P_s \tag{10-1}$$

式中：A_p——活塞有效工作面积；

　　　P_s——油源额定工作压力。

另一种是用动出力来表示。通常采用的为最大功率点之值，即：

$$F = \frac{2}{3} A_p p_s \tag{10-2}$$

（2）位移传感器

位移传感器通常用的是差动变压器式（LVDT）位移计，可分为交流式和直流式两种，从装设方法上又可分为内装式和外装式两种。LVDT 位移计主要分：外管、内管、线圈、前后端盖、电路板、屏蔽层、出线等部分。外管采用不锈钢制成，内管可采用不锈钢或塑料等。电路板的作用是提供 LVDT 的初线线圈一个激励信号，通过差动变压器原理，在次级产生的输出信号进入电路板进行信号处理，使输出信号变成标准的可被计算机或 PLC 使用的电压 0～5V 或 4～20mA 输出。

（3）伺服阀

伺服阀是地震模拟振动台中的心脏部分，其系统性能的好坏起着决定性作用。在选择伺服阀时，考虑因素主要包括电气性能、放大功率、工作液、油源、安装结构和尺寸等。地震模拟振动台多采用对称缸结构三级电液伺服阀控制，常用的伺服阀有力矩马达驱动的喷嘴挡板式、力马达驱动的滑阀式。三级电液伺服阀基本原理为：第一级为喷嘴挡板阀，是通过电流来控制挡板绕支轴摆动，利用挡板位移来调节喷嘴与挡板之间的环状节流面积，从而改变喷嘴腔内的压力；第二级为先导级，将油液分流，从而将电信号转换为压力信号；第三级为功率放大级，此级伺服阀利用喷嘴油腔内的压力变化来推动阀芯，并逐级放大，提高了振动台的可控性，是三级电液伺服阀的主要环节。

三级伺服阀对外界条件影响比较敏感，因此需要更加稳定的外部环境，但是当供油压力与负载压力一定时，输出到负载的流量与输入控制电压大小成正比，系统的稳定性更好，对振动台的动态荷载具有良好的抗干扰能力。

3）液压源系统

液压源系统主要包括液压泵站、蓄能器组、水冷却系统、高低压管道系统、向激振器供油的油路分配系统以及液压源控制系统。

4）控制系统

地震模拟振动台常采用电液伺服控制系统，这是一种由电信号处理装置和液压动力机构组成的反馈控制系统，可以分为控制系统、执行系统和反馈系统三部分。当系统接收到控制系统中计算机控制软件发出的输入波形信号后，经过 A/D、D/A 控制模块传递到激振系统，控制激振源进行相应操作驱动激振器产生位移带动台面运动。执行过程中由反馈系统的传感元件将台面的状态信息反馈给控制系统进行比较，进一步调整。典型的控制系统如图 10-21 所示。

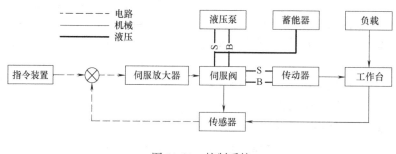

图 10-21　控制系统

10.3　动力相似理论

一般来说，结构模型试验除了必须遵循试件设计的原则与要求外，还应严格按照相似理论进行设计，即模型和原型结构在几何关系、材料特性以及所承受的荷载等方面具有一定的相似关系，最终按相似关系由模型结构试验数据推算出原型结构的相应数据和结论。

一般情况下，结构在线弹性范围内的地震反应可表述为如下函数关系：

$$\sigma = f(l, E, \rho, t, r, v, a, g, \omega) \tag{10-3}$$

式中：σ——构件应力；

$\quad l$——构件尺寸；

$\quad E$——材料弹性模量；

$\quad \rho$——构件材料密度；

$\quad t$——时间；

$\quad r$——结构变形反应；

$\quad v$——结构速度反应；

$\quad a$——结构加速度反应；

$\quad g$——重力加速度；

$\quad \omega$——结构自振圆频率。

根据 π 定理，可得到模型与原型对应物理量的相似比所应满足的条件：

$$S_t = S_l \sqrt{S_\rho / S_E} \tag{10-4}$$

$$S_a = S_E / (S_\rho S_l) = S_g \tag{10-5}$$

$$S_\omega = \sqrt{S_E / S_\rho} / S_l \tag{10-6}$$

式中：r——模型与原型对应物理量的比。

考虑到模型与原型受到相同的重力加速度 g，则有 $g_r = 1.0$。即如果考虑自重的影响，保持加速度相似比为 1，则 E_r、ρ_r、l_r 不能独立地任意选择。由于几何缩比一般较大，这要求模型材料的密度是原型材料密度的几倍甚至几十倍或模型材料的弹性模量比原型材

196

料的小很多，现有模型材料难以满足这样的要求，这是制约完全相似模型设计的主要因素。对于需要严格模拟重力影响的模型，常采用铅粉、石膏或其他专用的弹性模量小密度大的材料，或由离心机来模拟模型的超重力现象。

一般忽略质量分布形式的影响，通过在试验模型上堆放附加质量的方法来模拟质量的影响。根据质量相似比，从公式（10-4）～（10-6）可得到模型与原型的质量比为：

$$S_m = m_m / m_p = S_\rho S_l^3 = S_E S_l^2 \qquad (10\text{-}7)$$

式中：m_p——原型结构总质量；

m_m——模型总质量，等于模型本身的质量 m_s 与附加质量 m_a 之和，附加质量的大小由式（10-8）确定。如果不附加质量，式（10-5）即为忽略重力模型的相似关系。满足（10-6）式的模型称为人工质量模型。

$$m_a = S_E S_l^2 m_p - m_s \qquad (10\text{-}8)$$

人工质量模型虽能满足水平惯性力的相似条件，但是，因振动台的承载能力以及模型实际空间有限，其人工质量的设置往往难以完全实现。如果定义一个反映人工质量多少的参数来描述人工质量的影响，可以得到包含人工质量、忽略重力相似律的一致表达式，这种一致表达式将解决介于人工质量模型和忽略重力模型之间的"欠人工质量模型"的设计问题，其中涉及结构模型的等效质量密度 ρ_m，如下所示：

$$\rho_m = (m_s + m_a)/B_m \qquad (10\text{-}9)$$

式中：m_s——模型构件质量；

m_a——模型中设置的人工质量；

B_m——根据长度相似比 l_r 和原型构件体积计算得出的模型构件体积。

类似的可定义原型结构的等效质量密度 ρ_p：

$$\rho_p = m_p / B_p \qquad (10\text{-}10)$$

由方程（10-9）和（10-10）得到等效密度比 S_ρ：

$$S_\rho = (m_s + m_a)/[S_l^3 m_p] \qquad (10\text{-}11)$$

由此得到人工质量模型，忽略重力模型，欠人工质量的相似关系见表10-5。

考虑配重后的相似关系 表 10-5

物理量	人工质量模型	忽略重力模型	欠人工质量
长度	l_r	l_r	l_r
位移	$S_r = l_r$	$S_r = l_r$	$S_r = l_r$
密度	S_ρ	S_ρ	$S_\rho = (m_s + m_a)/[S_l^3 m_p]$
应力	$S_\sigma = S_E$	$S_\sigma = S_E$	$S_\sigma = S_E$
加速度	$S_a = 1$	$S_a = S_E S_\rho^{-1} S_l^{-1}$	$S_a = S_E/(S_l S_\rho)$
重力	$S_g = 1$	/	/
弹性模量	S_E	S_E	S_E
时间	$S_t = \sqrt{S_l}$	$S_t = S_\rho^{0.5} S_E^{-0.5} S_l$	$S_t = S_l \sqrt{S_\rho/S_E}$
速度	$S_v = \sqrt{S_l}$	$S_v = S_\rho^{-0.5} S_E^{0.5}$	$S_v = \sqrt{S_E/S_\rho}$
角速度	$S_\omega = S_l^{-0.5}$	$S_\omega = S_l^{-1} S_E^{0.5} S_\rho^{-0.5}$	$S_\omega = \sqrt{S_E/S_\rho}/S_l$

10.4 模型试验与加载

10.4.1 模型试验的一般步骤

建筑结构试验模型的地震模拟振动台试验研究，从试验模型的设计与制作、试验方案的制定、试验准备、试验实施、数据记录与处理到试验总结，整个过程历时较长，环节较多，一般耗时都在半年以上，其步骤如图 10-22 所示。试验大纲一般包括下列几个方面：试验目的；模型概况；测点布置和测量仪器的数量、量程；选用的地震波、压缩比、能级；试验的分级试验顺序；要求试验日期及试验延续时间等。

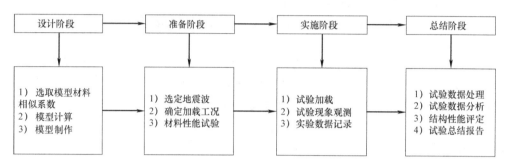

图 10-22　地震模拟振动台试验的一般步骤

10.4.2 试验模型的设计与制作

1）试验模型材料的选择

模型试验应根据试验目的和原型结构特点，选择合理的试验模型类型及材料。

当研究范围仅限于弹性阶段时，可采用弹性试验模型，此时，仅需要满足刚度和质量相似即可。当试验目的是研究原型结构在不同作用下的抗震性能时，通常要采用强度试验模型，特性主要由混凝土的材料所决定，因此需要注意强度和弹性模量的换算。通常情况下，对混凝土的模拟大多采用微粒混凝土或细石混凝土，对钢材的模拟大多采用镀锌钢丝（网）、铜材、白铁皮。

2）试验模型相似设计

保证试验模型与原结构的相似关系是地震模拟振动台试验的重点环节之一，一般采用量纲分析法。量纲分析法，又称为因次分析法，是一种数学分析方法，通过量纲分析，可以正确地分析各变量之间的关系。

在设计试验模型的过程中，一般很难完全满足相似条件，因此需要抓住主要影响因素，简化或减少次要的相似条件。比如在钢筋混凝土结构的小比例模型试验中，混凝土的强度容易满足相似关系，但是很难找到满足几何相似和材料相似的钢筋替代材料，此时就应该根据原型结构的钢筋面积按照相似关系计算出试验模型的配筋面积，保证抗弯承载力（正截面）或抗剪承载力（斜截面）等效。

3）试验模型制作

试验模型在缩尺后尺寸大为减小，为保证质量，一定要精心制作。试验模型上配重荷载可用铅块，或铸铁块，施加时一定要牢固固定于试验模型上。可用螺栓固结，或用胶结，或用水泥砂浆固定。以防止在振动时荷载块脱落而飞出。

试验模型与地震模拟振动台台面间有一刚性钢板，钢板的平面尺寸应在地震模拟振动台的许可范围内，且应保证底平面能与台面较好的接触。钢板上留有与台面上安装孔相吻合的预留孔，且预留孔要比安装螺孔大 2～3mm，便于试验模型成型后安装顺利，同时预留孔应保证在振动过程中不滑移、变形或开裂。

钢板上应有吊装环，吊装环要与底盘中钢筋网相连，或与钢底板焊接一起，以便于吊车吊装。同时，吊点的布置应考虑试验模型的抗倾覆、强度和刚度的要求，并保证吊点合力中心尽量与试验模型质量中心一致。

4）试验模型定位

试验模型的质心应尽量位于地震模拟振动台中心，同时使结构的弱轴方向与地震模拟振动台的 x 方向重合，以利于结构最不利工况的加载。

试验模型吊装时，要缓缓吊至地震模拟振动台上，下落时一定避免冲击，以保证试验模型和地震模拟振动台的安全。试验模型就位后，在底盘上要用平垫圈、弹簧垫圈，将固紧螺栓拧紧，拧螺帽时要均匀用力予以拧紧，以防止在强地震时松动。

5）测量仪器选择

常用的仪器包括加速度、位移、应变测量，以及相应的动态数据采集系统。

（1）加速度测量：通常结合建筑结构模型总层数沿层高方向每隔 5～10 个标准层布置一个测点。同时，在台面上布置一台加速度计，以便于台面加速度实测记录为准而进行试验模型反应的分析。加速度计的频带上限通常到 80～100Hz 即可，量程一般考虑到试验模型的放大作用，达 5g 即可，加速度计一般采用橡皮泥或热熔胶与结构固定。

（2）位移测量：建筑结构模型试验常进行楼层间位移或结构位移反应最大的部位，此时，常采用相对式位移计，如要测量绝对位移，一般需要在基础上设置安装仪器的刚架。在大位移、大变形或者断裂、倒塌试验中应考虑采用非接触时的位移测量仪器。位移计需粘结牢固，拉线式位移计一般采用直径为 0.3mm 的钢丝；激光式位移计、光靶及光源间位置需细致调整好。

（3）应变测量：应变片一般布置在应力较大较复杂的重要部位。测量内部钢筋的应变，需在试验模型制作时预埋，并引出测量线；测量混凝土表面的混凝土应变时，应变片一般采用长标距的片子，可以后粘贴。

（4）其他特殊要求的仪器（如土压力计、裂缝观测仪）视需要而定。

为保证测量的准确性，关键测点宜采用对称布置的形式，以便校核。各测点需用屏蔽电缆连接，连接前必须逐条线进行检测，如有断开应舍弃。各导线检查合格后，进行联机检查。

10.4.3 试验模型的加载

1）动力特性试验

在未做地震波试验前，需要测量其动力特性的，一般采用白噪声扫频，确认结构的阻尼比、自振频率等。

2）地震波试验

地震波的选择可参照本书第 9.2.2 节的相关内容。数据采集系统一般要稍早于地震波施加，以避免记录丢失。一次地震波试验过程结束后，从采集系统中及时回放记录进行观察，以确定下一级加载工况。

观察试验模型的破坏状态，必须将地震模拟振动台系统中的液压源停止工作。同理，进行大位移、大变形或者断裂、倒塌试验等破坏试验时，应用大厅中的吊车扶住试验模型进行保护，防止试验模型的倒塌从而损伤人员、仪器设备。

10.4.4 试验安全措施

（1）试验模型吊装时，应避免坠物伤人。

（2）试验全过程应作好防倒塌措施。

（3）系统工作时严禁靠近反力基础或站到台面上，如有必要，必须得到主控人员的允许并关闭系统，同时应佩戴安全帽。

（4）模型拆除一般按照以下顺序：拆卸各种量测仪器及布线；拆卸配重荷载块；拆卸试验模型与台面间的固紧螺栓；模型吊离振动台。

10.5 地震模拟振动台试验实例

10.5.1 试验概况

装配式围护墙板（挤出成型水泥墙板）的钢框架结构体系中，围护墙板为预制墙板构件经现场装配连接成整体，该结构体系是预制装配式混凝土结构（PC）的一个重要发展方向，它有利于促进建筑工业化的发展，减少现场施工、提高施工效率、降低物料消耗、减少环境污染、推动绿色建筑的发展。设计带装配式围护墙板（挤出成型水泥墙板）的钢框架结构模型并进行地震模拟振动台试验研究，主要内容包括：

（1）测定该结构的动力特性（自振频率、振型和阻尼）及参数在墙板开裂前后的变化；

（2）研究该结构在地震作用下的加速度响应、位移响应和动力放大系数；

（3）研究墙板在地震作用下的裂缝发展模式，以及不同厚度、开洞对墙板破坏形态的影响；

（4）研究墙板在地震作用下弓形连接、Z形连接以及不同形式（榫接、对接）板缝拼接处的破坏形态。

10.5.2 试验模型设计

1）试验模型结构及相似关系

试验研究对象为两层带装配式围护墙板的钢框架结构，抗震设防烈度为 7 度，设计基本地震加速度为 0.1g，抗震等级为四级，场地类别为 II 类。为更真实地反映装配式墙板节点的抗震性能，研究装配式墙板在地震作用下的地震响应，试验模型采用两层钢框架结构足尺试验模型，围护墙体采用装配式墙板，并采用专用的连接节点。考虑到地震模拟振动台的性能参数要求，选用 3.0m×3.0m 的房间为试验对象，层高均为 2.8m，楼板采用压型钢板现浇混凝土结构，混凝土强度等级为 C30，试验模型底座通过螺栓与底部钢板连接，钢板通过螺栓固定在振动台台面。

试验模型的主要部件在工厂制作完成后，在现场拼装，如图 10-23 所示。

试验模型的设计、制作和地震激励的输入需与原型结构之间满足几何尺寸相似、荷载相似和动力特性相似。本试验模型在考虑振动台台面尺寸、载重、试验模型材料等限制条件，试验相似常数均取为 1。

(a)　　　　　　　　　　　　　　(b)

图 10-23　试验模型

(a) 试验模型拼装；(b) 试验模型在振动台上安装完毕

2) 试验模型自重及配重

为满足试验模型和原型的活荷载相似关系，消除重力失真效应带来的影响，采用设置附加质量法，在试验模型各楼层均匀地布置附加质量块，并牢固固定，从而确保试验模型的加速度相似比等于重力加速度相似比。配重计算：附加质量块质量＝质量相似常数×原型结构的质量-试验模型结构的质量，即 $m_a = S_m \cdot m_p - m_m$。根据《建筑抗震设计规范》GB 50011—2010（2016 年版），m_p 取为重力荷载代表值，$m_p = 1.0$ 恒载＋0.5 活载。配重沿试验模型结构竖向的分配应使总质量满足原型结构楼层间的质量比例关系，沿水平方向的分配应满足原型结构楼层上的质量分布关系。

根据地震模拟振动台性能、结构试验模型所选择的材料以及结构试验模型的相似关系，可以计算出结构试验模型每层所需要的配重，用比重比较大的铅块作为配重块，采用水泥砂浆将其牢固地黏贴在楼板上。结构试验模型各层和连廊各层自身质量和配重情况见表 10-6。

配重计算　　　　　　　　　　　　　　　　　　　　表 10-6

试验模型层号	试验模型标高（mm）	原型质量（kg）	试验模型质量（kg）	配重（kg）	半层质量（kg）	混凝土墩质量（kg）	试验模型总质量（kg）
1F	2800	8237.1	7277.1	960	2254.8	1800	17554.1
2F	2800	5262.2	5022.2	240			

3) 测量仪器

本次试验通过观测装配式围护墙板（挤出成型水泥墙板）的钢框架结构在地震作用下的地震响应，钢框架地震响应对装配式围护墙板（挤出成型水泥墙板）的动力特性和破坏模式的影响以及装配式围护墙板连接构造和拼接缝构造的连接性能。因此，相应的测量仪器设备加速度传感器、位移传感器和应变片，具体如下：

(1) 外墙板中央、板角（或洞角）、层间梁柱交接处各布置加速度传感器，台面布置加速度传感器一个；

（2）在外墙板中央位置、层间梁柱节点布置位移传感器；

（3）在窗洞口两侧中间位置分别布置横纵向应变片，未开设洞口的墙面居中两侧布置横向和纵向应变片。

10.5.3 地震试验工况

1）地震激励选择

采用结构主要周期点拟合反应谱的方法，首先初步选择适应于地震烈度、场地类型、地震分组的数条地震波；其次分别计算反应谱并与设计反应谱绘制在同一张图中；然后计算结构振型参与质量50％对应各周期点处的地震波反应谱；最后检查各周期点处的包络值与设计反应谱值相差不超过20％，如不满足，则重新选择地震波。

（1）根据原型结构所在场地类型和设防烈度确定地震反应谱，并将反应谱转化为加速度表示，单位采用 cm/s^2；

（2）初步选择3～4条地震波，将所选的地震波进行反应谱分析，并与设计反应谱绘制在一起；

（3）计算结构振型参与质量达50％对应各周期点处的地震波反应谱值，检查各周期点处的包络值与设计反应谱值相差不超过20％，如不满足，则按步骤（2）重新选择地震波；

（4）计算结构振型参与质量达50％对应各周期点处，选定地震波的反应谱值，按水平1：水平2＝1：0.85顺序权求和，按该求和值从小到大顺序，确定地震动的输入顺序。试验工况输入的地震波幅值大小按照 $a_{gm}＝S_a \cdot a_{gp}$ 确定，其中 a_{gp} 为原型结构设防烈度对应的地面峰值加速度。

2）振动台试验工况

根据原型结构所在场地类型和设防烈度确定地震反应谱，并将反应谱转化为加速度表示，单位采用 cm/s^2；选定 EI-Centro、Taft、台湾集集三种地震波进行试验。

为测试试验模型在试验不同阶段的动力特性，还进行了白噪声扫频试验，试验实际的加载工况及振动台台面实测的加速度峰值及相应的地震烈度见表10-7。

振动台试验工况（cm/s^2）　　　　　　　　　　　　表 10-7

工况序号	工况编号	烈度	地震激励	地震输入值	
				X 方向	Y 方向
1	W	白噪声			
2	F7EX			35	—
3	F7EY			—	35
4	F7EXY		El-Centro	35	29.75
5	F7EYX			29.75	35
6	F7TX	7度 0.1g 多遇		35	—
7	F7TY		Taft	—	35
8	F7JX			35	—
9	F7JY		台湾集集	—	35
10	F7JXY			35	29.75
11	F7JYX			29.75	35

工况序号	工况编号	烈度	地震激励	地震输入值	
				X 方向	Y 方向
12	W	白噪声			
13	F7EX	7 度 0.1g 基本	El-Centro	100	—
14	F7EY			—	100
15	F7EXY			100	85
16	F7EYX			85	100
17	F7TX		Taft	100	—
18	F7TY			—	100
19	F7JX		台湾集集	100	—
20	F7JY			—	100
21	F7JXY			100	85
22	F7JYX			85	100
23	W	白噪声			
24	F7EX	7 度 0.1g 罕遇	El-Centro	220	—
25	F7EY			—	220
26	F7EXY			220	187
27	F7EYX			187	220
28	F7TX		Taft	220	—
29	F7TY			—	220
30	F7JX		台湾集集	220	—
31	F7JY			—	220
32	F7JXY			220	187
33	F7JYX			187	220
34	W	白噪声			

10.6 本章小结

地震模拟振动台是目前最为有效的抗震试验方法之一，可以真实地再现结构在地震作用下的动力响应规律、失效机理和破坏模式。本章首先介绍了地震模拟振动台的基本情况、发展简史和基本构成；接着介绍了动力相似理论，简要概括了"欠人工质量模型"的设计方法；再次介绍了模型试验的设计与加载步骤，主要包括试验目的，模型概况，测点布置和测量仪器的数量、量程，选用的地震波，压缩比，能级，试验的分级试验顺序，要求试验日期及试验延续时间等；最后以装配式围护墙板足尺地震模拟振动台试验为例，介绍了试验的具体过程。期望对今后的建筑结构地震模拟振动台试验有所启发。

习题与思考题

1. 地震模拟振动台在抗震研究中的作用。
2. 地震模拟振动台的基本原理与构成。
3. 地震模拟振动台试验动力相似理论的计算方法。
4. 地震模拟振动台试验的基本设计步骤。
5. 地震模拟振动台试验与拟静力、拟动力试验的区别与联系。

本章参考文献

[1] 黄浩华. 地震模拟振动台的设计与应用技术 [M]. 北京：地震出版社，2008.

[2] 李彬彬. 三维六自由度地震模拟振动台系统控制技术研究与应用 [D]. 西安：西安建筑科技大学，2017.

[3] 纪金豹，李晓亮，闫维明，等. 九子台模拟地震地震模拟振动台台阵系统及应用 [J]. 结构工程师，2011，27 (S1)：31-36.

[4] 汪强. 基于地震模拟振动台的实时耦联动力试验系统构建及应用 [D]. 清华大学，2010.

[5] 王向英，田石柱. 子结构地震模拟振动台混合试验原理与实现 [J]. 地震工程与工程振动，2009，29 (04)：46-52.

[6] http：//slcoe. dlut. edu. cn/index. htm.

[7] http：//mpstl. tongji. edu. cn/index. php? classid＝8404.

[8] http：//www. guoweicsu. com/News _ view/? 47. html.

[9] 石宇，周绪红，刘立平，等. 装配式轻钢房屋科普房振动台试验研究 [J]. 建筑结构学报，2019，40 (02)：98-107.

[10] 颜桂云，肖晓菲，吴应雄，等. 近断层地震动作用下大底盘单塔楼隔震结构振动台试验研究 [J]. 振动工程学报，2018，31 (05)：799-810.

[11] 薛建阳，翟磊，贾俊明，等. 传统风格建筑钢筋混凝土-钢管混凝土组合框架模型振动台试验研究 [J]. 建筑结构学报，2018，39 (12)：1-10.

[12] 谢启芳，王龙，张利朋，等. 西安钟楼木结构模型振动台试验研究 [J]. 建筑结构学报，2018，39 (12)：128-138.

[13] 周铁钢，田鹏，邓明科，等. 高延性纤维增强水泥基复合材料加固空斗墙承重房屋模型振动台试验研究 [J]. 建筑结构学报，2018，39 (12)：147-152.

[14] 许清风，张富文，马瑜蓉，等. 五层梁柱式胶合木结构振动台试验研究 [J]. 土木工程学报，2018，51 (12)：52-62.

[15] 方子明，黄福云，陈宝春，宗周红. 福州大学地震模拟振动台三台阵基础设计与施工研究 [J]. 福州大学学报（自然科学版），2013，41 (04)：807-812.

[16] 宗周红，陈亮，黄福云. 地震模拟振动台台阵试验技术研究及应用 [J]. 结构工程师，2011，27 (S1)：6-14.

第11章 其他试验

11.1 概　述

随着材料和科学技术的不断发展，建筑结构也越来越复杂，面临着许多新的挑战和问题。因此，建筑结构试验也有了新的发展方向和趋势。比如疲劳试验、抗火试验、风洞试验等。本章将就这三个方面进行简单论述。

11.2 疲劳试验

11.2.1 疲劳试验概述

当材料件受到多次重复变化的荷载作用或由此引起的脉动应力作用下，即使最大的应力低于材料的屈曲极限，但是经过一段时间的工作后，由于缺陷或者瑕点处局部微裂缝的形成和发展，会使结构出现永久的变化，并在一定循环次数后形成裂缝或继续扩展直至最后产生脆性破坏而完全断裂，这个过程叫作材料的疲劳破坏。疲劳破坏是由拉应力、应力反复和塑性应变三者同时作用产生的，与纯粹由局部拉应力而产生的脆性破坏不同。在历史上由于对疲劳的认识和研究不足，曾发生过一些由疲劳破坏所造成的灾难性事故。据统计，有80%的工程结构失效都是源于疲劳失效（破坏）。

疲劳现象在钢结构的节点区域、焊缝区域较为突出，导致其疲劳破坏的原因总体上可以从疲劳荷载、构造细节和设计规范三方面考虑。到目前为止，钢结构的相关设计规范仍然显得简单，若单纯依靠空间有限元仿真分析，难以准确把握疲劳敏感区域各构造细节的实际受力状况，对其安全性是心存疑虑的。因此，最有效合理的方法是疲劳试验，模拟运营期间的疲劳行为，以评价结构疲劳性能，并为验证和完善设计理论提供依据。因此钢构件的疲劳试验就显得非常必要。结构疲劳试验的目的就是要把握在重复荷载作用下结构关键区域的受力性能及变形规律。

此外，混凝土结构普遍采用极限强度设计，也属于重复荷载作用下的构件，由于加入了高强材料作为预应力筋，以致许多结构构件工作在高应力状态下，这类构件的疲劳问题也受到一定程度的重视，通过疲劳试验研究，可以为改进设计方法、改良结构材料、防止重复荷载下超限受力裂缝的出现提供依据。

本节主要介绍建筑结构疲劳试验的相关内容，包括原型结构的受力计算、疲劳影响因素分析、疲劳荷载幅（应力幅）的计算、大比例尺的疲劳试验模型设计、疲劳试验荷载幅与加载方式的确定、疲劳试验观测与试验结果的分析等。

11.2.2 疲劳曲线与荷载谱

随时间呈周期性或非周期性变化的荷载称为交变荷载，脉动荷载与循环荷载都如此。

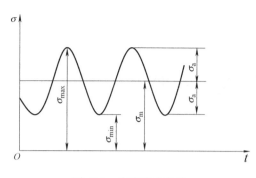

图 11-1　交变应力曲线

大多数土木工程结构和机械构件都在交变载荷作用下工作，结构的材料内会产生随时间变化的交变应力（应变），经足够多的应力循环作用后，就可能经历裂纹萌生、扩展直至断裂的疲劳过程。常见的应力曲线有如下几种：

1）交变应力

建筑结构在使用过程中所承受的荷载都是变化的，它们在结构中所引起的应力也是变化的。人们把这种变化着的荷载称为疲劳荷载，所引起的相应应力称为疲劳应力，而把荷载和应力随时间变化的历程则分别称为荷载谱和应力谱。荷载谱或应力谱一般地说是规则的，或者说是随机的。最简单的应力谱是常幅的，比如正弦曲线，如图 11-1 所示，与常幅相对应的是变幅应力谱。图 11-1 中所示几个重要参数表示如下：

应力范围：$\Delta\sigma=\sigma_{\max}-\sigma_{\min}$；

应力幅值：$\sigma_n=\Delta\sigma/2$；

平均应力：$\sigma_m=\sigma_{\min}+\sigma_a=\sigma_{\max}-\sigma_a$

应力比：$R=\sigma_{\min}/\sigma_{\max}$；当 $R=-1$ 时，为对称循环；当 $R=0$ 时，为脉动循环。

2）S-N 曲线

疲劳失效以前所经历的应力或应变循环次数被称为疲劳寿命，一般用 N 表示。在一定的平均应力 σ_m（或一定的应力比 ξ），不同应力幅 $\Delta\sigma$（或不同的最大应力 $\sigma_{\max}$）的常幅应力下进行疲劳试验，测出试件断裂时对应的疲劳寿命 N，然后把试验结果画在以 $\Delta\sigma$（或 ξ）为纵坐标，以 N 为横坐标的图纸上，连接这些点就得到平均应力。由于这种曲线是表示中值疲劳寿命与外加常幅应力间的关系，所以也称为中值 S-N 曲线，如图 11-2（a）所示。

S-N 曲线一般是画在双对数坐标纸上，如图 11-2（b）所示。对于钢结构左支为直线，右支为一水平段。S-N 曲线的左支常用下式表达：

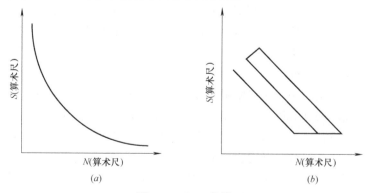

图 11-2　S-N 曲线

（a）直角坐标上的 S-N 曲线；（b）双对数坐标上的 S-N 曲线

$$N=C\sigma^{-m} \tag{11-1}$$

式中：m 和 C 均为材料常数。

将上式两边取对数，得：

$$\lg N = \lg C - m\lg\sigma \tag{11-2}$$

可见，在双对数坐标系中为直线，$1/m$ 为 S-N 曲线的负斜率。

上述所得到的 S-N 曲线是在对称循环应力的试验下得到的，但在现实中，完全对称的循环载荷或应力是没有的，当试验循环应力比改变时，平均应力也跟着发生变化，所得到的 S-N 曲线也发生改变。

在试验研究中，S-N 曲线的测定方法可以分为单点法与成组法。单点法在每种应力水平下只试验一根试件，成组法则在每级应力水平下都试验一组试件。

3）P-S-N 曲线

疲劳试验的数据往往具有很大的离散型，因此，试件的疲劳寿命与应力水平间的关系并不是一一对应的单值关系，而与存活率 P 有关。存活率 P 定义为：

$$P_i = 1 - \frac{i}{N+1} \tag{11-3}$$

式中：i——各试件按疲劳寿命由大到小排列的顺序号；

N——第 j 级应力水平下的试件数。

因此，S-N 曲线只能代表中值疲劳寿命与应力水平间的关系。国内外的研究表明，疲劳性能的分散性符合一定的概率分布。当寿命恒定时，疲劳强度服从正态分布和对数分布。当应力恒定时，在 $N < 10^6$ 时，疲劳寿命服从对数正态分布和威布尔分布；当 $N > 10^6$ 时，疲劳寿命服从威布尔分布。

P-S-N 曲线是指以应力为纵坐标，以存活率的疲劳寿命为横坐标，所绘出的一组存活率-应力-寿命曲线，如图 11-3 所示。在进行疲劳设计时，即可根

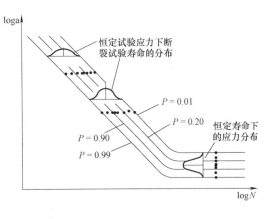

图 11-3　P-S-N 曲线

据所需疲劳设计时所需的存活率 P，利用与其对应的 S-N 曲线进行设计。因此，P-S-N 曲线代表了更全面的应力-寿命关系。

P-S-N 和 S-N 曲线均使用双对数坐标。测定 P-S-N 曲线时，与用成组法测定 S-N 曲线时的应力水平的级数与选择方法相同，一般选择 4～5 级应力水平。在每种应力水平下试验一组试样，每组的试样数不少于 6 个。数据分散性小时，试样可以少取一些，数据分散性大时，应多取些试样。

4）疲劳极限

疲劳极限是材料学里的一个极其重要的物理量，表现为一种材料对周期应力的承受能力。在疲劳试验中，应力交变循环大至无限次而试样仍不破坏时的最大应力叫疲劳极限。研究表明，在一定应力变化幅度下，应力与重复荷载作用次数的关系如图 11-4 所示。可以看出，当疲劳应力小于某一应力值以后，荷载重复次数的增加不再会引起结构的疲劳破坏，该疲劳应力值称为疲劳极限应力，结构钢的 S-N 曲线转折点一般都在 10^7 次以前，

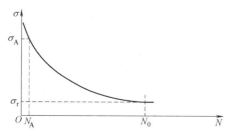

图 11-4 应力与反复荷载次数的关系

因此，一般认为，结构钢试样只要经过 10^7 循环不破坏，就可以承受无限多次循环而不破坏。

5）荷载谱（应力谱）

荷载（应力）随时间变化的历程称为荷载谱（应力谱）。图 11-5 为荷载谱示意。荷载循环次数：一个循环计数时间段内，荷载-时间曲线上谷值点数即循环次数。荷载幅与循环次数主要按雨流计数法或泄水法确定。

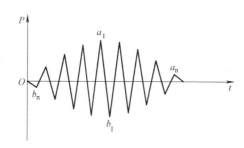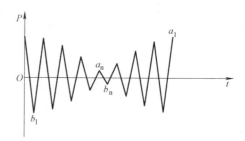

图 11-5　荷载谱

11.2.3　结构疲劳失效的特征与影响因素

对于钢结构来说，疲劳破坏是主要的破坏形式之一，高应力状态下工作的混凝土构件也面临疲劳问题。决定疲劳开裂的主要内因是材料性质与构件沿传力路径的截面变化所引起的应力集中，外因主要是随时间变化的动荷载及循环次数，还有环境、温度、腐蚀介质等。主要具体影响因素如下：

1）钢材的种类

试验证明，钢材的抗拉强度越高对疲劳越敏感，尤其是焊接结构，应力集中较大的焊接接头的疲劳强度并不随母材的抗拉强度成比例的增加。各国焊接钢结构的疲劳设计规范中，对于相同的构造细节，不同强度级别的钢材均采用相同的疲劳设计曲线。

2）应力集中

结构中的构件大多数都存在圆角、小孔或缺口等致使截面形状发生变化的部分，由于构件截面在其传力方向发生变化而引起比名义应力大得多的局部应力，这种现象称之为应力集中。这时疲劳裂纹总是从这些结构的局部应力集中处开始。在焊接钢结构中，结构的几何变化包括以下两个方面：其一是结构的整体几何变化；其二是焊缝局部几何变化。

（1）接头形式

焊接接头形式不同，它们的应力集中程度也不同，因而接头的疲劳强度存在差异。一般来说，应力集中程度越高，其疲劳强度越低。由于对接接头的应力集中系数较小，因而其疲劳强度也就高于其他类型的疲劳强度；角接头和搭接接头，由于其应力集中程度较高，因而其疲劳强度较其他接头要低。

（2）焊缝局部几何形状

焊缝局部几何形状的变化，对焊接钢结构的疲劳强度将产生十分明显的影响。研究表明：在一定范围内，随着焊趾根部半径 r 的减小，相应的焊接钢结构的疲劳强度降低；而当进一步减少时，其疲劳强度却将有所提高。

（3）焊接质量缺陷

焊接缺陷主要是指焊缝中的裂纹、未焊透、咬边、气孔、夹渣等。由于这些缺陷的存在，使得焊缝局部产生应力集中，因而使焊接钢结构的疲劳强度降低。同时，由于焊接工艺的不同，热影响区晶体结构的改变也会大大降低其疲劳强度。

3）荷载

荷载对结构的疲劳性能影响主要表现在如下方面：①每一加载循环中所引起的截面应力幅值 $\Delta\sigma$ 以及加载次数 N 对疲劳强度起决定作用；②单轴应力状态与拉压、弯、扭非比例多轴应力状态下结构疲劳强度是不相同的，但是他们之间的关系目前的研究还不够深入；③在无腐蚀环境下，可以认为受荷频率对钢结构的疲劳没有影响；④相对于平均应力 $\sigma_m = 0$ 的对称循环荷载的疲劳寿命，在 $\sigma_m < 0$ 时，疲劳寿命增加，而 $\sigma_m > 0$ 时，疲劳寿命减少。在疲劳极限时，平均应力的影响可用 Gerber 公式、Goodman 公式或 Soderberg 公式修正；⑤在常温无腐蚀环境下，荷载停歇和持续对钢结构的疲劳强度影响不大。

4）残余应力

焊接残余应力是由加热不均匀所引起的，在焊接过程中，由于焊缝处温度较高，而金属的基体约束焊缝，使其不能自由膨胀，因而出现内部压应力，局部达到塑性变形。温度降低后，由于周围的约束不能自由收缩，出现内部拉应力，局部达到拉伸屈服极限。在远离焊缝的地方则存在残余压应力，其形成过程恰好相反。焊缝区的拉应力往往达到材料的屈服应力。若在焊后进行适当的处理，如采用研磨、TGI 熔修、等离子弧熔修、锤击，可以把焊接残余应力减小到较低的水平，从而可提高结构的疲劳强度。

5）尺寸效应

大量的试验研究表明，不同尺寸的构件，其疲劳强度是不相同的。一般来说，随着构件尺寸的增加，其疲劳强度呈下降的趋势。也就是说构件的疲劳强度存在尺寸效应。

通过对尺寸效应的机理及其影响因素的试验研究表明：引起尺寸效应的主要原因是加工因素和比例因素。一般来说，大型构件的加工质量比小型试件的质量差，因而所包含的缺陷比小型试件多，其疲劳强度也就较低。当构件上的应力分布不均匀时，存在应力梯度。由于构件的尺寸不同，小试件的应力梯度大，大试件的应力梯度小，使得大试件在某一相同深度内的名义应力比小试件的名义应力要大，根据试件疲劳破坏时其深度相等的观点，大试件比小试件的疲劳强度要低。也就是尺寸效应的比例因素。在焊接钢结构中，这种尺寸效应也同样存在。

6）环境因素

主要指温度和腐蚀性介质，由于这些因素对疲劳强度的影响通常不易进行理论计算，目前的研究方法主要是试验。此外，空气动力引起的振动；浸在水中的结构部件由于波浪作用或旋涡作用或两者同时作用造成的应力变化；由于腐蚀性大气造成的疲劳寿命降低（腐蚀疲劳）对结构疲劳寿命的影响也往往需要考虑。

因此，疲劳破坏有着与静力破坏等本质不同的特征，主要表现在：

（1）在交变载荷作用下，构件中的交变应力在远小于材料的强度极限的情况下，疲劳失效就可能发生。

（2）不管是脆性材料或塑性材料，疲劳断裂在宏观上均表现为无明显塑性变形的突然断裂，故疲劳断裂常呈现低应力类脆性断裂。这一特征使疲劳破坏具有更大的危险性。

（3）疲劳破坏常具有局部性质，而并不牵涉到整个结构的所有材料。局部改变细节设计或工艺措施，就可较明显地增加疲劳寿命。因此，结构或构件的抗疲劳破坏能力不仅取决于所用的材料，而且敏感地决定于构件的形状、尺寸、连接配合形式，表面状态和环境条件等。也正因为疲劳破坏带有局部性，因此当发现疲劳裂纹时，一般并不需要更换全部结构，而只需要更换损伤部分。在疲劳损伤不严重的情况下，有时只需要排除疲劳损伤（如磨去细小的表面裂纹或扩铰排除孔边裂纹等），甚至采取止裂措施就可以了（如在裂纹前端钻一个止裂孔）。

（4）疲劳破坏是一个累积损伤的过程，要经历一定甚至是很长的时间历程。实践证明，疲劳断裂由三个过程组成，即：裂纹形成、裂纹扩展、裂纹扩展到临界尺寸时的快速断裂。

（5）疲劳破坏断口在宏观和微观上均有其特征，特别是其宏观特征在现场目视检查就能发现，这样有助于分析判断是否属于疲劳破坏等。

11.2.4 疲劳试验荷载谱

疲劳试验荷载幅的确定是疲劳试验的关键环节，不同研究目的、不同类型的结构或构件确定荷载幅的方式是不一样的。一般混凝土受弯构件疲劳试验的上限荷载是根据构件在最大标准荷载最不利组合下产生的弯矩计算而得，荷载下限根据疲劳试验设备或保证试验顺利进行的最小荷载确定；钢结构构件或节点的疲劳试验荷载幅确定起来要复杂得多，这将是本节的主要内容。

1）线性疲劳损伤累积理论

疲劳损伤累积理论是疲劳分析的主要原理之一，也是估算变应力幅值下安全疲劳寿命的关键理论。损伤的直接理解就是，在疲劳荷载下材料的改变（包括疲劳裂纹大小的变化、循环应变硬化和残余应力的变化）或材料的损坏程度。进一步说就是材料在循环荷载下，微观裂纹不断扩展和深化，从而使试件或构件的有效工作面不断减少的程度。

线性疲劳损伤累积理论是指在循环载荷作用下，疲劳损伤是可以线性地累加的，各个应力之间相互独立、互不相关，当累加的损伤达到某一数值时，试件或构件就发生疲劳破坏。最早提出而且目前已被桥梁界普遍接受的假设源于 Pamlgren-Miner 两人的工作，并由 Miner 于 1945 年发表的"线性积伤律"准则。

该准则假定疲劳破坏的条件是：

$$\sum \frac{n_i}{N_i} = \frac{n_1}{N_1} + \frac{n_2}{N_2} + \cdots + \frac{n_n}{N_n} = 1 \tag{11-4}$$

式中：n_i——应力幅 $\Delta\sigma_i$ 作用的次数；

　　　N_i——用 $\Delta\sigma_i$ 作常幅应力循环试验时的疲劳破坏次数，或由常幅疲劳强度曲线中相应于 $\Delta\sigma_i$ 时的疲劳寿命（循环次数）。

由公式（11-4）所表达的 Miner 准则认为，变幅疲劳中各个应力幅 $\Delta\sigma_i$ 所造成的损伤可用 N_i 来定量表示，且可以线性叠加。因此，对任意构件在变幅应从力循环作用下的损伤度可定义为：

$$D = \sum_{i=1}^{n} \frac{n_i}{N_i} \tag{11-5}$$

D 的大小由构件所承受的应力经历确定，对于临界疲劳损伤 D_{CR}：若是常幅循环载荷，显然当循环载荷的次数 n 等于其疲劳寿命 N 时，疲劳破坏发生，即 $n=N$，得到 D_{CR}。因此，若 $D \geqslant 1$，则表明构件已疲劳破坏；若 $D < 1$，则尚未破坏。

大量试验结果表明，疲劳破坏时 D 并不一定等于 1.0，而是大于或小于 1.0。这是由于 Miner 理论是一个线性疲劳损伤累积理论，它没有考虑载荷次序的影响。而实际上加载次序对疲劳寿命的影响很大，对此已有了大量的试验研究。对于二级或者很少几级加载的应力水平情况下，试件破坏时的临界损伤值 D_{CR} 一般偏离 1 很大；但对于桥梁等工程结构所承受的随机荷载，试件破坏时的临界损伤值 D_{CR} 一般在 1 附近，这也是目前 Miner 理论被桥梁界普遍接受的原因。

除此之外，Miner 理论把低于常幅疲劳极限的应力幅视为无损伤作用。事实上，当为变幅疲劳时，即使其等效应力幅 $\Delta\sigma_0$ 低于常幅疲劳极限，但只要有少数循环中有若干应力幅大于疲劳极限时还是会使裂纹有所扩展的。所以，这种低应力幅的损伤作用实际上是存在的。

除了 Miner 线性疲劳损伤累积理论外，还有一些修正的线性疲劳损伤累积理论，主要相对于 Miner 线性疲劳法认为每次的损伤形成发展有着不同的寿命，但由于篇幅限于在这里不再进行介绍。

2）随机荷载的统计处理

作用在结构上的循环荷载是随机的。随机荷载的循环计数法有很多，对于同一荷载随时间变化历程采用不同的计数法进行计数，所得的寿命可以相差很大。常用的有峰值计数法、泄水计数法和雨流计数法。峰值计数法是把荷载-时间历程中的全部峰值和谷值都进行计数。泄水计数法是对相邻的峰值和谷值的差值，或是以此循环中最大荷载与最小荷载的差值进行计数。雨流计数法是根据所研究的应力-应变行为进行计数。本小节主要介绍雨流计数法。

雨流计数法，简称雨流法。它可以根据荷载-时间历程分别计算出全循环的均值、幅值及不同幅值所具有的频次。其原理是将荷载-时间历程的时间轴向下，荷载-时间历程就形如一系列屋面，雨水依次自上而下流动（图 11-6c），根据雨水向下流动的轨迹确定出荷载循环，并计算出每个循环的幅值与均值大小。用于疲劳寿命计算时，每个荷载循环就对应于一个应力循环。

雨流法计数规则是：①重新安排载荷历程，以最高峰值或最低谷值为雨流的起点（视二者的绝对值哪一个更大而定）；②当从谷值点开始的雨水到达一峰值点并且见到下一个峰值点更高时，雨水可以流到下一层屋面并流向更高的峰点，但若见到下一个谷点比这雨水出发的谷点还要低，则停止流动；当从峰点开始的雨水到达一谷值点并见到下一谷值点更低时，可以流到下一层屋面并流向更低的谷值点，但若见到下一个峰值点比这雨水出发的峰值点还要高，则停止流动；③当雨流遇到来自上层屋面流下的雨流时即停止流动；④取出所有的全循环，并记录下各自的幅值和均值。

雨流法典型示例：对于图 11-6（a）所示的荷载-时间历程，由于起点不是最高峰值或最低谷值，故重新安排荷载-时间历程如图 11-6（b）所示，最高峰值点 a 为新荷载-时间历程的起点，将 a 点以后的荷载历程移到 c 点的前面，使 c' 点与 c 点重合。

把图 11-6（b）的荷载-时间历程顺时针旋转 $90°$，得到图 11-6（c）。根据计数规则，对这个荷载历程进行一次雨流计数，共计 8 个雨流：

① $a \rightarrow b \rightarrow b' \rightarrow d$ 点，然后下落；

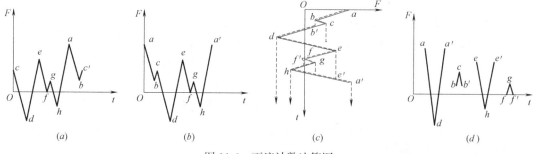

图 11-6 雨流计数法简图

(a) 待处理的荷载历程；(b) 重排的荷载历程；(c) 计数过程 (d) 提取的全循环

② $b \rightarrow c \rightarrow d$ 点的对应处，由于 d 的谷值比 b 为低，从 c 点下落；

③ $c \rightarrow b'$，遇到来自上面的雨流 $abb'd$，bc 与 cb' 构成一个全循环 bcb'，取出全循环 bcb'；

④ $d \rightarrow e \rightarrow e' \rightarrow a'$ 点下落；

⑤ $e \rightarrow f \rightarrow f' \rightarrow h$ 点下落；

⑥ $f \rightarrow g \rightarrow h$ 点对侧的对应处，由于 h 点的谷值比 f 点为低，从 g 点下落；

⑦ $g \rightarrow f'$ 处，遇到雨流 $eff'h$，取出全循环 fgf'；

⑧ $h \rightarrow e'$，遇到雨流 $dee'a'$，取出全循环 $eff'he'$，而 $abb'd$ 与 $dee'a'$ 又组成全循环 $abb'dee'a'$，取出 $abb'dee'a'$。至此，已将全部荷载历程计数，得到如图 12-6 (d) 所示的 4 个全循环及均值。

3）变幅荷载与常幅荷载的转化

迄今为止，大部分疲劳试验都是研究等幅荷载下的疲劳问题，即应力在每次循环中均达到同一个 $\sigma_{\max}$ 及 $\sigma_{\min}$，然而钢结构在实际工程中的疲劳失效则是由一系列的变幅循环载荷所产生的疲劳损伤的累积而造成的，属于变幅、低应力、高循环、长寿命的疲劳范畴。但是考虑试验设备、技术水平和试验研究周期等现状，通常只能进行常幅疲劳试验，所以必须建立变幅疲劳强度和常幅疲劳强度（等效应力幅 $\Delta\sigma_0$）之间的联系。所谓"等效应力幅 $\Delta\sigma_0$"的概念是：对于变幅应力循环 $\Delta\sigma_i$、n_i（$i=1$，2，3…）的重复荷载作用，可以运用 Miner 线性累积损伤理论得到一个损伤度相同的常幅循环应力幅 $\Delta\sigma_0$，其循环次数为 $\sum n_i$，则 $\Delta\sigma_0$ 称为"等效应力幅"。有：

$$\Delta\sigma_0 = \left[\frac{\sum n_i \ (\Delta\sigma_i)^m}{\sum n_i} \right]^{1/m} \tag{11-6}$$

11.2.5 结构疲劳的试验准备

1）结构疲劳的类型及疲劳设计准则

（1）按受力方式：拉压疲劳、弯曲疲劳、扭转疲劳和复合疲劳。

（2）按引起疲劳的荷载特性：冲击疲劳、接触疲劳、摩擦疲劳与磨损疲劳。

（3）按应力与时间是否有确定的函数关系：定常疲劳与随机疲劳。

（4）按环境温度：常温疲劳、高温疲劳和热疲劳。

（5）按有无腐蚀性介质作用：一般疲劳和腐蚀疲劳。

（6）按结构设计寿命长短：无限寿命设计、安全寿命设计、破损安全设计、损伤容限设计和耐久性设计等。

2）结构疲劳强度设计方法

（1）疲劳计算

构件的设计包括几何形状设计和结构强度设计。根据结构的构成特性进行几何设计之后，再按照预期的寿命、构件工作荷载、工作环境等选择适当的设计规范、材料和必要参数，对构件特征尺寸进行计算，或者根据静强度理论确定出特征尺寸，再作寿命估算，并将计算结果与规定寿命相比较，通过对特征尺寸、材料、加工工艺、连接方式等方面的调整直至最后使计算寿命满足规定寿命要求为止。

（2）结构疲劳试验

通过结构疲劳试验，结合到疲劳数据的分散性和疲劳理论与构件实际使用情况之间的种种差异，还必须在疲劳计算之后再对结构进行模型疲劳试验甚至原型疲劳试验。

实践表明，疲劳寿命分散性较大，因此必须进行统计分析。

3）疲劳试验装置

疲劳试验装置涉及试验反力装置、针对不同试验项目加工的工作装置、试验加载设备。反力装置包含反力架、反力墙、地锚孔、槽道、连接螺杆；试验工作装置是为各个试验加工的临时结构或构件，不能统一其形式；试验加载设备是疲劳试验的荷载施加装置，其形式也是多样的，但用得最多的是疲劳试验机和电液伺服加载系统（图11-7）。

（a）　　　　　　　　　　　　　　　　　（b）

图 11-7　疲劳试验装置

(a) 疲劳试验机；(b) 电液伺服加载系统

（1）疲劳试验机

疲劳试验机用于进行测定金属、合金材料及其构件（如操作关节、固接件、螺旋运动件等）在室温状态下的拉伸、压缩或拉压交变负荷的疲劳特性、疲劳寿命、预制裂纹及裂纹扩展试验。高频疲劳试验机在配备相应试验夹具后，可进行正弦载荷下的三点弯曲试验、四点弯曲试验、薄板材拉伸试验、厚板材拉伸试验、强化钢条拉伸试验、链条拉伸试验、固接件试验、连杆试验、扭转疲劳试验、弯扭复合疲劳试验、交互弯曲疲劳试验、CT 试验、CCT 试验、齿轮疲劳试验等。

按照施加试验力的形式，疲劳试验机主要有机械式、液压式、电磁共振式、热疲劳四种。

机械式低频疲劳试验机是由电机、减速机连接凸轮带动连杆做往复运动，实现对弹簧的压缩运动。主要应用于各种螺旋弹簧低频率的疲劳性能试验。

液压式疲劳试验机主要有电液脉动疲劳试验机和电液伺服疲劳试验机，其设计依据均为液压基本原理——帕斯卡定律。但是，电液脉动疲劳试验机采用的是"电—机—液"转换系统，电液伺服疲劳试验机采用的是"电—液"转换系统。

电磁共振式疲劳试验机根据电场与磁场的关系，通过磁场的来回移动实现往复运动施加载荷，是载荷小（20N～30kN）、频率高（0～100Hz）的首选，频率随意可以设置。

热疲劳试验机主要用于高温条件下的疲劳测试。

（2）电液伺服加载系统

电液伺服加载系统的工作原理详见2.3节，这里不再详述。电液伺服加载系统特别适合中低频（0.001～6Hz）、小振幅小变形（0～10mm）、较大荷载的疲劳试验，在多作动器多点加载试验时可以不受频率、载荷、振幅大小、试验波形限制，有明显优势，但是随着试件变形增大、试验频率提高，必须相应增加伺服泵站的额定输出排量，加大电机功率。该系统适用于桥梁和建筑结构及构件静动态试验、疲劳试验、地震反应拟动力试验、快速拟动力试验等。

4）疲劳试验模型设计

结构上一些细小的变化通常会大大影响疲劳寿命，因此疲劳模型的设计，关键在于保持原型结构疲劳敏感区域的真实性与完整性，对疲劳破坏有影响的结构细节，如：铆钉孔、局部圆角等，都应反映到模型中去。因此，模型应尽可能地反映实桥构件的受力特性及连接处的构造细节，模型设计应从以下几个方面来考虑：

（1）遵从应力等效原则。根据描述结构疲劳性能的 S-N 曲线，任意应力幅 $\Delta\sigma_i$ 与对应的循环次数 N_i 满足：$\Delta\sigma_i m N_i = C$，m 和 C 是与构件材料、构造细节有关的常数。如果试验模型和实桥结构材料和构造细节保持相同，那么 m 和 C 都是常量，因此只要应力幅 $\Delta\sigma_i$ 相同，那么疲劳寿命 N_i 就是一致的，这就是应力等效原则。

（2）模型结构的合理简化。基于应力等效原则，模型应能够反映实际结构的主要力学特征，忽略次要的因素，即：在保持疲劳敏感区域的应力场分布不变的前提下，适当去掉一些次要连接、简化一些复杂构造，达到方便模型设计、加工、安装的目的。但是模型的结构细节与原型形状一致、尺寸成比例，模型的过渡区也应模拟实际结构的刚度。

（3）模型比例的合理选取。试件的尺寸一般根据研究目的、实验室设备及场地条件等确定，如果模型不可能做成与实际结构一样大小，其应力分布与实际结构就会存在一定的差异。条件允许的情况下，模型比例应尽量大些。

（4）材料材质的一致性。模型除了原型在疲劳敏感区域结构尺寸成比例外，在模型材料的金相组织、轧材的取向、热加工与冷加工的工艺参数、热处理方法等方面均应与实际结构的一致。

（5）工艺质量的一致性。模型的加工质量、表面处理工艺应与原型结构完全一致。特别是与应力方向垂直的加工痕迹，应最大可能地与实际结构的加工方向保持一致。不应该认为是试验件就特别注意，使得其加工的质量高于实际的结构细节，但也不能单纯为了保证安全将试件加工得十分粗糙。

（6）模型支承与限位条件的合理性。边界条件的模拟是疲劳试验难题之一，模型的支承条件与实际构件一般都不可能一致，安装定位方式应基于实验室条件、设计者经验与计算分析结果，关键是对疲劳模型的支承方式不能改变考察区域的受力状态。同时应该做好保护措施，避免试验中途结构突然失效而造成加载装置的损坏。

11.2.6 疲劳试验过程与观测

1）疲劳试验过程

疲劳试验过程中，虽然所有的信息都在随时间变化，但是在一定的荷载循环中，试验信息的变化幅度不大，没有必要采用自动数据采集设备记录试验数据（数据量太大，不好处理）。疲劳试验可采用荷载控制与位移控制，试验系统一般都有动态方式测量、记录和显示，以便对试验过程进行监控、对试验荷载值的偏差及时进行调整、对加载异常状况采取停机保护。疲劳试验的主要过程，可归纳为以下几个阶段：

（1）静载试验

在进行疲劳试验前以及加载过程中，需要进行静力试验，这样可以消除连接处的松动及接触不良，还可以获得构件经受反复荷载后受力性能变化。在静力试验中，至少需分 5 级从疲劳荷载下限值 P_{min} 加载到上限值 P_{max}；在确认结构各应变测点在静力加载和卸载过程中呈线性变化后，方可进行疲劳试验。

（2）疲劳试验

结合疲劳加载方式的荷载传递路径以及节点承载能力，并考虑试验加载系统的荷载-频率曲线关系，在调节好加载上下限后，就进行疲劳循环。待示值稳定后，可读取第一次动载读数，以后每隔一定次数读取数据。根据要求也可在疲劳循环过程中进行停机静载试验，完毕后重新启动疲劳机继续疲劳试验。

（3）破坏试验

试件达到要求的疲劳次数后，有两种情况的破坏试验可选择，一种是继续施加疲劳荷载直至破坏，得到承受疲劳荷载的次数，这种情况有利于分析其实际疲劳寿命；另一种是作静载破坏试验，方法同前，这种情况可考察构件经历预定疲劳循环次数后的极限承载能力。

2）试验观测内容与方法

疲劳试验与静力试验有基本相同的观测内容，主要包括构件的变形、应变分布及裂缝的变化，但与常规静载试验不同的是，疲劳试验所获取的数据一般都是以荷载相同为前提条件，测试数据随循环次数的变化反映出结构或构件的性能变化，即疲劳性能。具体表现在疲劳强度确定，应变、挠度和裂缝测量等方面。

（1）疲劳强度确定

当进行研究性疲劳试验时，构件以疲劳极限强度和疲劳极限荷载作为最大的疲劳承载能力，构件达到疲劳破坏时的荷载上限值为疲劳极限荷载，构件达到疲劳破坏时的应力最大值为疲劳极限强度，为了得到给定值条件下的疲劳极限强度和疲劳极限荷载，一般采取的办法是：根据构件实际受力状态，确定应力幅，开展疲劳试验，求得疲劳破坏时荷载作用次数，从与双对数直线关系中求得控制疲劳极限强度，作为标准疲劳极限强度。它的统计值作为设计验算时疲劳强度取值的基本依据。

对于验证性疲劳试验，考察实际结构的构件或节点的疲劳性能，其疲劳加载的荷载幅一定要根据疲劳损伤等效原则确定，其下限值应为恒载效应的等效荷载值或国内外相关规范允许的最低荷载值。

疲劳破坏的标志应根据相应规范的要求而定，对研究性的疲劳试验有时为了分析和研究破坏的全过程及其特征，往往将破坏阶段延长至构件完全丧失承载能力。

（2）应变与挠度测量

疲劳试验中，应变测量一般采用电阻应变片，测点布置依试验构件的应力场分布情况而定；挠度测量可根据实际情况选择接触式和非接触式位移传感器等。按照预定循环次数测量动应变与动挠度的时程曲线，或停机进行静载试验以比较不同循环次数后的量值变化情况。

对于相贯焊缝，焊缝形状和焊缝初始缺陷均会对热点应力产生影响，使得直接将焊缝焊趾处测得的应力作为热点应力是不合理的。目前，较为认同的热点应力主要有两种：第一种为考虑节点几何参数影响，并沿焊缝最大主应力作为热点应力；第二种是将垂直于焊缝的外推结构应力作为热点应力，IIW、CIDECT 采用了这种方法。

CIDECT 对热点应力插值区间的规定见图 11-8，最小和最大插值区间为（$L_{r,min}$～$L_{r,max}$）。为在插值区间进行内插，可采用了定制的梯度应变片，见图 11-9。梯度应变片基底长 16mm，基底上布设五个电阻 120Ω、间距 3mm 的单向电阻应变片，箭头方向为测量的应变梯度方向。

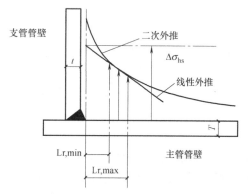

图 11-8　热点应力插值区间

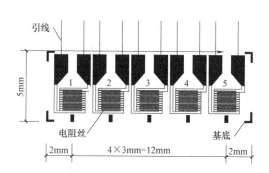

图 11-9　梯度应变片

（3）裂缝测量

由于裂缝的萌生和裂缝的扩展宽度对构件安全使用具有重要意义。因此，裂缝测量在疲劳试验中是必须要做的，目前测裂缝的方法还是利用光学仪器、目测或利用应变传感器电测裂缝，此项工作一般需暂停疲劳加载或施加静载时才便于观测。此外，还可以采用先进的无损检测设备—相控阵扫描成像检测系统（简称相控阵）中的 TKY 焊缝检测模块进行焊缝的无损检测。此外，还可以采用高倍数显微镜对疲劳的断裂面进行观测，寻找裂缝源和裂缝方向。典型照片如图 11-10 所示。

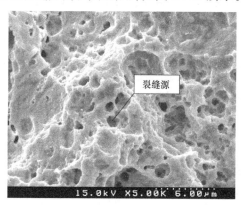

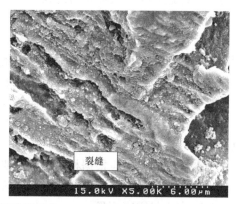

图 11-10　典型裂缝显微镜照片

11.3　抗　火　试　验

11.3.1　抗火试验概述

目前，火灾已经成为我国发生频率最高、破坏最强、影响最大的灾害之一。火灾包括建筑火灾、工业生产设备火灾、森林火灾、交通工具火灾等，其中建筑火灾是最常见、最危险、对人类生命和财产造成损失最大的火灾。据统计，仅 2016 年，全国共接报火灾 31.2 万起，亡 1582 人，伤 1065 人，直接财产损失 37.2 亿元。其中，建筑火灾亡 1269 人，伤 713 人，直接财产损失 7.5 亿元，约占全部火灾的 80%。火灾不仅带来了巨额的财产损失，也造成了巨大的人员伤亡，从防灾减灾的角度出发，必须考虑建筑结构的抗火设计和抗火安全，这具有非常大的科学意义和工程价值。

11.3.2　建筑物耐火等级及结构耐火极限要求

1）建筑防火与结构抗火

建筑结构防火从设计上来讲，可以分为建筑防火和结构抗火两个方面。

（1）建筑防火

建筑防火，是建筑的防火措施。在建筑设计中应采取防火措施，以防火灾发生和减少火灾对生命财产的危害。建筑防火包括火灾前的预防和火灾时的措施两个方面，前者主要为确定耐火等级和耐火构造，控制可燃物数量及分隔易起火部位等；后者主要为进行防火分区，设置疏散设施及排烟、灭火设备等。建筑防火设计是一个系统性的工程，它既考虑各个部分的特殊性，又综合考虑整个系统的协调性，主要包括以下几个环节：

① 在总平面设计中，根据建筑物的使用性质、火灾危险性、地形、地势和风向等因素，进行合理布局。

② 确定建筑结构的耐火等级和耐火极限，要求建筑物在火灾高温的持续作用下，墙、柱、梁、楼板、屋盖、吊顶等基本建筑构件，能在一定的时间内不破坏、不传播火灾，从而起到延缓和阻止火灾蔓延的作用。

③ 确定防火分区、防火分隔和防烟分区。

④ 划定避难通道，为安全疏散创造良好的条件。

⑤ 安装自动报警、广播、疏散诱导系统及消防栓系统和自动灭火系统。

（2）结构抗火

结构抗火一般分为两种，一种是把火灾的高温作用等效为一种荷载，与结构上的其他荷载（恒载、活载、风载、地震作用等）一起参与荷载效应组合，按近似概率极限状态进行设计，即建立考虑或受高温作用的统一的结构设计方法；二是对已按常规方法完成设计的建筑结构进行抗火能力验算，以满足相应的抗火要求。在抗火设计中，建筑结构应满足的功能要求可概括为：

① 承载能力要求，即建筑结构在火灾发生前后需保持整体稳定性，不至于发生坍塌。

② 分隔功能要求，即保证火灾中防火分区的分隔功能完好，能有效地将火灾限制在某一区域。

③ 可修复功能要求，即在设计中综合考虑经济性和结构重要性，保证结构具有相应的可修复性。

（3）火灾下结构的极限状态

火灾下，随着结构内部温度的升高，结构的承载能力将下降，当结构的承载能力下降到与外荷载（包括温度作用）产生的组合效应相等时，则结构达到受火承载极限状态，分为构件和结构两个层次，分别对应局部构件破坏和整体结构倒塌。

① 结构构件承载力极限状态的判别标准为：

a. 构件丧失稳定承载力。

b. 构件的变形速率为无限大。试验发现，实际上结构构件的特征变形速率超过下式确定的数值后，构件将迅速破坏：

$$\frac{\mathrm{d}\delta}{\mathrm{d}t} = \frac{l^2}{15h} \tag{11-7}$$

式中：δ——构件的最大挠度（mm）；

l——构件的长度（mm）；

h——构件的截面高度（mm）；

t——时间（h）。

c. 构件达到不适于继续承载的变形：

$$\delta = \frac{l}{20} \tag{11-8}$$

② 结构整体承载力极限状态的判别标准为：

a. 结构丧失整体稳定；

b. 结构达到不适于继续承载的整体变形：

$$\delta = \frac{l}{30} \tag{11-9}$$

2）建筑火灾的发生过程

火灾是火失去控制而蔓延的一种灾害性燃烧现象。火灾的发生必须具有以下三个条件：

① 可燃物，即存在能燃烧的物质；

② 助燃物，即能提供助燃的空气、氧气或其他氧化剂；

③ 着火源，即有可能使可燃物燃烧的火源。

如果上述三个条件同时出现，就可能引发火灾。建筑物之所以容易发生火灾，就是因为上述三个条件同时出现的概率较大。建筑火灾发展呈一定的规律，最初是发生在建筑物内的某个房间或局部区域，然后由此蔓延到相邻房间区域，以至整个楼层，最后蔓延到整个建筑物。通常，根据室内火灾温度随时间的变化特点，将其火灾发展分成初起、发展、猛烈、衰减四个阶段。

（1）火灾初起阶段

建筑物发生火灾后，最初阶段只是起火部位及其周围可燃物着火燃烧，这时火灾燃烧状况与好像在敞开空间进行一样。其火灾初起阶段的特点是：火灾燃烧面积不大，火灾仅限于初始起火点附近；室内温度差别大，在燃烧区域及其附近存在高温，而室内平均温度不高；火灾发展速度缓慢，火势不够稳定，它的持续时间取决于着火源的类型、可燃物质性质和分布、通风条件等。其长短差别很大，一般在 5～20min 之间。

（2）火灾发展阶段

建筑火灾初起阶段后期，火灾燃烧面积迅速扩大，室内温度不断升高，热对流和热辐射显著增强。当发生火灾的房间温度达到一定值时，聚积在房间内的可燃物分解产生的可燃气体突然起火，整个房间都充满了火焰，房间内所有可燃物表面全部都卷入火灾之中，燃烧很猛烈，温度升高很快。这种在一限定空间内，可燃物的表面全部卷入燃烧的瞬变状态称为轰燃，这是室内火灾最显著的特征之一，其具有突发性。它的出现，标志着火灾从成长期进入猛烈燃烧阶段。即火灾发展到不可控制的程度，增大了周边建筑物着火的可能性，若在轰燃之前，火场被困人员仍未从室内逃出，就会有生命危险。

（3）火灾猛烈阶段

轰燃发生后，室内所有可燃物都在猛烈燃烧，放热量加大，因而房间内温度升高很快，并出现持续性高温，最高温度可达1100℃左右。火焰、高温烟气从房间的开口大量喷出，把火灾蔓延到建筑物的其他部分。

这个时期是火灾最盛期，其破坏力极强，门窗玻璃破碎，建筑物的可燃构件均被烧着，建筑结构可能被毁坏，或导致建筑物局部或整体倒塌破坏。这阶段的延续时间与起火原因无关，而主要决定于室内可燃物的性质和数量、通风条件等。

（4）火灾衰减阶段

经过猛烈燃烧之后，室内可燃物大都被烧尽，火灾燃烧速度递减，温度逐渐下降，燃烧向着自行熄灭的方向发展。一般把室内平均温度降到温度最高值的80%时，作为猛烈燃烧阶段与衰减阶段的分界。

3）建筑结构耐火等级与结构耐火极限要求

（1）建筑结构耐火等级

为了保证建筑物的安全，必须采取必要的防火措施，使之具有一定的耐火性，即使发生了火灾也不至于造成太大的损失，通常用耐火等级来表示建筑物所具有的耐火性。一座建筑物的耐火等级不是由一两个构件的耐火性决定的，是由组成建筑物的所有构件的耐火性决定的，即是由组成建筑物的墙、柱、梁、楼板等主要构件的燃烧性能和耐火极限决定的。

我国现行规范选择楼板作为确定耐火极限等级的基准，因为对建筑物来说楼板是最具代表性的一种至关重要的构件。在制定分级标准时首先确定各耐火等级建筑物中楼板的耐火极限，然后将其他建筑构件与楼板相比较，在建筑结构中所占的地位比楼板重要的，可适当提高其耐火极限要求，否则反之。根据我国国情，并参照其他国家的标准，《高层民用建筑设计防火规范》把高层民用建筑耐火等级分为一、二级；《建筑设计防火规范》分为一、二、三、四级，一级最高，四级最低。影响耐火等级选定的因素有：建筑物的重要性、使用性质和火灾危险性、建筑物的高度和面积、火灾荷载的大小等因素。一般说来：

① 一级耐火等级建筑：主要建筑构件全部为不燃烧性。

② 二级耐火等级建筑：主要建筑构件除吊顶为难燃烧性，其他为不燃烧性。

③ 三级耐火等级建筑：屋顶承重构件为难燃性。

④ 四级耐火等级建筑：防火墙为不燃烧性，其余为难燃性和可燃性。

（2）结构耐火极限要求

建筑结构构件的耐火极限定义为：构件受标准升温火灾条件下，失去稳定性、完整性或绝热性所用的时间，一般以小时计。

① 失去稳定性：结构构件在火灾中丧失承载能力，或达到不适宜继续承载的变形。对于梁和板，不适于继续承载的变形定义为最大挠度超过 $l/20$，其中 l 为试件的计算跨度。对于柱，不适于继续承载的变形可定义为柱的轴向压缩变形速度超过 $3h$（min/min），其中 h 为柱的受火高度。

② 失去完整性：分隔构件（楼板、门窗、隔墙等）一面受火时，构件出现穿透裂缝或穿火空隙，使火焰能穿过构件，造成被火面可燃物起火燃烧。

③ 失去绝热性：分隔构件一面受火时，背火面温度达到 220℃，可造成背火面可燃物起火燃烧。

当进行结构设计时，可将构件分为两类，一类为兼做分隔构件的结构构件（如承重墙、楼板），这类构件的耐火极限应由构件失去稳定性、完整性或绝热性的最小时间确定；另一类是纯结构构件（如梁、柱等），这类构件以单纯失去稳定性的时间确定。

（3）影响建筑耐火极限的因素

① 建筑的耐火等级，由于建筑的耐火等级是建筑防火性能的综合评价或要求，因此耐火等级越高，建筑耐火极限要求越高。

② 构件的重要程度，构件越重要，耐火极限要求越高。

③ 材料本身的属性，材料本身的属性是构配件耐火性能主要的内在影响因素，决定其用途和适用性，如果材料本身就不具备防火甚至是可燃烧的材料，就会在热的作用下出现燃烧和烟气，一般情况下材料分为非燃烧体、难燃烧体和燃烧体。

④ 建筑结构特性，构件的受力特性决定其结构特性，不同的结构处理在其他条件相同时，得出的耐火极限是不同的，结构越复杂，高温时结构的温度应力分布越复杂，火灾隐患越大。

11.3.3 高温对建筑结构的材料特性的影响

火灾试验研究我国起步较晚。近 20 年先后有中国科技大学、同济大学、华南理工大学等相继建立了火灾试验室。重点研究耐火材料和各种结构构件的耐火性能以及火灾温度对结构物不断升温的损伤过程。

建筑结构遭遇火灾的初期，由于构件内部温度较低，对材料的性能影响较小，对结构承载力影响不大。但当火灾燃烧时间较长时，构件内部温度也随之升高，此时对材料性能影响较大，除产生较大变形外，并产生内力重新分布，将严重影响结构的承载力。因此，了解高温对建筑结构的材料力学性能影响，对建筑结构的鉴定、修复和加固时非常必要的。

1）普通混凝土

普通混凝土有粗骨料和水泥胶凝体组成。当温度为 400～500℃ 时，抗压强度降低 30%～45%；当温度达到 500～600℃ 时，混凝土表面出现龟裂，抗压强度降低 50%～65%；当温度达到 700℃ 时，抗压强度降低 80% 左右；超过 800℃ 时，加上灭火时的大量浇水，使混凝土中游离的氧化钙形成大量氢氧化钙而发生体积膨胀，混凝土组织破坏。

从受力角度来看，混凝土在受热后的收缩变形而产生的内应力，在火灾升温、降温阶段的温度分布不均匀所产生的温度应力等，都导致了混凝土内部出现细微裂纹，从而降低了混凝土强度。混凝土的含水率、混凝土中水泥用量、试件尺寸、高温后混凝土的冷却情况及恢复时间对火灾后混凝土强度也有一定的影响。

随着温度的升高，混凝土内水泥胶凝体与结晶体脱水，结构松弛、孔隙增多、变形增加，导致混凝土弹性模量下降。混凝土强度对高温后的混凝土弹性模量影响不大；但是骨料品种和粒径影响较大，硅质骨料混凝土弹性模量低于碳酸质骨料混凝土，而当碎石的粒径从 10mm 增大到 20～40mm 时，混凝土弹性模量要下降 30％～40％。

2）高强/高性能混凝土

高强/高性能混凝土具有强度强、变形小、耐久性好等优点，因此应用越来越广泛。不同温度作用下，高强/高性能混凝土的强度变化出现并遵循类似普通混凝土的趋势。最初，当作用温度在 100～300℃时，与常温下相比，其抗压强度损失 15％～20％，随着混凝土强度增加，遭受高温的强度损失也增加；强度初始损失后，高强/高性能混凝土在 300～400℃恢复其强度，超过常温强度值的最大值的 8％～13％，随着混凝土强度的增加，强度恢复也发生在较高的温度下；400℃以上的高温下，其抗压强度迅速下降，600℃时，下降约 50％，800℃时，下降至约为常温强度的 20％～30％。

高温对高强/高性能混凝土的弹性模量影响与普通混凝土极其相似。随加温温度增加，高强/高性能混凝土的弹性模量单调下降。在 100～400℃的温度范围内，弹性模量下降较少；400℃以上，弹性模量下降较快；600℃时降到约为常温的 25％；600～800℃变化极小，当达到 800℃时，弹性模量约为常温的 20％。

3）钢筋

钢筋混凝土结构在火灾温度下，其强度计算主要与钢筋在高温下的力学性能有关。它直接影响着火灾后建筑结构的评定和加固处理。主要包括普通低碳钢筋、低合金钢筋冷加工钢筋等。

（1）普通低碳钢筋

混凝土结构中所采用的普通低碳钢筋，随着温度升高 200℃以后，屈服台阶逐渐减小，到达 300℃以后屈服台阶开始消失；400℃左右时钢筋强度比常温时略有增高，但塑性降低，超过 500℃时钢筋强度降低幅度增大，大约降低 50％左右，到达 600℃时要降低 70％以上。

（2）普通低合金钢筋

当温度在 200～300℃时，低合金钢筋的强度分别为常温下的 1.2 倍和 1.5 倍，大多数试验结果证明，超过 300℃时，低合金钢的强度随温度增高而降低，由于低合金钢的再结晶温度比碳素钢高，所以强度降低的幅度比普通低碳钢小，到达 700℃以上时，强度要降低 80％左右。

（3）冷加工钢筋

冷加工钢筋在冷加工过程中所提高的强度随着温度的提高而逐渐减小和消失，但冷加工中所减少的塑性可以得到恢复，当温度到 400℃时，强度降低 50％；600℃时，强度降低 80％；700℃以上时，强度基本消失。

4）混凝土和钢筋的粘结性能

粘结性能是保证钢筋与混凝土共同工作的基本条件，对受力构件的裂缝开展与变形发展有决定性的影响。钢筋与混凝土之间的粘结力主要由混凝土硬化后收缩时将钢筋握裹而产生的摩擦力，钢筋表面与水泥胶体的胶结力，混凝土与钢筋接触表面凹凸不平的机械咬合力所组成。在高温加热条件下，由于混凝土和钢筋的膨胀系数不同，前者小而后者大，所以混凝土抗拉强度随着温度升高而显著降低，从而也降低了混凝土与钢筋的胶结力。因此，高温对光面钢筋的影响比螺纹钢筋影响更为严重。在100℃时，光面钢筋与混凝土之间的粘结力要降低25％，在200℃时候降低45％，到达450℃时则粘结力完全消失；而螺纹钢筋与混凝土之间的粘结力在350℃前不下降，在450℃时才降低25％，在700℃时下降约80％。

5）砌体结构

目前，高温对砌体结构的影响研究不是很多，现有的研究结论一般认为：

（1）砂浆受高温作用而冷却后的残余抗压强度随温度增高而降低，根据试验结果，400℃时冷却后的残余强度为常温的80％；800℃冷却后的残余强度为常温的10％。

（2）砖块受高温作用冷却后的残余抗压强度随温度增高而降低，根据试验结果，800℃冷却后的残余强度为常温的54％，弹性模量约为常温的50％。

（3）由砌块和混合砂浆组成的砌体在高温下的抗压强度依砂浆的强度级别不同而呈现不同的变化规律。强度等级低的砂浆（M2.5）砌体在温度低于400℃时抗压强度有所增长（约增长34％）；超过400℃时，强度基本不变。而高温冷却后的残余抗压强度在未达到600℃时变化不大；超过600℃时急剧下降；800℃时的残余强度为常温的56％，残余弹性模量为常温的36％。对于强度等级高的砂浆（M10）砌体抗压强度，不论在高温中还是高温冷却后都随着温度的增高不断下降，而且冷却后的残余抗压强度下降更大，在800℃时仅为常温的35％，残余弹性模量为常温的17％。

6）钢结构

普通钢材的屈服强度和弹性模量随着温度升高而降低，且其屈服台阶变得越来越小。在温度超过300℃以后，已无明显的屈服极限和屈服平台；在180～370℃区间内出现蓝脆现象（钢材表面氧化膜呈现蓝色）；当温度超过400℃时，钢材的屈服强度和弹性模量开始急剧下降；当温度达到650℃时，钢材已基本丧失承载能力。

高强度钢材在各温度均未出现屈服平台；温度低于300℃时，钢材的极限强度略有降低，但降低幅度很小，且未出现蓝脆现象；在300～400℃时，钢材的强度降低幅度逐渐加大，钢材的塑形变形明显增大，但仍有较高的强度；在400～600℃，钢材的强度下降非常大，极限强度约为常温的65％，钢材的塑形变形能力已与普通钢接近；当温度达到700～800℃后，钢材的极限强度约为常温的10％，与普通钢材的特点基本相同，但是强度绝对值仍然十分大。

11.3.4 火灾后结构物现场调查和火灾温度的确定方法

火灾发生后，可通过火灾后残留物确定过火面积和火灾温度。因为火灾温度是确定结构物烧伤程度和结构修复加固处理的重要设计依据。火灾温度的确定往往都是在火灾后通过可燃物种类和数量、通风条件等计算火灾燃烧的持续时间，推算火灾温度，或者根据火灾后现场残留物烧损情况来判断的。

1）以火灾燃烧时间推算火灾温度

（1）升温曲线与等效爆火时间

最早人们通过火灾试验来确定构件的耐火等级与抗火性能。为了能够对试验所测得的构件抗火性能相互比较，试验必须在相同的升温条件下进行，许多国家和组织都制定了标准的室内火灾升温曲线，供抗火试验和抗火设计使用。国际标化组织和欧洲等国家的标注火灾升温曲线按式（11-11）计算：

$$T-T_0=345\lg(8t+1) \tag{11-10}$$

式中：T——在时间 t 的炉温（℃）；

T_0——加热前炉内温度（℃）；

t——时间（min）。

采用升温曲线可以给抗火设计带来很大方便，但标准升温曲线有时与真实火灾下的升温曲线相距甚远，为更好地反映真实火灾对构件的破坏程度，而又保持标准升温曲线的实用性，于是提出了等效爆火时间的概念，通过等效爆火时间将真实火灾与标准火灾联系起来，目前广义上采用的等效爆火时间定义为结构构件在某一真实火灾下达到一定温度时（对应某一破坏状态）所对应的标准加热曲线上的时间。

对于钢结构来说，由于其导热性能良好，高温下构件的内部温度比较均匀，因而其等效原则是比较明确的。一般有两种等效原则：一是钢材温度等效，即将标准加热条件下钢结构达到真实火灾中最高温度所需的加热时间；二是令实际火灾温度曲线与标准升温曲线在允许钢材温度（400～500℃）以上部分所包围的面积相等。

对于钢筋混凝土结构，从结构抗火或火灾危险性角度分析，可以采用两种加热条件下钢筋处的温度相等的时间来定义等效爆火时间。但是，由于混凝土的损伤与其经历过的最高温度有关且高温冷却后的钢筋力学性能与高温中相比变化较小，因此，一般从结构内部各点经历的最高温度分布进行等效，一般考虑热荷等效或损伤等效。

（2）火灾荷载

火灾荷载就是受火区域单位建筑面积上折算成木材发热量的可燃物重量。即

$$q=\frac{\sum(G_iH_i)}{H_0A}=\frac{\sum Q_i}{450A} \tag{11-11}$$

式中：q——火灾荷载（kg/m²）；

G_i——可燃物重量（kg）；

H_i——可燃物单位发热量（kcal/kg）；

H_0——木材单位发热量，取为 450kcal/kg；

A——火灾区域建筑面积（m²）；

$\sum Q_i$——火灾区域可燃物的全部发热量（kcal/kg）。

火灾荷载的大小同可燃物的种类和重量有关，可燃物包括建筑物的装修或结构材料和室内的家具、衣服、书籍、原材料等，一般情况下单位发热量都在 5000kcal/kg 左右。但是，有些临时性的可燃物如油类、化学物品不好计算。因此有些国家提出了按照用途计算可燃物重量，如办公室为 150～300N/m²，住宅为 350～600N/m²，教室为 300～450N/m²，仓库为 2000～10000N/m²，医院为 150～300N/m²。

（3）火灾燃烧的持续时间

火灾燃烧往往都是从一处窜到另一处，向四周蔓延。因此，火灾燃烧持续时间是由火灾形成到火灾衰减熄灭总的火灾持续时间，是火灾蔓延路线所经历的各燃烧区域时间之总和。根据相关研究，根据可燃物的重量和通风条件，提出了计算火灾燃烧的经验公式，通过计算得到火灾燃烧持续时间，进而根据标准升温曲线查出火灾温度。

$$t=\frac{qA}{KA_0\sqrt{H}} \tag{11-12}$$

式中：K——系数，可取为 $5.5 \sim 6.0 \text{kg/(min} \cdot \text{m}^3)$；

$\quad A_0$——门窗开口面积（m^2）；

$\quad H$——门窗洞口的高度（m）；

$\quad A$——火灾区域建筑面积（m^2）；

$\quad q$——火灾荷载（kg/m^2）。

2）以火灾现场残留物判断火灾温度

各种金属和非金属材料都有各自的燃点温度和熔点温度。可以通过火灾现场残留的金属和非金属材料燃烧、熔化、变形情况和烧损程度来估算火灾温度。相关状态判别可查阅《火灾后建筑结构鉴定标准》。同时在判断温度时也需要注意以下几个问题：

① 火灾温度大约以 $60°$ 的角度向上分布，所以地面（楼面）温度最低，楼板底（梁底）和门窗洞口上方过梁处温度最高，应注意残留物的原始位置，不应因其掉落而错判温度。

② 由已烧损残留物可知火灾的最低温度，即可确定火灾温度的下限，但从未燃烧物或未烧损和变形的残留物也可确定火灾最高温度的上限。

11.3.5　火灾后对结构物的检测方法

1）传统方法

（1）混凝土

传统的检测混凝土性能的方法是用凿子、取芯机和风钻将变成粉红色的或有缺陷的混凝土面层移掉，来对火灾后的混凝土进行评定。在对新老混凝土进行评定时，应注意混凝土碳化也能使混凝土变色。碳化深度可以通过新鲜酚酞溶液试剂来检测，如果混凝土变色深度超过了滴酚酞后的变化深度，则可以判定是由火造成的；如变色深度不超过酚酞变色深度，则说明是碳化造成的。粉红色区域的边界也是温度达到 $300℃$ 时的边界线，下面是几种常见方法：

① 观察法：受火灾后的钢筋混凝土表面都会产生龟裂，都有可能产生贯通和不贯通的垂直裂缝、纵向裂缝和斜裂缝，甚至发生爆裂，对各种裂缝位置、长度、宽度等均需要记录；除此之外，还应记录露筋现象、混凝土的颜色变化情况，均可用于确定火灾温度等。一般情况下，混凝土表面有黑烟，温度小于 $300℃$；混凝土表面呈粉红色，温度 $300 \sim 600℃$ 之间；混凝土表面呈白色，温度在 $600 \sim 900℃$ 之间；混凝土呈淡黄色，温度大于 $950℃$。

② 锤击法：通过敲击损伤后的混凝土，判断声音的变化，或沉闷或空响来判定损伤的程度，但是这种方法过度依靠经验，结果只能用于参考。

③ 取芯试验：现场检测混凝土强度的直接方法是从结构中取芯，然后进行试验。但从所取的芯样中很难了解强度沿着芯样长度方向的变化情况，因为面层很可能已经被火灾损伤，因此主要用于检测重要构件的内部混凝土质量。各国的取芯试验方法不尽相同，我国以直径和高均为 100mm 的试件为标准试件。

④ 回弹仪法：回弹法主要通过测定混凝土的表面硬度来确定混凝土的强度，基本原理是采用一个具有标准质量的撞击锤，沿一导体杆滑动，当撞击杆顶压在混凝土表面时，撞击杆缩进回弹仪圆筒内，带动了撞击锤的控制弹簧，弹簧达到完全被拉伸的状态时，即自动释放，此时撞击锤的作用通过撞击杆来撞击混凝土表面；当撞击锤被弹回后，即带动一个滑标沿着槽孔上的标尺滑动，按压锁钮，即可把滑标固定在标尺上，从而显示出回弹值。

⑤ 超声波试验：超声波在遇到不同情况时，将产生反射、折射、绕射、衰减等现象，相应的超声波传递时振幅、波形、频率将发生变化。通过超声波速度与混凝土强度关系经验曲线，可以很好地判定混凝土的损伤情况。

⑥ 射钉法：射钉法是将一枚钢钉射入到混凝土表面，然后测量钢钉射入的长度，确定混凝土的强度。该方法方便快捷且离散性小，适用范围广。

⑦ 拔出法：拔出法是把一根螺栓或相类似的装置埋入混凝土试件中，然后从表面拔出，测定其拔出力的大小来评定混凝土的强度，一般分为预埋拔出法和后装拔出法。对火灾后的建筑主要采取后者。

⑧ 热光试验：热光试验主要用于探测受损后的混凝土，是通过检测从混凝土钻取的砂子的残余受热发光量来实现。在相同温度下，试件受热发光量下降越多，则构件混凝土强度下降越多。

⑨ 碳化试验：碳化深度可通过将新鲜酚酞溶液洒在混凝土上看其是否变化，从而确定碳化深度。

⑩ 化学分析：化学分析主要是检测硬化水泥浆体中是否残留结合水或混凝土中是否残留氯化物。通过测定混凝土粉末的残留结合水的含量，判断强度损失。

其他方法如物理分析法、X射线分析法、压汞孔隙仪试验、膨胀试验、重量变化和热反应等。

（2）钢结构

① 根据不同位置钢结构表面油漆的烧损情况，确定不同部位的火灾温度。

② 确定钢的品种和火灾时的温度，通过测定损失构件中钢筋试验的屈服强度、拉伸率和极限抗拉强度进行测试，确定试件损失程度。

③ 通过仪器测量整体或组成杆件的变形，确定结构的损失程度。

（3）砌体结构

① 砖块烧损：在火灾温度下，砌体的砖块表面会起壳，当燃烧温度大于800℃时，砖块强度将大幅度下降，质地疏松，约为原强度的一半左右。

② 灰缝砂浆：在火灾温度下，砂浆的表层会碳化，质地疏松，手能捏成粉末状，当温度大于800℃以上时，砂浆的强度下降到只有原强度的10%左右。

2）新方法

现代建筑物结构越来越复杂，层数越来越高，装饰越来越多样化，发生火灾时火场温度更高、持续时间更长，加上消防灭急剧降温产生的裂缝和爆裂，一般产生的损伤都比较严重。为了更加准确、合理、科学地判断损伤情况，许多新技术应运而生，这里作个简单介绍：

（1）红外成像技术

自然界中的物体都不断地向外辐射红外能，其数量与该物体的温度密切相关。而混凝土材料在高温下将发生一系列物理化学变化，导致其传热属性发生变化，通过建立热像平均温升与混凝土受火温度及强度损伤的检测模型，可精确得到混凝土受灾温度和残余强度。

（2）电化学诊断技术

钢筋混凝土结构经过高温灼烧，水泥水化产物会脱水分解，导致混凝土中心化。当中心化深度超过保护层厚度，钢筋将失去碱性环境的保护，锈蚀速度加快。出现混凝土表面电势降低、钢筋锈蚀电流密度增大以及混凝土电阻减小等现象，通过钢筋混凝土表面电势变化，可判断混凝土保护层受损情况。

此外，还可通过在反射光偏振显微镜检测火灾后混凝土样品的色调、色饱和度和亮度；通过测定火灾后混凝土磁通量的变化；通过测定火灾后混凝土中石英的热发光量等方法测定结构的损伤程度。随着科技水平的提高，火灾后建筑物的检测技术向着快捷、自动化、无损、非接触等方向不断进步。

3）火灾后建筑结构烧损程度的分类

火灾后通过对结构的现场外观检查、结构混凝土强度和结构变形实测、砌体材料取样试验等，根据火灾现场确定的火灾温度和高温冷却后对结构材料的力学性能影响等诸多因素，对火灾烧伤程度通常分为四类：

（1）一类：严重破坏

混凝土表面温度 800℃以上，受力钢筋温度超过 400℃，露筋面积大于 40％，残余挠度超过规范允许值，钢筋和混凝土之间粘结力严重破坏，结构承载力受到严重损伤。对此严重破坏的结构，一般应予以拆除。

（2）二类：严重损伤

混凝土表面 700℃以上，受力钢筋温度低于 350℃，露筋面积小于 40％，局部龟裂、爆裂严重，钢筋和混凝土之间粘结力局部破坏严重，结构承载力受到严重损伤。对此严重破坏的结构，应根据高温下结构强度计算，按等强度加固原则予以加固处理。

（3）三类：中度损伤

混凝土表面温度在 700℃左右，受力钢筋温度低于 300℃，露筋面积小于 25％，裂缝较宽，并有部分裂缝贯通，局部龟裂严重，混凝土与钢筋之间的粘结力损伤较轻，结构承载力损伤较小，此类损伤的结构除对表面裂缝处理外，对损伤严重部位采取局部补强加固措施处理。

（4）四类：轻度损伤

混凝土表面温度低于 700℃，混凝土表面有少量裂纹和龟裂，钢筋保护层基本完好，不露筋、不起鼓脱落，对结构承载力影响小。此类轻度损伤的结构只需对其结构表面粉刷层或表面污物清除干净，采取重新粉刷或涂油漆等措施处理。

11.4　风洞试验

11.4.1　风洞试验概述

风荷载是建筑结构设计中需要处理的重要可变荷载，尤其是对于超高层建筑和大跨空间结构等风敏感建筑结构以及沿海台风区，风荷载往往具有控制作用，直接影响结构安全和造价。风洞模拟试验时风工程研究的主要方法之一，也是确定特殊建筑工程风荷载、优化结构抗风性能的重要手段。早在 19 世纪末，人们就已开始尝试利用建筑的缩尺模型来研究建筑结构在风作用下的受力情况。目前，城市中越来越多的超高层和大跨建筑需要进行风洞试验研究，这些建筑结构外形独特、结构形式复杂、干扰显著，风荷载和风致响应突出。一方面，为确定这些结构的风荷载取值需要进行风洞试验；另一方面，国家倡导的绿色建筑及宜居城市建设，对风环境的要求也在不断提升。建筑结构风洞试验对建筑工程的安全性和经济性有重要的影响，建筑结构的风洞试验大致可分为三类：

（1）建筑物及特殊地形周边的风特性：由于很多建筑物建造在山间、山顶或丘陵地区，因此特殊地形下的建筑结构风特性研究越来越受到人们的关注；

（2）作用于建筑物外表面及内表面的风荷载/建筑整体或其中一部分所受的风荷载：对于大型建筑物或易产生振动的建筑物，必须正确把握风荷载随时间、空间的变化特性及其对建筑物的影响，以及建筑物的动力特性等。此外，对于达到一定规模的大型建筑，不仅要考虑主体结构方面的问题，对于像窗户玻璃这样的围护结构，也要了解其风压特性。

（3）建筑物的风致振动。通过结构模型试验，获取结构断面的气动力系数、颤振导数、气动导纳函数等参数。

11.4.2 风洞试验的理论基础

1）缩尺模型试验和相似准则

进行风洞建筑试验时，由于风洞空间和试验成本的限制，一般采用缩尺模型来代替实际建筑结构；同样的，需要输入与实际风性状相同的风，作用于模型上的风荷载是否与实际情况相同。关于风洞缩尺模型实验的相似准则，在实物与模型之间采用相同的无量纲化的参数是非常重要的。两种物理现象相似，则意味着反映该物理现象的物理方程和单值条件相似，即对应空间和时间点上由特征物理量组合成的无量纲参数相同。单值条件指将满足同一物理方程的各种物理现象单一区分开来必备的基本条件，一般包括：

（1）物理条件：物体的状态和性质，如密度 ρ、黏性系数 μ 等；

（2）几何条件：物体的几何尺寸或空间范围；

（3）边界条件：物体同周围介质相互作用的条件；

（4）时间条件：非定常现象某一时刻的物理参数或定常现象时刻保持的物理参数。

以建筑风振问题为例，为简化表示，将建筑振动方程表示为单质点系运动方程式：

$$m\frac{\mathrm{d}^2 x}{\mathrm{d}t^2} + c\frac{\mathrm{d}x}{\mathrm{d}t} + kx = C_\mathrm{F}\frac{1}{2}\rho V^2 BH \tag{11-13}$$

式中：m——建筑物的质量；

$\quad c$——阻尼比；

$\quad k$——刚度；

$\quad \rho$——空气密度；

$\quad V$——风速；

$\quad B$——建筑物迎风宽度；

$\quad H$——建筑物高度；

$\quad C_\mathrm{F}$——风力系数，主要由建筑物的几何形状 D/B、H/B 等来确定，其中 D 为建筑物的厚度。

根据第 4 章相似理论的相关知识，将式（11-13）左右都除以 m 得到式（11-14）

$$\frac{\mathrm{d}^2 x}{\mathrm{d}t^2} + 4\pi\eta n_0\frac{\mathrm{d}x}{\mathrm{d}t} + 4\pi^2 n_0^2 x = C_\mathrm{F}\frac{1}{2}\rho V^2\frac{BH}{m} \tag{11-14}$$

式中：η——阻尼比；

$\quad n_0$——固有频率。

将式（11-14）转换成带有无量纲物理量的振动方程式，但式中变量 x 和 t 并未无量

纲化，于是令

$$x = x^* B \tag{11-15}$$

$$t = x^* \frac{B}{V} \tag{11-16}$$

则 x^*，t^* 为 x，t 的无量纲变量。将式（11-15）和式（11-16）代入式（11-14）整理得到

$$\frac{\mathrm{d}^2 x^*}{\mathrm{d} t^{*2}} + 4\pi\eta \left(\frac{n_0 B}{V} \right) \frac{\mathrm{d} x^*}{\mathrm{d} t^*} + 4\pi^2 \left(\frac{n_0 B}{V} \right)^2 x^* = C_F \left(\frac{\rho B^2 H}{2m} \right) \tag{11-17}$$

式中：$n_0 B/V$——无量纲频率；

$\rho B^2 H / 2m$——质量比。

求解可得

$$\frac{x}{B} = f\left(\frac{tV}{B}, \ \eta, \ \frac{n_0 B}{V}, \ \frac{\rho B^2 H}{2m}, \ \frac{D}{B}, \ \frac{H}{B} \right) \tag{11-18}$$

2）π 定理

我们所知的物理量可以分为基本物理量与导出物理量，基本物理量指可通过物理定律导出的彼此独立的物理量，而导出物理量可由基本物理量通过推导得到。量纲是由基本物理量的幂的乘积表示的数字系数为 1 的量的表达式，它表达了导出物理量和基本物理量间的关系。

对于物理现象没有明确的控制方程时，可列出与物理现象有关的物理量，在对其无量纲化。对于一般力学问题，常用的基本物理量有三个：长度、质量、时间，所以一般将四个物理量进行适当组合就可以得到一个无量纲量。例如将结构的质量 m、刚度 k、尺度 B 和风速 U 组合，可得：

$$\pi = m^{\alpha_1} k^{\alpha_2} U^{\alpha_3} B^{\alpha_4} \tag{11-19}$$

将各物理量量纲代入，得量纲关系式：

$$[\pi] = [M]^{\alpha_1 + \alpha_2} [T]^{-2\alpha_2 - \alpha_3} [L]^{\alpha_3 + \alpha_4} \tag{11-20}$$

由于 π 被规定为无量纲参数，所以可得方程组：

$$\begin{cases} \alpha_1 + \alpha_2 = 0 \\ -2\alpha_2 - \alpha_3 = 0 \\ \alpha_3 + \alpha_4 = 0 \end{cases} \tag{11-21}$$

取该方程组的一个特解，即可获得无量纲参数 π，这种无量纲化方法也称为 π 定理。

11.4.3 基本试验参数的确定

1）模型缩尺比的确定

模型缩尺比主要考虑风洞阻塞度和壁面效应的影响。当模型顺风向投影尺寸和风洞试验段截面尺寸相比不可忽略时，即风洞截面被模型阻塞，模型周围风速将比实际情况偏大，导致测得的作用于模型上的风荷载偏大，这种现象称为阻塞效应。为避免阻塞效应，风洞试验一般要求风洞阻塞度小于 5%，即模型顺风向投影面积与风洞试验段截面积之比小于 5%。在满足风洞阻塞要求的同时，模型尺寸也不宜过小，以方便制作和传感器的安装。除此之外，模型与风洞试验段洞壁的距离也不应过小，否则模型周围的流动会受到壁面的影响，即产生壁面效应。

原则上，风洞试验模型的缩尺比应由自然风的湍流积分尺度和风洞中模拟出的湍流积分尺度之比决定，即令模型的特征尺度与实际结构特征尺度之比和风洞中模拟出的湍流积分尺度与自然风的湍流积分尺度之比相等。

$$H_{model}/H_{full}=L_{x,model}/L_{x,full} \tag{11-22}$$

作为自然风在顺风向的湍流积分尺度，地上 100m 处约为 180m，而在大气边界层风洞内生成的湍流积分尺度约为 30~60cm，因此，模型的缩尺比约为 1/300~1/600。当采用格栅等设备生成湍流时，湍流积分尺度约为 5~10cm，由于数值较小，当用式（11-22）确定模型缩尺比时，只有 1/2000~1/4000，这对测量造成了很大的困难。此外，对于住宅等小型建筑物，若也按式（11-22）来确定模型缩尺比，模型就会过小。此时可以放弃满足式（11-22）的要求，利用其他方式考虑湍流积分尺度的影响。

2）试验风速的确定

试验风速的确定与试验类型有关。对于测压试验，仅需要考虑压力传感器的灵敏度和精度即可。当压力传感器最小压力分辨率为 p，待测风压系数分辨率为 C_p，应有：

$$p \leqslant \frac{1}{2} C_p \rho U^2 \tag{11-23}$$

可以得到：

$$U \geqslant \sqrt{2p/\rho C_p} \tag{11-24}$$

对于测振试验，当结构的重力作用可以忽略时，可以由斯托拉哈数（S_t）确定：

$$S_t = \left(\frac{f_{model} B_{model}}{U_{model}} \right) = \left(\frac{f_{full} B_{full}}{U_{full}} \right) \tag{11-25}$$

$$U_{model} = U_{full} \frac{B_{model}}{B_{full}} \frac{f_{model}}{f_{full}} \tag{11-26}$$

当结构的重力作用不可以忽略时，可以由弗劳德数（F_r）确定：

$$F_r = \left(\frac{g B_{model}}{U_{model}^2} \right) = \left(\frac{g B_{full}}{U_{full}^2} \right) \tag{11-27}$$

$$U_{model} = U_{full} \sqrt{\frac{B_{model}}{B_{full}}} \tag{11-28}$$

另外，还可以根据弹性条件，即柯西数（C_a）确定：

$$C_a = \left(\frac{E_{model}}{\rho_{model} U_{model}^2} \right) = \left(\frac{E_{full}}{\rho_{full} U_{full}^2} \right) \tag{11-29}$$

$$U_{model} = U_{full} \sqrt{\frac{E_{model}}{E_{full}}} \tag{11-30}$$

3）自然风的模拟

开展建筑结构风洞试验的大气边界层风洞最重要的特征就是能够模拟大气边界层的流动特性。靠近地面、受地面摩擦阻力影响明显的大气层底部为大气边界层。大气边界层高度随气象条件、地形地貌、地面粗糙度等因素变化，一般约为 1000~2000m。

通常，大气边界层中风速的变化被视为平稳随机过程，这就可以将风速分解为长周期的平均风和短周期的脉动风分别进行讨论。

大气边界层中的平均风速由于受到地面摩擦的影响，沿高度按一定规律变化，其函数图像一般称为平均风速剖面，可以用对数律或者指数律进行描述。这里介绍常用的指数律，可以表示为：

$$U(z) = U_r \left(\frac{z}{z_r} \right)^\alpha \tag{11-31}$$

式中：$U(z)$——大气边界层中平均风速关于高度 z 的函数；

      z——高度（m）；

      U_r——大气边界层中参考高度 z_r 处的平均风速（m/s）；

      z_r——参考高度（m）；

      α——平均风速幂指数，如表 11-1 所示。

平均风速幂指数及地上 30m 处的湍流强度   表 11-1

	I 海上	II 乡间田园	III 低矮住宅区	IV 中高层建筑密集区	V 高层建筑密集区
平均风速幂指数	0.10	0.15	0.20	0.27	0.35
地上 30m 处湍流强度	0.14	0.16	0.20	0.25	0.34

    大气边界层中的脉动风变化，一般可以被视作各态历经的平稳随机过程，概率密度接近于正态分布。所以，我们通常采用一些统计特性来描述脉动风的特征。湍流强度是对脉动风总能量的度量，通常无量纲化为该方向脉动风速标准差与平均风速之比。以 x 方向为例，湍流强度表达为：

$$I_x = \frac{\sigma_x}{U} \tag{11-32}$$

式中：σ_x——x 方向脉动风速标准差；

      U——平均风速。

    大气边界层的湍流强度与地面粗糙度有关，且随高度增加而减小。

    湍流积分尺度（Turbulence Integral Scale）是对涡旋平均尺度的度量。观测结果表明，大气边界层中的湍流积分尺度与地面粗糙度负相关，与高度正相关。湍流积分尺度一般表达为：

$$L_x = U \int_0^\infty \rho_{xx}(\tau) \mathrm{d}\tau \tag{11-33}$$

式中：$\rho_{xx}(\tau)$——x 方向脉动风速的自相关系数。

    风洞试验中还需要满足功率谱密度的相似性，脉动风功率谱反映了脉动风能量随频率的变化情况。我国规范目前主要基于 Davenport 谱考虑，Davenport 谱一般表达为：

$$\frac{f S_u(f)}{u_*^2} = \frac{4\overline{f}^2}{(1+\overline{f}^2)^{4/3}} \tag{11-34}$$

$$\overline{f} = fL/U_{10} \tag{11-35}$$

式中：$S_u(f)$——脉动风功率谱函数；

      f——脉动风频率；

      u_*——摩擦速度；

      U_{10}——10m 高度处平均风速。

    除此之外，模拟自然风还需考虑大气边界层高度。在充分远离地面的高度处，可以忽略地面粗糙度的影响，此时风速不再随着高度变化，即计算得到的气压结果都相等，这一高度称为边界层高度。对此高度的实测数据少，无法得到确切的数值，普遍认为在 500～1000m 范围内都有可能。除了超高层建筑以外，大部分建筑物的高度与边界层高度相比非常小。因此，在风洞试验中要使建筑模型完全处在湍流边界层内是非常重要的。

4）相邻建筑物及地形的影响

一个区域内风的特性受周边状况的影响很大，例如，拟建建筑物周围有大型建筑时，对拟建建筑的受风可能起遮蔽作用，也可能有放大作用。为此，风洞试验时也需将周围建筑物包含在内，通常认为，模拟周边建筑物的距离需达到周边建筑物高度的 10 倍。对于采用 1/1000～1/5000 的大缩尺地形比例模型，通常比较模型的风速与气象部门测得的风速，可推测拟建场所的风速。

5）雷诺数

雷诺数是流体的惯性力与黏性力的比值，是表征建筑物周围绕流特性相似的无量纲参数。由于建筑结构风洞试验通常是在与自然风具有相同的温度和气压的空气中进行的，因此自然风与风洞的动黏性系数基本相同。但是，由于在试验中使用的是几百分之一的缩尺模型，根据雷诺数的定义，要获得与实物一致的雷诺数，试验风速必须是自然风速的几百倍，这是不可能的，因此满足雷诺数一致也是不可能的。由于建筑结构的典型断面多为长方形，其绕流特性在很广的雷诺数范围内都不会有大的变化，因此，得到的结果差别不大。

6）气弹振动试验中的相似参数

建筑物的风致振动，特别是有可能发生涡激振动和驰振等气弹失稳振动时，应采用弹性模型进行气弹振动试验。此时，不仅要满足建筑物的几何形状、来流风特征的相似条件，建筑物自身的振动特性也必须与实物相似。弗劳德数（F_r）表征流体惯性力与结构重力之比，当结构重力对结构风致振动特性影响较大，需要考虑弗劳德数相似条件。

$$F_r = \frac{U^2}{gB} \tag{11-36}$$

式中：U——流速；

$\quad\quad B$——流动的特征尺度；

$\quad\quad g$——当地重力加速度。

11.4.4 风洞的基本类型

根据风洞试验段所能达到的风速上限，风洞设备可以分为极低速风洞（$U<3m/s$）、低速风洞（$U<0.4Ma$）、亚音速风洞（$U<0.8Ma$）、跨音速风洞（$U<1.4Ma$）、超音速风洞（$U<5Ma$）以及高超音速风洞（$U<10Ma$）。极低速风洞一般用于大气环境领域的风洞试验；低速风洞可以用于低速飞行器、车辆、建筑、桥梁等领域的风洞试验；亚音速风洞一般用于汽车和飞行器的风洞试验；跨音速、超音速和高超音速风洞通常用于高速飞行器的风洞试验。

根据风洞的工作方式，风洞设备可以分为直流式和回流式风洞，如图 11-11 所示。

直流式闭口实验段低速风洞是典型的低速风洞。在这种风洞中，风扇向右端鼓风而使空气从左端外界进入风洞的稳定段。稳定段的蜂窝器和阻尼网使气流得到梳理与和匀，然后由收缩段使气流得到加速而在实验段中形成流动方向一致、速度均匀的稳定气流。这种风洞的气流速度是靠风扇的转速来控制的，风洞内空气与大气直接连通，直流式风洞适用于扩散试验（如风雨联合试验），但是其流场易受外部大气干扰，运转能耗高，且噪声污染较严重。

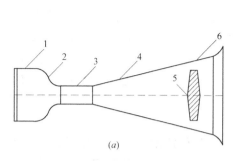 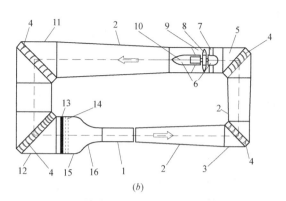

(a)   (b)

1—稳定段；2—收缩段；3—实验段；　　　1—实验段；2—扩压段；3—第一拐角；4—导流片；
4—扩散段；5—风扇；6—动力段　　　　　5—第二拐角；6—整流罩；7—导向片；8—风扇；
　　　　　　　　　　　　　　　　　　　　　9—止旋片；10—电动机；11—第三拐角；12—第四拐角；
　　　　　　　　　　　　　　　　　　　　　13—整流器；14—整流网；15—稳定段；16—收缩段

图 11-11　典型风洞设备

(a) 直流式风洞示意图；(b) 回流式风洞示意图

回流式风洞实际上是将直流式风洞首尾相接，形成封闭回路。气流在风洞中循环回流，既节省能量又不受外界的干扰，运转能耗较低，噪声污染相对较小，但长时间运行需要冷却装置对气流降温，且不适合于扩散试验。

另外，风洞设备也可以按产生的流场特征分为常温风洞、增压风洞、低温风洞、低紊流风洞和大气边界层风洞等。

11.4.5　大气边界层风洞的构造与特点

大气边界层风洞是专门为开展建筑工程抗风研究建造的风洞，属于常规的低速风洞，它和其他类型风洞的最大区别在于有比较长的试验段和边界层发生装置。大气边界层风洞的构成与其他风洞基本一致，由稳定段、收缩段、试验段、扩压段和动力段构成。稳定段设置在收缩段之前，主要功能是利用一段管道和整流设备使气流进入均匀稳定的流动状态。收缩段设置在试验段前，利用一段收缩的管道使气流流速增加，从而提高试验段气流的均匀性，降低紊流度。试验段主要用于试验模型和测量设备的布设，是开展风洞试验的场地。扩压段通过扩张的管道使气流的动能转换为压力能，减少风洞的动力损失。动力段用于安装风扇，为风洞中的空气流动提供动力。

大气边界层风洞最重要的功能是在试验段产生模拟大气边界层中空气流动的气流，保证试验段气流具有与大气边界层空气流动相似的风速剖面、湍流强度、湍流积分尺度和风速功率谱等流动特性。这就要求大气边界层风洞的试验段具有足够的长度，以便布置尖劈和粗糙元等模拟地表粗糙度的设备，或者布置特殊的地形地貌模型，使得近地边界层的气流特性得以充分发展。一般大气边界层风洞的试验段长度取为试验段当量直径的 8～10倍。大多数情况下，若仅在风洞地面铺设粗糙元，大气边界层发展不够充分，很难得到与自然风对应的足够厚的大气边界层流。即便使用 20m 长的大气边界层辅助发展段，仅由粗糙元自然扩展而成的边界层厚度也只有几十厘米，并不充分。为此，为了在短辅助风路情况下也能模拟出足够厚度的边界层气流，常常在入风口附近设置如下辅助装置：

1）促进边界层从层流到湍流状态转变的装置，如挡板等；

2）随边界层内风速分布，制造相应的速度衰减装置，如尖劈等；

3）促进边界层发展的装置，如旋涡发生装置等。

11.4.6 风荷载试验方法

根据风洞试验测量内容，桥梁风洞试验可以分为测压试验、测力试验和测振试验。在同一次风洞实验中，测压、测力和测振设备可以相互配合，甚至可以同时进行测量。

1）测压试验

测压试验是通过测压计测得作用于模型上风压力的试验。这种试验多用于获得围护结构上的风荷载，可以用于测量得到主体结构上的风荷载，有时也用于建筑的风致响应分析其居住性能。作用于围护结构上的风荷载是由外表面所受压力与内压之差得到。作用于建筑物整体或局部的风荷载可以通过对建筑物表面上作用的风压力进行积分求得。此外，当建筑物受风致振动产生的附加气动力影响很小时，建筑物的响应可以用测压试验得到的脉动风荷载直接计算得到。一般的测压试验模型由聚烯板及黄铜板制作成的刚性模型，建筑物风压测量简图如图 11-12 所示，作用于建筑物模型上的风压力是由表面的测压孔经测压管到达测压计获得，测量得到的数值与参考静压之差即为风压值。

2）测力试验

测力试验是为测得作用在建筑物整体或其中一部分上的风荷载进行的试验，例如在确定高层建筑物主体结构的设计风荷载时可进行测力试验。测力试验是将建筑物的模型固定在测量仪上，测得作用于被固定模型整体上的风荷载（阻力、升力、倾覆弯矩等），也可以通过测压试验得到的风压，积分得到作用于建筑物整体或其中一部分上的风荷载。为了正确测得仅由风产生的风荷载，试验模型采用不会产生振动的刚性模型。由测得的风荷载可以进行荷载的设定或将其当作外力施加在建筑物模型上进行响应分析。测力试验一般通过风力天平测量得到，试验装置如图 11-13 所示。

3）测振试验

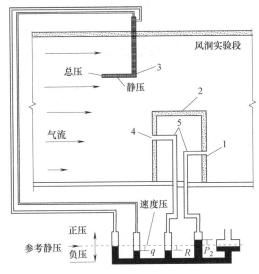

图 11-12　风压测量简图
1—背风侧测压孔；2—风压模型；
3—皮托静压管；4—迎风侧测压孔；5—测压管道

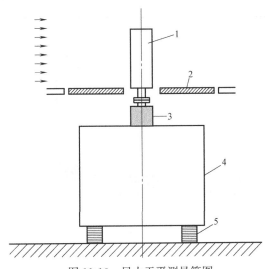

图 11-13　风力天平测量简图
1—刚性模型；2—转盘；
3—天平；4—支架；5—隔震块

233

气弹振动试验是将建筑物的振动特性进行模型化并采用弹性模型在风洞内重现建筑物在风作用下的动力行为。该试验是以动力响应及风荷载评估为目的而进行的。由此，可以掌握平移振动及扭转振动的耦合作用及试验模型上各自由度间的耦合作用等，同时还可以获得模型振动而产生的附加气动力与外力共同作用下的响应。气弹振动试验主要以高层建筑、大跨结构为对象，为模拟目标建筑物的振动特性，在满足几何相似的基础上还必须满足振动特性的缩尺比。图 11-14 示出几种常见的气弹振动试验模型，表 11-2 给出气弹振动试验对应的主要目标建筑物。

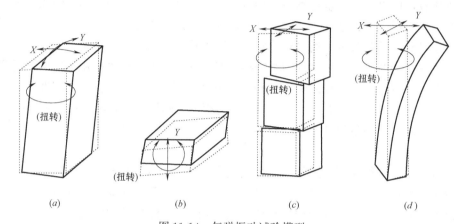

图 11-14　气弹振动试验模型

(a) 锁定模型；(b) 二维模型；(c) 多质点模型；(d) 全弹性模型

气弹振动试验方法及其主要的目标建筑物　　　　　　　　　　　　　表 11-2

试验方法	主要的目标建筑物
锁定振动试验	高层建筑
多质点振动试验	高层建筑（振型形状复杂的场合）
全弹性振动试验	大跨结构、塔状结构
联合振动试验	高层建筑

11.4.7　风洞试验的主要仪器设备

1）风速测量仪器

风洞试验中用于风速测量的仪器包括：基于机械方法的机械式风速仪、基于散热率法的热线（热膜）风速仪、基于动力测压法的皮托管、基于光学手段的激光多普勒测速仪和粒子成像测速仪等。风洞试验的常用设备有：皮托管和热线风速仪。

（1）皮托管

常见的皮托管如图 11-15 所示，为一双层套管。内管在前端开口，开口方向迎着来流，通过管道末端的压力传感器可以测量来流总压；外管在侧面开口，开口方

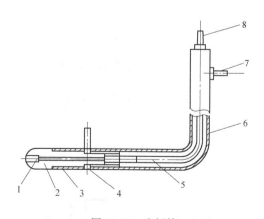

图 11-15　皮托管

1—全压测孔；2—感测头；3—外管；4—静压测孔；
5—内管；6—管柱；7—静压引出接管；8—全压引出接管

向垂直于来流，通过管道末端的压力传感器可以测量来流静压。皮托管的测量原理是基于

伯努利方程。皮托管附近的气流可以近似视为一维理想流体定常流动，满足伯努利方程应用条件。

（2）热线风速仪

被电流加热的金属丝散热率与流体的流速存在一定的关系，金属丝的电阻变化可以反映出流速的变化。热线风速仪应用此原理，通过热线探头输出的电信号测量流速。典型热线探头如图 11-16 所示。热线风速仪有恒流式和恒温式两种工作模式，恒流式保持通过热线的电流不变，流速改变造成的温度变化反应为热线的电阻变化，继而导致电压信号的变化；恒温式保持热线的温度不变，流速改变将造成通过热线的电流改变，继而导致电压信号改变。恒流式热线风速仪电路简单，高风速下灵敏度良好，但测速探头温度经常变化，易导致敏感元件老化，稳定性差；恒温式热线风速仪低风速灵敏度高，测量稳定，但功耗相对较大。目前恒温式热线风速仪应用较为广泛。

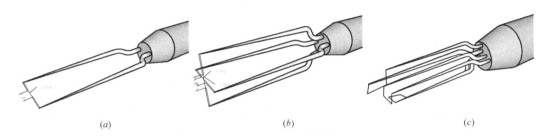

（a）　　　　　　　　　　　　（b）　　　　　　　　　　　　（c）

图 11-16　热线测速探头

（a）一维探头；（b）二维探头；（c）三维探头

2）风压测量仪器

风压测量仪器根据原理可分为液柱式、弹性式、电气式、活塞式测量仪器。这里主要介绍风洞试验中常用的电气式测量仪器，具体包括：应变式、压阻式、电容式、电感式和压电式。

（1）应变式测压传感器工作原理：风压作用于弹性元件使弹性元件上的电阻应变片发生应变而改变电阻值，令输出的电压信号发生变化从而反映风压的变化。

（2）压阻式测压传感器工作原理：风压作用于压阻元件使其电阻发生变化，进而令输出的电压信号发生变化来反映风压的变化。

（3）电容式测压传感器工作原理：弹性元件上安装一可动电极，与一固定电极形成电容器，风压作用于弹性元件导致可动电极移动，电容器电极间距改变使电容量改变，导致输出电信号改变而反映风压变化。

（4）电感式和压电式测压传感器工作原理也类似于上述三种，都是以输出电信号反映压力变化。

（5）电气式测压传感器突出优点在于：输出电信号与被测风压成比例，可以直接由数据采集系统记录和处理；传感器体积小，适用于风洞试验模型；对压强变化反应快；测量灵敏度高。其缺点主要在于易受温度变化影响，稳定性差，需要经常校准。

除测压仪器以外，风压测量还需要压力扫描阀系统，一般分为机械式和电子式。风洞试验常用的是电子压力扫描阀。电子压力扫描阀使每个测压管路对应一个压力传感器，可以同时对多个测压点进行测量和采集，大大简化了风洞试验程序。电子压力扫描阀可以对上千个压力测点按 5 万~10 万 Hz 的频率采集数据，精度高达 0.03%，并配有高精度的压力较准器进行联机实时校准。

3）测力仪器

风洞试验中应用的主要测力仪器是测力天平，根据原理可分为机械天平、应变天平、压电天平和磁悬挂天平。机械天平通过机械构件传递模型受力，并采用机械平衡元件或力传感器进行测量。应变天平采用应变计测量模型传递的力导致的弹性元件的应变，进而通过应变计输出的电信号来获取模型受力信息。压电天平基于压电效应设计，模型传递来的力使压电元件变形并产生电荷，电荷量即表征模型受力大小。磁悬挂天平利用电磁铁磁力将模型悬挂在风洞中，通过电流变化或位置变化测量模型受力大小。

4）振动测量仪器

在风洞试验中，往往需要测量模型的风致振动响应。一般需要在模型上布置加速度传感器、速度传感器和位移传感器等设备，高频测力天平也具有测振的功能。

11.5 本 章 小 结

本章简要概述了建筑结构试验最新的发展方向和趋势、疲劳试验、抗火试验、风洞试验。在疲劳试验中，简要介绍了疲劳曲线与荷载谱、结构疲劳失效的特征与影响因素、疲劳试验荷载谱、结构疲劳的试验准备和疲劳试验过程与观测等内容；在抗火试验中，简要介绍了建筑物耐火等级及结构耐火极限要求、高温对建筑结构的材料特性的影响、火灾后结构物现场调查和火灾温度的确定方法和火灾后对结构物的检测方法等内容；在风洞试验中简要介绍了风洞试验的理论基础、基本试验参数的确定、风洞的基本类型、大气边界层风洞的构造与特点、风荷载试验方法和风洞试验的主要仪器设备等内容。期望给读者带来新的思考。

习题与思考题

1. 结构疲劳试验的特点是什么？

2. 荷载谱的内涵与确定荷载谱的意义是什么？

3. 说出等效内力谱与疲劳试验荷载幅的联系与差异。

4. 试验模型怎样才能反映原型结构的疲劳受力特性？

5. 简述建筑物的耐火等级及结构耐火极限要求。

6. 简述高温对建筑结构的材料影响。

7. 如何确定火灾温度？简述火灾后对结构物的检测方法。

8. 为什么要进行风洞试验？风洞试验手段相比理论分析、数值模拟和现场实测有什么优势和不足？

9. 简述风洞的基本类型。

10. 简述大气边界层风洞的构造与特点。

11. 简述皮托管、热线风速仪、电子压力扫描阀系统的工作原理。

本章参考文献

[1] 吴富民. 结构疲劳强度 [M]. 西安：西北工业大学出版社，1985.

[2] Maddox SJ. Fatigue strength of welded structures. 2nd ed. Cambridge: Woodhead Publish Ltd; 1991.

[3] 亚伯·斯海维，吴学仁（译），等. 结构与材料的疲劳（第 2 版）[M]. 北京：航空工业出版社，2014.

[4] 许金泉. 疲劳力学 [M]. 北京：科学出版社，2017.

[5] 姚卫星. 结构疲劳寿命分析 [M]. 北京：科学出版社，2018.

[6] 杨新华，陈传尧. 疲劳与断裂（第二版）[M]. 武汉：华中科技大学出版社，2018.

[7] 廖芳芳，王伟，李文超，等. 钢结构节点断裂的研究现状 [J]. 建筑科学与工程学报，2016，33（1）：67-75.

[8] 郭宏超，皇垚华，刘云贺，等. Q460D 高强钢及其螺栓连接疲劳性能试验研究 [J]. 建筑结构学报，2018，39（08）：165-172.

[9] 王元清，廖小伟，贾单锋，等. 钢结构的低温疲劳性能研究进展综述 [J]. 建筑钢结构进展，2018，20（01）：1-11.

[10] 周绪红，刘永健，姜磊，等. PBL 加劲型矩形钢管混凝土结构力学性能研究综述 [J]. 中国公路学报，2017，30（11）：45-62.

[11] 罗云蓉，王清远，付磊，等. 建筑用抗震钢 HRB400EⅢ级钢筋焊接接头的低周疲劳性能 [J]. 四川大学学报（工程科学版），2015，47（03）：64-70.

[12] 曾珂，彭成波，王张萍. 空间结构铸钢节点的应用研究进展 [J]. 建筑钢结构进展，2014，16（06）：14-21，55.

[13] 施刚，张建兴，王喆，等. 建筑结构钢材 Q390GJD 的疲劳性能试验研究 [J]. 钢结构，2014，29（08）：21-26.

[14] 雷宏刚，付强，刘晓娟. 中国钢结构疲劳研究领域的 30 年进展 [J]. 建筑结构学报，2010，31（S1）：84-91.

[15] 邱仓虎，刘文利，张向阳，等. 超高层建筑消防技术发展与研究重点综述 [J]. 建筑科学，2018，34（09）：82-88.

[16] 张哲，王柯，张猛. 高强钢管混凝土柱的抗火性能研究 [J]. 建筑钢结构进展，2018，20（04）：85-96.

[17] 李思禹，刘栋栋，陈昊昊. 青岛西站钢屋架结构耐火能力分析 [J]. 建筑结构，2018，48（S1）：435-439.

[18] 任文，赵金城，华莹. 火灾下建筑结构抗火性能和人员疏散研究 [J]. 防灾减灾工程学报，2018，38（01）：168-177.

[19] 郑文忠，侯晓萌，王英. 混凝土及预应力混凝土结构抗火研究现状与展望 [J]. 哈尔滨工业大学学报，2016，48（12）：1-18.

[20] 何平召，王卫永. 高温蠕变对约束高强度 Q460 钢梁抗火性能的影响 [J]. 建筑钢结构进展，2016，18（05）：34-40.

[21] 蒋翔，童根树，张磊. 耐火钢-混凝土组合梁抗火性能试验 [J]. 浙江大学学报（工学版），2016，50（08）：1463-1470.

[22] 罗永峰，任楚超，强旭红，等. 高强钢结构抗火研究进展 [J]. 天津大学学报（自然科学与工程技术版），2016，49（S1）：104-121.

[23] 李忠献，任其武，师燕超，等. 重要建筑结构抗恐怖爆炸设计爆炸荷载取值探讨 [J]. 建筑结构学报，2016，37（03）：51-58.

[24] J E. Cermak. Application of wind tunnels to investigation of wind engineering problems [J]. AIAA Journal. 1979，17（7）：679~690.

[25] H. P. A. H. Irwin. The design of spires for wind simulation [J]. Journal of Wind Engineering and Industrial Aerodynamics. 1981，7：361-366.

[26] Ben L. Sill. Turbulent boundary layer profiles over uniform rough surfaces [J]. Journal of Wind Engineering and Industrial Aerodynamics. 1988，31（2-3）：147-163.

[27] J. E. Cermak，L. S. Cochran. Physical modeling of the atmospheric surface layer [J]. Journal of Wind Engineering and Industrial Aerodynamics. 1992，42（1-3）：935-946.

[28] 项海帆. 结构风工程研究的现状和展望 [J]. 振动工程学报. 1997，10（5）：258-263.

[29] 王勋年. 低速风洞试验 [M]. 北京：国防工业出版社，2002.

[30] 项海帆，葛耀君，朱乐东，等. 现代桥梁抗风理论与实践 [M]. 北京：人民交通出版社，2005.

[31] 李桂春. 风洞试验光学测量方法 [M]. 北京：国防工业出版社，2008.

[32] 邱冶. 大矢跨比球壳的风荷载特性研究 [D]. 哈尔滨：哈尔滨工业大学，2010.

[33] 辛金超. 大气边界层的风洞被动模拟研究 [D]. 哈尔滨：哈尔滨工业大学，2010.

[34] 风洞实验指南研究委员会，孙瑛. 建筑风洞实验指南 [M]. 北京：中国建筑工业出版社，2011.

[35] 郭隆德. 风洞非接触测量技术 [M]. 北京：国防工业出版社，2013.

[36] 武岳，孙瑛，郑朝荣 等. 风工程与结构抗风设计 [M]. 哈尔滨：哈尔滨工业大学出版社，2014.

[37] 李周复. 风洞试验手册 [M]. 北京：航空工业出版社，2015.

[38] 董欣，丁洁民. 分离泡诱导下平屋盖表面风压特性研究 [J/OL]. 建筑结构学报，2019（05）：41-49 [2019-03-25]. https：//doi. org/10. 14006/j. jzjgxb. 2019. 05. 003.

[39] 何敬天，史杰，郑红卫，等. 海口市民游客中心屋盖结构风荷载设计研究 [J]. 建筑结构，2018，48（S2）：1003-1006.

[40] 王浩，柯世堂. 基于风洞试验超高层多塔连体建筑风致响应及等效静风荷载研究 [J]. 建筑结构，2018，48（21）：103-108.

[41] 陈凯，唐意，金新阳. 中国建筑科学研究院风工程研究成果综述 [J]. 建筑科学，2018，34（09）：56-65.

[42] 杨名流，李秀英，钟聪明，等. 珠海某超高层结构优化设计 [J]. 建筑结构，2017，47（14）：51-55.

[43] 中华人民共和国行业标准 JGJ/T 338—2014 建筑工程风洞试验方法标准 [S]. 北京：中国建筑工业出版社，2014.